职业技能等级认定培训教材

起重装卸机械操作工

（汽车吊司机）（基础知识）

张甫　刘斌　李戈　主编

中国劳动社会保障出版社

图书在版编目（CIP）数据

起重装卸机械操作工：汽车吊司机：基础知识 / 张甫，刘斌，李戈主编．-- 北京：中国劳动社会保障出版社，2024．--（职业技能等级认定培训教材）．
ISBN 978-7-5167-6337-7

Ⅰ．TH2

中国国家版本馆 CIP 数据核字第 2024C79940 号

中国劳动社会保障出版社出版发行

（北京市惠新东街 1 号　邮政编码：100029）

*

北京瑞禾彩色印刷有限公司印刷装订　　新华书店经销

787 毫米 ×1092 毫米　16 开本　15 印张　243 千字

2024 年 12 月第 1 版　　2024 年 12 月第 1 次印刷

定价：39.00 元

营销中心电话：400-606-6496

出版社网址：https://www.class.com.cn

前　言

为加快建立劳动者终身职业技能培训制度，全面推行职业技能等级制度，推进技能人才评价制度改革，进一步规范培训管理，提高培训质量，有关专家根据起重装卸机械操作工国家职业标准（以下简称《标准》）和职业培训包课程规范编写了起重装卸机械操作工（汽车吊司机）职业技能等级认定培训系列教材（以下简称等级教材）。

起重装卸机械操作工（汽车吊司机）等级教材紧贴《标准》和职业培训包课程规范编写，内容上突出职业能力优先的编写原则，结构上按照职业功能模块分级别编写。该等级教材共包括《起重装卸机械操作工（汽车吊司机）（基础知识）》《起重装卸机械操作工（汽车吊司机）（初级）》《起重装卸机械操作工（汽车吊司机）（中级）》《起重装卸机械操作工（汽车吊司机）（高级）》4本。《起重装卸机械操作工（汽车吊司机）（基础知识）》是各级别起重装卸机械操作工（汽车吊司机）均需掌握的基础知识，其他各级别教材内容分别包括各级别起重装卸机械操作工（汽车吊司机）应掌握的理论知识和操作技能。

本书是职业技能等级认定推荐教材，也是职业技能等级认定题库开发的重要依据，已纳入职业培训包教材资源，适用于职业技能等级认定培训和中短期职业技能培训。

本书在编写过程中得到徐州工程机械技师学院、徐州起重机械有限公司、北京兴力通达科技发展有限公司、北京起重运输机械研究院、中联重科股份有限公司工程起重分公司等单位的大力支持与协助，在此一并表示衷心感谢。

目 录 CONTENTS

职业模块 1

职业认知与职业道德

培训课程 1 职业认知

学习单元 职 业 认 知

一、汽车吊司机工作内容

1. 汽车吊司机

起重装卸机械产品广泛用于工矿企业、建筑工地、港口码头、油田、仓库、货栈等场所的起重作业。操作起重装卸机械（含汽车起重机、全地面起重机）设备吊运、装卸物料的人员，称为汽车吊司机。

2. 汽车吊司机的工作内容

（1）了解所操作的起重装卸机械各工作机构的性能、作用、工作原理和操作方法及要领。

（2）操作中能严格按照产品使用说明书上的要求和力限器显示的参数及性能表中的规定起重量进行起重作业，认真遵守国家有关起重安全法律规程。

（3）能够根据不同型号的起重机、不同的动作操作要求，操作起重机完成各机构动作。

（4）熟知各种紧急情况下的逃生手段，熟知起重机上的灭火设备并经过使用培训。

二、汽车吊司机国家职业等级划分方法

按照国家职业标准，汽车吊司机工种职业技能等级分为五级，即五级 / 初级工、四级 / 中级工、三级 / 高级工、二级 / 技师、一级 / 高级技师。

三、起重作业在施工工程中的应用

起重机械是指以间歇、重复的工作方式，通过起重吊钩或其他取物装置的垂直升降与（或）水平运动，从而实现负荷（重物）的三维空间位移，完成起重及装卸搬运等作业的机械设备。如图 1–1 所示为汽车起重机施工作业现场。

起重机械能减轻人的体力劳动强度，提高作业效率。起重机械可搬运种类繁多的各种物品，包括常见的成件物品（如集装箱、机械设备等），大量的散状物料或液体物料（如水泥、粮食、矿石、油料等），以及高危险物品（如高温、易燃易爆、毒化和核辐射等物品），因此，起重机械属于高能量积聚的、高危险性的作业设备。

图 1–1　汽车起重机施工作业现场

汽车起重机是产量最大、使用最广泛的起重机械。它是将起重工作装置安装在普通汽车底盘或特制汽车底盘上的一种起重机，其行驶驾驶室与起重操纵室分开设置。这种起重机的优点是机动性好、转移迅速。缺点是作业时必需伸出支腿保持稳定，不能负荷行驶，也不适合在松软或泥泞的场地上工作。

汽车起重机的底盘性能等同于同样整车总重的载重汽车，符合公路车辆的技术要求，因而可在各类公路上行驶。此种起重机起重量的范围很大，可达 8 ~ 1 600 吨，底盘的车轴数可达 2 ~ 10 根。

四、起重机发展概况

中国的汽车起重机诞生于 20 世纪 60 年代。经过引进国外的先进技术，再经过消化、吸收、创新发展，中国的汽车起重机产业取得了长足的进展，在中小吨位汽车起重机的性能及稳定性方面，已经达到和接近国际先进水平，能够满足现实生产的要求。在不久的将来，中国的汽车起重机行业一定会成为一个发展稳定、市场化程度高的成熟产业。

近年来，中国汽车起重机产业一直坚持自主技术创新，在追赶国外先进水平的进程中，基本上没有整体引进国外技术的做法，在产品技术上有着明显的中国特质。

中国汽车起重机广泛采用了 PLC 可编程集成控制技术，液压和电气已实现了紧密的结合，可通过软件参数实现控制性能的调整，大幅度简化控制元件，提高系统的稳定性，具备了实现故障自动诊断、远程控制的功能。

中国汽车起重机的起重作业的操作方式，大部分已应用先导比例控制，具有良好的微调性能和精控性能，操作力小，不易疲劳。通过先导比例手柄实现多种负荷的无级调速，有效防止起重作业时的二次下滑现象，极大地提高了起重作业的安全性、可靠性和作业效率。

部分大型汽车起重机还在伸缩臂上使用了单缸插销的伸缩技术，通过液压销自锁作用，实现单个液压油缸可完成多节伸臂的运动，并达到各种工况的高度控制和自动伸缩，改变了超重臂内部绳排的作业方式，使起重臂相对更轻量化，拓展了起重机向更高工作高度发展的空间。

操作技能

描述汽车吊司机职业技能等级及我国汽车起重机发展现状。

一、操作准备

办公桌 1 张、椅子 1 把；铅笔 1 支、签字笔 1 支、橡皮 1 块；A4 白纸若干。

二、操作步骤

1. 准备办公用具、办公用品、书写纸张等。
2. 描述汽车吊司机职业技能等级及我国汽车起重机发展现状。

步骤一：将答案书写在纸张上。

步骤二：学员相互检查描述的正确性。

培训课程 2 职业道德与职业守则

学习单元 职业道德与职业守则

一、汽车吊司机职业道德规范

1. 道德的含义

道德是处理人与人、人与社会、人与自然之间关系的特殊行为规范。与法律相比，道德适用范围更广，在一定条件下，道德与法律能够相互作用、相互转化。

《新时代公民道德建设实施纲要》强调要以习近平新时代中国特色社会主义思想为指导，紧紧围绕进行伟大斗争、建设伟大工程、推进伟大事业、实现伟大梦想，着眼构筑中国精神、中国价值、中国力量，促进全体人民在理想信念、价值理念、道德观念上紧密团结在一起，在全民族牢固树立中国特色社会主义共同理想，在全社会大力弘扬社会主义核心价值观，积极倡导富强民主文明和谐、自由平等公正法治、爱国敬业诚信友善，全面推进社会公德、职业道德、家庭美德、个人品德建设，持续强化教育引导、实践养成、制度保障，不断提升公民道德素质，促进人的全面发展，培养和造就担当民族复兴大任的时代新人。

2. 职业道德的含义

职业道德是从事一定职业的人们在职业活动中所应遵循的道德原则和行为规范的总和。它用来调节从业人员与服务对象、从业人员之间及从业人员与职业之间的关系，是社会道德在职业领域的直接体现。职业道德承载着企业文化与凝聚力，有利于提高员工职业技能，增强企业竞争力，也从一个侧面反映人的道德素质。

3. 职业道德基本要求

职业道德是所有从业人员在职业活动中应该遵循的行为准则，随着现代社会分工的发展和专业化程度的增强，市场竞争日趋激烈，整个社会对从业人员职业观念、职业态度、职业技能、职业纪律和职业作风的要求越来越高。要大力倡导以爱岗敬业、诚实守信、办事公道、热情服务、奉献社会为主要内容的职业道德，鼓励人们在工作中做一个好建设者。

（1）爱岗敬业。爱岗就是热爱自己的工作岗位，热爱本职工作；敬业就是要用一种恭敬严肃的态度对待自己的工作。爱岗敬业作为最基本的职业道德规范，是对人们工作态度的一种普遍要求。“爱岗”与“敬业”在职场生活中是辩证统一的。要树立干一行、爱一行、专一行的思想。

（2）诚实守信。诚实守信，就是忠诚老实、信守承诺。诚实守信是为人之本、从业之要。各行各业的从业人员，都应在各自的职业中，养成诚实守信的观念，忠诚于自己从事的职业，信守自己的承诺。诚实守信既是职业道德的立足点，也是建立社会经济秩序的基石。

（3）办事公道。办事公道就是指在办事情、处理问题时，要站在公正的立场上，对当事双方公平合理、不偏不倚，不论对谁都是按照一个标准和原则办事。办事公道要求从业人员做到客观公正，照章按规办事，要做到公平、公正、公开，不损公肥私，它关系到社会的正常和稳定、人格尊严和每个人的权利和地位。

（4）热情服务。热情服务就是为人民群众服务，以主动、热情、耐心的态度和周到的服务，满足群众的正当需求。服务群众是职业道德的出发点和归宿。

（5）奉献社会。奉献社会就是全心全意为社会做贡献，它是社会主义职业道德的最高要求、最终目标和最高境界。从业人员通过自己辛勤的劳动、优质的产品、周到的服务，既实现自身的价值，也达到奉献社会的目标。

4. 社会主义核心价值观

党的十八大报告强调指出：“倡导富强、民主、文明、和谐，倡导自由、平等、公正、法治，倡导爱国、敬业、诚信、友善，积极培育和践行社会主义核心价值观。”这一论述明确了社会主义核心价值观的基本理念和具体内容，指出了社会主义核心价值体系建设的现实着力点，是对社会主义核心价值体系建设的新部署、新要求。正确理解社会主义核心价值观的内涵，深刻把握、积极培育和践行社会主义核心价值观的重要性，对于推进社会主义核心价值体系建设，用社会主义核心价值体系引领社会思潮、凝聚社会共识，具有重要的理论意义和实践意义。

富强、民主、文明、和谐是国家层面的价值目标，自由、平等、公正、法治是社会层面的价值取向，爱国、敬业、诚信、友善是公民个人层面的价值准则。

“富强、民主、文明、和谐”，是我国社会主义现代化国家的建设目标，也是从价值目标层面对社会主义核心价值观基本理念的凝练，在社会主义核心价值观中居于最高层次，对其他层次的价值理念具有统领作用。富强即国富民强，是社会主义现代化国家经济建设的目标状态，是中华民族梦寐以求的美好夙愿，也是国家繁荣昌盛、人民幸福安康的物质基础。民主是人类社会的美好诉求。我们追求的民主是人民民主，其实质和核心是人民当家作主。它是社会主义的生命，也是创造人民美好幸福生活的政治保障。文明是社会进步的重要标志，也是社会主义现代化国家的重要特征。它是社会主义现代化国家文化建设的应有状态，是对面向现代化、面向世界、面向未来的，民族的、科学的、大众的社会主义文化的概括，是实现中华民族伟大复兴的重要支撑。和谐是中国传统文化的基本理念，集中体现了学有所教、劳有所得、病有所医、老有所养、住有所居的生动局面。它是社会主义现代化国家在社会建设领域的价值诉求，是经济社会和谐稳定、持续健康发展的重要保证。

“自由、平等、公正、法治”，是对美好社会的生动表述，也是从社会层面对社会主义核心价值观基本理念的凝练。它反映了中国特色社会主义的基本属性，是中国共产党矢志不渝、长期实践的核心价值理念。自由是指人的意志自由、存在和发展的自由，是人类社会的美好向往，也是马克思主义追求的社会价值目标。平等指的是公民在法律面前的一律平等，其价值取向是不断实现实质平等。它要求尊重和保障人权，人人依法享有平等参与、平等发展的权利。公正即社会公平和正义，它以人的解放、人的自由平等权利的获得为前提，是国家、社会应有的根本价值理念。法治是治国理政的基本方式，依法治国是社会主义民主政治的基本要求。它通过法治建设来维护和保障公民的根本利益，是实现自由平等、公平正义的制度保证。

“爱国、敬业、诚信、友善”，是公民基本道德规范，是从个人行为层面对社会主义核心价值观基本理念的凝练。它覆盖社会道德生活的各个领域，是公民必须恪守的基本道德准则，也是评价公民道德行为选择的基本价值标准。爱国是基于个人对自己祖国依赖关系的深厚情感，也是调节个人与祖国关系的行为准则。它同社会主义紧密结合在一起，要求人们以振兴中华为己任，促进民族团结、维护祖国统一、自觉报效祖国。敬业是对公民职业行为准则的价值评价，要求公民忠于职守、克己奉公、服务人民、服务社会，充分体现了社会主义职业精神。诚信即诚实守信，是人类社会历史传承下来的道德传统，也是社会主义道德建设的重点内容，它强调诚实劳动、信守承诺、诚恳待人。友善强调公民之间应互相尊重、互相关心、互相帮助、和睦友好，努力形成社会主义的新型人际关系。

5. 劳模精神、劳动精神、工匠精神

劳动是推动人类社会进步的根本力量。劳动最光荣、劳动最崇高、劳动最伟大、劳动最美丽。不论时代怎样变迁，不论社会怎样变化，中国共产党全心全意依靠工人阶级的根本方针都不能忘记、不能淡化，我国工人阶级地位和作用都不容动摇、不容忽视。

（1）劳动精神。党的二十大报告提出，在全社会弘扬劳动精神、奋斗精神、奉献精神、创造精神、勤俭节约精神，培育时代新风新貌。长期以来，在党的领导下，全社会奏响“光荣属于劳动者，幸福属于劳动者”的强音，培育形成崇尚劳动、热爱劳动、辛勤劳动、诚实劳动的劳动精神。这是我们的国家、我们的民族风雨无阻、勇敢前进的强大精神动力。

党的二十大擘画了全面建设社会主义现代化国家、以中国式现代化全面推进中华民族伟大复兴的宏伟蓝图，吹响了奋进新征程的时代号角。人民是历史的创造者，劳动是一切幸福的源泉。实现既定目标，开创美好未来，必须紧紧依靠人民、始终为了人民，必须依靠辛勤劳动、诚实劳动、创造性劳动。新征程上，我们必须始终崇尚劳动、尊重劳动者，始终重视发挥工人阶级和广大劳动群众的主力军作用。

“不惰者，众善之师也。”中华民族是勤于劳动、善于创造的民族，崇尚劳动光荣是社会主义的本质特征之一，劳动至上是历史唯物主义的基本观点。劳动是人类的本质活动，劳动是推动人类社会进步的根本力量，普通劳动者也可以在宽广舞台上展示自己的人生价值。我们要大力弘扬劳模精神、劳动精神、工匠精神，激励更多劳动者特别是青年一代走技能成才、技能报国之路，在奋力奔跑和接续奋斗中成就梦想。

无论是物质财富还是精神财富，都必须靠劳动来创造。“神舟”问天，“嫦娥”落月，“祝融”探火……亿万劳动群众爱岗敬业、勤奋工作，锐意进取、勇于创造，不断谱写新时代的劳动者之歌，必能在新征程上闯出新天地、干出新业绩。人民创造历史，劳动开创未来。实践告诉我们，伟大事业都始于梦想、基于创新、成于实干。崇尚劳动、热爱劳动、辛勤劳动、诚实劳动，人世间的美好梦想才能实现。

（2）工匠精神。传统观念认为，工匠精神包括具有高超的技艺和精湛的技能，严谨细致、专注负责的工作态度，精雕细琢、精益求精的工作理念，以及对于职业的认同感、责任感。新时代的中国工匠精神，既是对中国传统工匠精神的继承和发扬，又是对外国工匠精神的学习借鉴；既是为适应我国社会主义现代化强国建设需要而产生，又是劳动精神在新时代的一种新的实现形式，它与劳模精神、劳动精神构成一个完整的体系，成为激励广大职工实现中华民族伟大复兴中国梦的强大精神力量。

中国古代工匠精神包括以下特点：第一，创新精神。美丽的丝绸、精美的陶瓷，以及数不清的发明创造，无不体现着古代中国工匠智慧的结晶和对完美的不懈追求。第二，精益求精的职业态度。庖丁解牛、百炼成钢等，这些耳熟能详的成语，不仅是对中国古代工匠出神入化技艺的真实写照，也是对他们精益求精、追求卓越职业态度的由衷赞美。第三，敬业精神。中国传统十分强调“敬”这一观念。对于古代工匠群体而言，他们十分尊敬自己从事的职业劳动，因此形成了内涵十分丰富的“敬业”观念。

正是因为根植于中华传统的丰厚土壤之中，新时代中国工匠精神才具有鲜明的民族性。中国传统工匠精神中那种德艺兼修、物我合一的境界，始终为新时代中国工匠精神提供着源源不竭的动力。

弘扬工匠精神是为了造就一支宏大的产业工人队伍，推动我国由制造大国向制造强国的转变，实现从中国制造到中国创造的跨越。弘扬工匠精神是适应国际竞争，推动中国制造走出去的需要。近年来，许多国家提出了各种具有前瞻性的发展战略，我们必须加快经济发展方式转型和产业结构升级，才能在激烈的国际竞争中站稳脚跟，才能推动我国企业走出去。

因此，大力弘扬工匠精神，培育出大批大国工匠，全面提升职工素质，造就一支有理想守信念、懂技术会创新、敢担当讲奉献的宏大的产业工人队伍，已成为当务之急。

（3）劳模精神与工匠精神、劳动精神构成有机整体。在长期实践中，我们培育形成了爱岗敬业、争创一流、艰苦奋斗、勇于创新、淡泊名利、甘于奉献的劳模精神，崇尚劳动、热爱劳动、辛勤劳动、诚实劳动的劳动精神，执着专注、精益求精、一丝不苟、追求卓越的工匠精神。

在马克思、恩格斯看来，劳动之所以光荣，是因为劳动创造了人，劳动创造了历史，劳动创造了价值，劳动创造了世界。在社会主义制度下，“劳动最光荣、劳动最崇高、劳动最伟大、劳动最美丽”才真正成为现实。

劳模精神、劳动精神、工匠精神相辅相成。劳模精神反映劳动模范在生产实践中的职业素养、职业能力、职业品质，劳模精神是一种高层次的道德追求，弘扬劳模精神、强调用劳模的先进思想、模范行动影响和带动全社会。劳动精神是劳动者劳动意识、劳动理念、劳动态度、劳动习惯的集中展示，弘扬劳动精神、强调正确认识劳动是人类的本质活动。工匠精神不仅是大国工匠群体特有的品质，更是广大技术工人心无旁骛钻研技能的专业素质、职业精神，它是对广大职工的一种时代要求，弘扬工匠精神强调在追求卓越中超越自己。劳动精神是劳模精神、工匠精神的根基，离开劳动创造，劳模精神和工匠精神就是无源之水、无本之木。劳模精神和工匠精神是劳动精神向更高水平的发展、在更高层次的升华。

二、汽车吊司机职业守则

职业守则是各职业从业人员在工作中必须遵守的基本规则。汽车吊司机应遵守以下职业守则。

1. 爱岗敬业，忠于职守，文明生产。

2. 刻苦学习，钻研业务，奉献社会。

3. 团结协作，具有高度责任感和良好的团队合作精神。

4. 严格执行操作规程，重视安全生产，牢固树立安全质量意识。

汽车吊司机职业守则既体现了职业道德对从业人员的基本要求，也包含了起重吊装行业对汽车吊司机的特殊要求，是职业道德在汽车吊司机职业的直接体现。

操作技能

描述汽车吊司机职业道德内涵，社会主义核心价值观，劳模精神、劳动精神、工匠精神及汽车吊司机职业守则。

一、操作准备

办公桌 1 张、椅子 1 把；铅笔 1 支、签字笔 1 支、橡皮 1 块；A4 白纸若干。

二、操作步骤

1. 准备办公用具、办公用品、书写纸张等。

2. 描述汽车吊司机职业道德内涵，社会主义核心价值观，劳模精神、劳动精神、工匠精神及汽车吊司机职业守则。

步骤一：将答案书写在纸张上。

步骤二：学员相互检查描述的正确性。

职业模块 2 专业基础理论知识

培训课程 1 机械基础知识

学习单元 1 机械识图基础知识

一、投影原理及三视图

日常生活中，我们会经常看到物体的影子。在机械制图上，我们也用影子（制图上称为投影）来表达一个形体。

1. 投影法分类

投影法分为两类：中心投影法和平行投影法。

（1）中心投影法。所有投射线从同一投影中心出发的投影方法，称为中心投影法，如图 2–1 所示。投影仪成像就是采用的中心投影法。由于中心投影法一般不能够反映物体的真实大小，在机械图样中，一般不采用中心投影法。

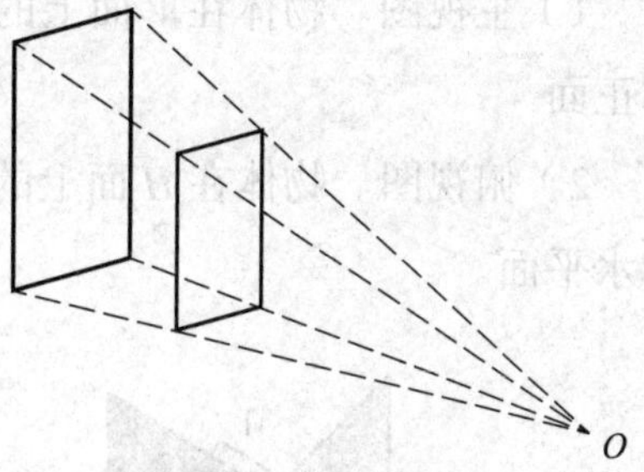

图 2–1 中心投影法

（2）平行投影法。投射线互相平行的投影方法，称为平行投影法。平行投影法按投影方向与投影面是否垂直，可分为斜投影法和正投影法，如图 2–2a 所示，图中投射线与投影面 H 不垂直，有一定的夹角，采用的是斜投影法在 H 面上形成的投影图。如图 2–2b 所示，图中投射线与投影面 H 垂直，采用的是正投影法在 H 面上形成的投影图。正投影法能在投影面上“真实”地表达空间物体的大小和形状，且作图简便，度量性好，在工程制图中得到广泛的采用，机械图样就是采用正投影法绘制的。

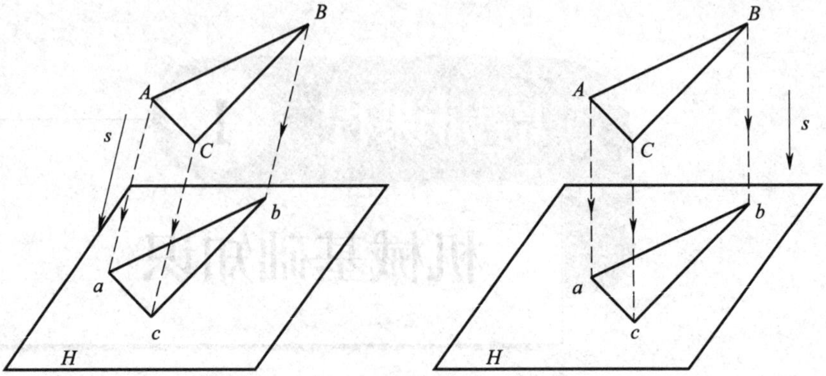

图 2–2　平行投影法

a）斜投影法　b）正投影法

2. 三面视图的形成及其投影规律

三个相互垂直的平面将立体空间分成八个部分，称为八个分角，如图 2–3 所示。

国际上常用的两种不同投影面体系分别是图 2–3 中所示的第一（Ⅰ）分角投影面体系和第三（Ⅲ）分角投影面体系。我国采用的是第一（Ⅰ）分角投影面体系。

（1）投影面体系的建立。工程制图上，为了准确表达物体的形状，采用的是三视图的基本方法。所谓三视图就是空间物体在第一分角三个平面（*V* 面、*H* 面、*W* 面）上的正投影图，如图 2–4 所示。

1）主视图。物体在 *V* 面上的正投影图称为主视图，*V* 面称为正立投影面，简称正面。

2）俯视图。物体在 *H* 面上的正投影图称为俯视图，*H* 面称为水平投影面，简称水平面。

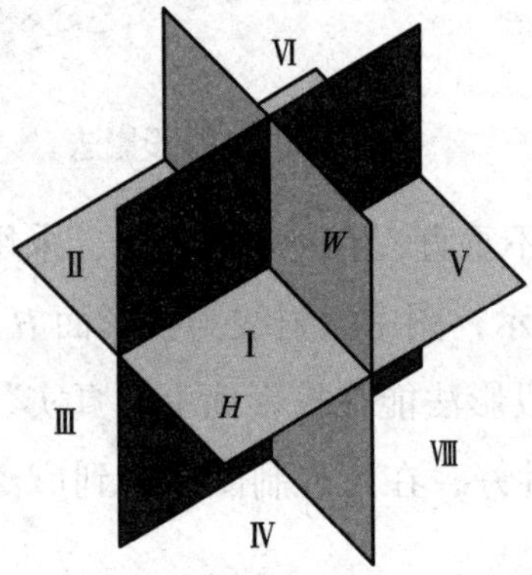

图 2–3　八个分角的空间位置

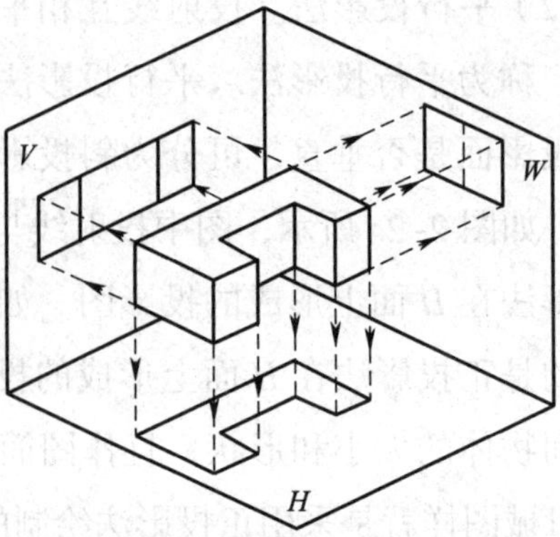

图 2–4　第一分角上的三视图

3）左视图。物体在 W 面上的正投影图称为左视图，W 面称为侧立投影面，简称侧面。

（2）三视图的投影对应关系

1）投影轴。三个投影面的交线视作坐标轴，其中，V 面和 H 面的交线视作 X 轴，V 面和 W 面的交线视作 Z 轴，W 面和 H 面的交线视作 Y 轴。

2）三视图与物体的方位对应关系。物体在正面（V 面）上的投影（主视图）沿 X 轴方向上的尺寸，反映了物体的左右尺寸，也就是物体长度尺寸的大小；沿 Z 轴方向的尺寸，反映了物体上下尺寸，也就是物体高度尺寸的大小，也就是说，主视图反映了物体的长度和高度尺寸。

物体在水平面（H 面）上的投影（俯视图），沿 Y 轴方向上的尺寸，反映了物体前后尺寸，也就是物体的宽度尺寸大小；沿 X 轴方向的尺寸，反映了物体左右尺寸，也就是物体的长度尺寸的大小。也就是说，俯视图反映了物体的长度和宽度尺寸。

物体在侧面（W 面）上的投影（左视图）沿 Z 轴方向上的尺寸，反映了物体上下尺寸，也就是物体的高度尺寸大小；沿 Y 轴方向的尺寸反映了物体前后尺寸，也就是物体的宽度尺寸的大小。也就是说，左视图反映了物体的高度和宽度尺寸。

综上所述，物体的三视图之间的对应关系为：主、俯视图“长对正”，主、左视图“高平齐”，俯、左视图“宽相等”。

三视图是工程技术语言，学习物体的三视图知识主要目的是培养我们能运用三视图的投影规律读懂图样、识别产品零部件等物体形貌。

二、基本体的三视图

1. 基本体

常见的基本体有平面基本体和曲面基本体，如图 2–5 所示。

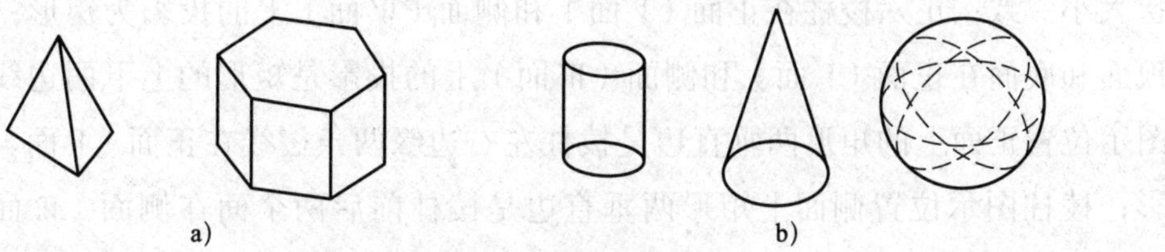

图 2–5 常见基本体

a）平面基本体 b）曲面基本体

（1）平面基本体。平面基本体是表面由平面构成的形体，如棱柱、棱锥、棱台等。棱柱由上、下两个平面（分别称为顶面和底面）及几个侧棱面组成，其相邻侧棱面的交线称为侧棱线，侧棱面和顶面或底面垂直的棱柱称为直棱柱，底面和顶面均为正多边形的直棱柱称为正棱柱。如图 2–6 所示为正六棱柱。

如果棱柱的顶面缩小为一点（称为顶点），形成的形体称为棱锥。棱锥的顶点到底面各边交点的连线称为棱锥的棱线，相邻的两条棱线同底边形成的平面称为侧棱面，两条棱和底边均相等的棱锥称为正棱锥。如图 2–7 所示为正三棱锥。

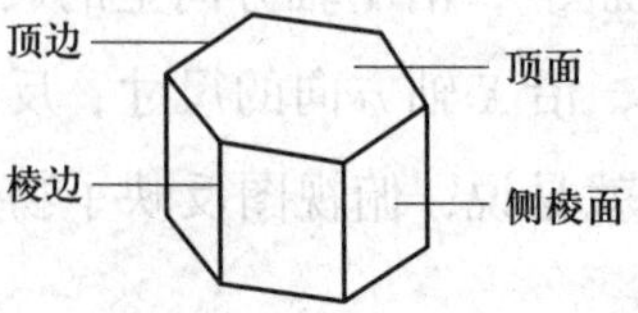

图 2–6　正六棱柱

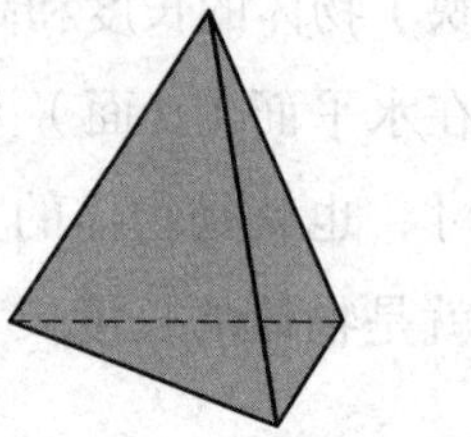

图 2–7　正三棱锥

（2）曲面基本体。曲面基本体是表面由曲面或曲面和平面围成的形体，如圆柱体、圆锥体、球体、圆环等。曲面可以是由动线或动面绕轴线或中心线旋转而形成的，旋转的线称为母线，母线在旋转过程中的任一位置的轮廓线称为素线。

如圆柱体可以认为是一条平行于轴线的母线绕轴线旋转一周而形成的形体；也可以认为是一个圆，沿垂直于圆心的轴线拉伸而形成的形体；还可以认为是一个正方形绕其一边（作为轴线）旋转一周所形成的形体。

2. 基本体的三视图

（1）平面基本体三视图

1）棱柱的三视图。如图 2–8 所示为正六棱柱的三视图。

正六棱柱在水平面（*H* 面）上的投影为正六边形，同六棱柱的顶面和底面形状大小一致；正六棱柱在正面（*V* 面）和侧面（*W* 面）上的投影为矩形；棱柱的顶面和底面在正面（*V* 面）和侧面（*W* 面）上的投影是矩形的上下两边线，棱柱图示位置正面上的矩形两垂直边是棱柱左右边缘两条棱线在正面（*V* 面）上的投影；棱柱图示位置侧面上矩形两垂直边是棱柱前后两个面在侧面（*W* 面）上的投影。

2）棱锥的三视图。如图 2–9 所示，为正三棱锥的三视图。

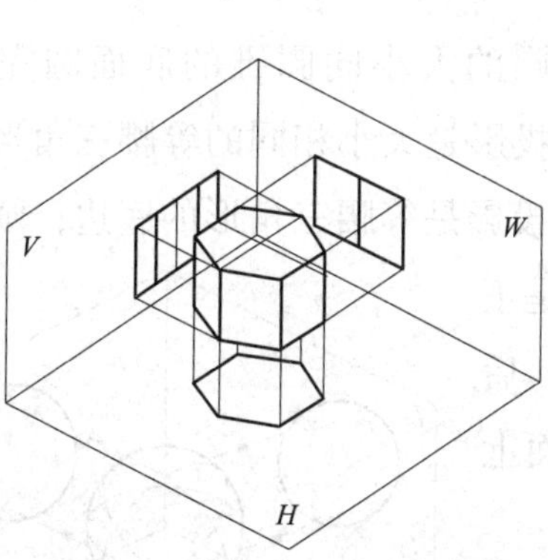

图 2-8 正六棱柱的三视图

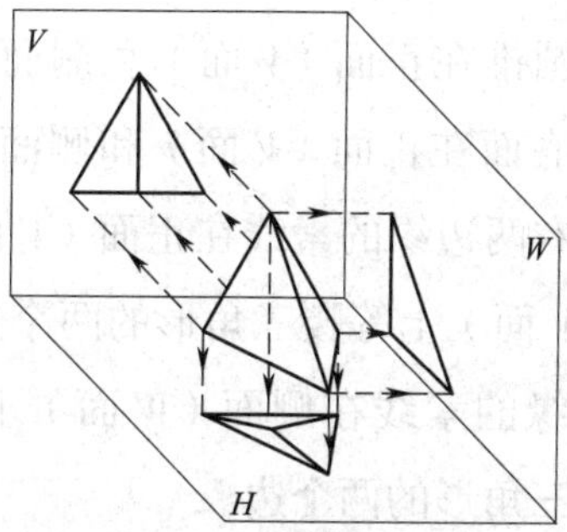

图 2-9 正三棱锥的三视图

棱锥在水平面（*H* 面）上的投影是三角形，同三棱锥的底面形状大小一致，棱锥的三条棱线在水平面（*H* 面）上的投影交于一点，棱锥在正面（*V* 面）和侧面（*W* 面）上的投影也是三角形；棱锥的底面在正面（*V* 面）和侧面（*W* 面）上的投影是三角形的底边；棱锥图示位置正面上的三角形两边是棱锥左右边缘两条棱线在正面（*V* 面）上的投影；棱锥图示位置侧面上三角形两边分别是棱锥前面一条棱线和后面一个棱面在侧面（*W* 面）上的投影。

（2）曲面基本体的三视图

1）圆柱体的三视图。如图 2-10 所示为圆柱的三视图。

圆柱的在水平面（*H* 面）上的投影图是圆，圆的大小同圆柱的顶面和底面一致。圆柱在正面（*V* 面）和侧面（*W* 面）上的投影是大小相同的矩形；圆柱的顶面和底面在正面（*V* 面）和侧面（*W* 面）上的投影是矩形的上下两边线；圆柱左右边缘两条母线在正面（*V* 面）上的投影是正面上矩形的左右两边线；圆柱前后边缘两条母线在侧面（*W* 面）上的投影是侧面上矩形的左右两边线。

2）圆锥体的三视图。如图 2-11 所示为圆锥的三视图。

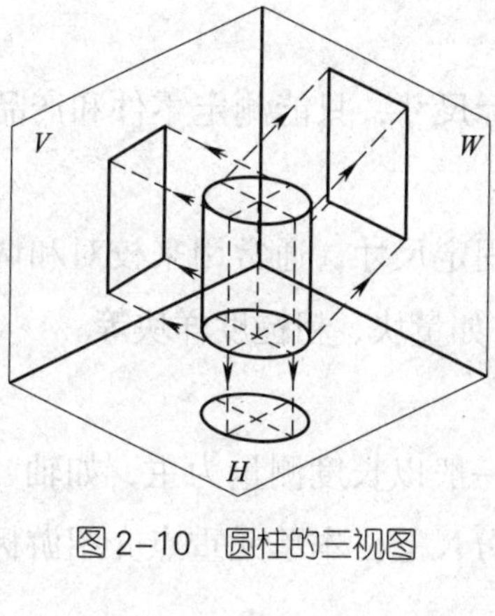

图 2-10 圆柱的三视图

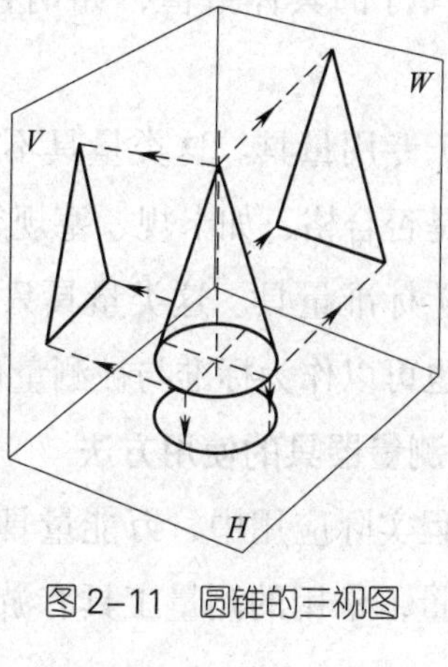

图 2-11 圆锥的三视图

圆锥在水平面（H面）上的投影是圆，圆的大小同圆锥的底面圆完全一致；圆锥在正面（V面）和侧面（W面）上的投影是大小相同的等腰三角形，圆锥的底面在正面（V面）和侧面（W面）上的投影是等腰三角形的底边；圆锥的左、右两边缘的素线在正面（V面）上的投影是正面（V面）上等腰三角形的两个边；圆锥的前、后两边缘的素线在侧面（W面）上的投影是侧面上等腰三角形的两个边。

3）球体的三视图。如图 2–12 所示为球体的三视图。球体在三个投影面上的投影都是大小相同的圆，三个圆分别是球面对三个投影面的投影轮廓线。圆的直径与球体的直径相等。

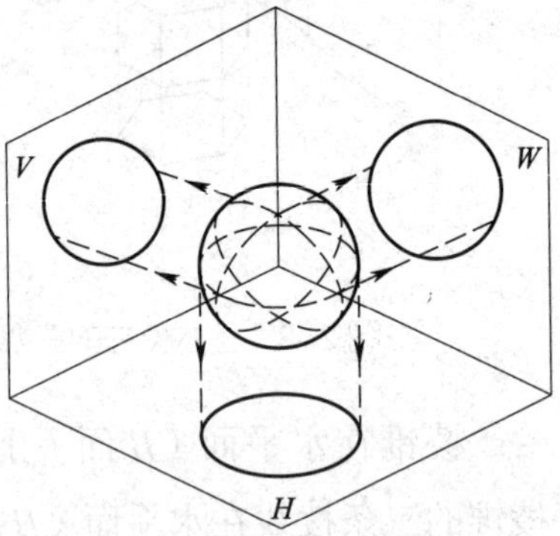

图 2–12　球体的三视图

学习单元 2　公差配合与测量基础知识

一、常用测量器具

1. 测量工具的种类

在机械维修过程中，通常需要测量轴和孔、螺纹的尺寸，以选择零部件及判断零部件是否符合要求。用来测量检验零件、产品尺寸及形状的工具称为量具。量具的种类很多，根据其用途和特点，可分为以下三种类型：

（1）万能量具。这类量具一般都有刻度，在测量范围内可以测量零件和产品形状及尺寸的具体数值，如钢直尺、游标卡尺、千分尺、百分表和万能角度尺等。

（2）专用量具。这类量具不能测量出实际尺寸，只能测定零件和产品的形状及尺寸是否合格，如卡规、塞规等。

（3）标准量具。这类量具只能制成某一固定尺寸，通常用来校对和调整其他量具，也可以作为标准与被测量件进行比较，如量块、粗糙度样块等。

2. 测量器具的使用方法

工程实际应用中，万能量具应用广泛，一般以长度测量为主，如轴、孔和螺纹等测量，常用的测量工具有游标卡尺、千分尺等。本单元重点介绍游标卡尺及千分尺的结构功能及使用方法。

（1）游标卡尺

1）游标卡尺结构及功能。如图 2–13 所示，游标卡尺由主标尺和游标尺组成，游标尺带动内侧量爪、外侧量爪深度尺在尺身上移动，使用游标卡尺的内侧量爪、外测量爪、深度尺分别测量零件的内径（或内挡）尺寸、外径（或外缘长度）尺寸、深度尺寸等。在内侧量爪、外测量爪、深度尺贴紧被测量面时，使用紧固螺栓紧固游标尺。利用主标尺和游标尺读取测量数据。

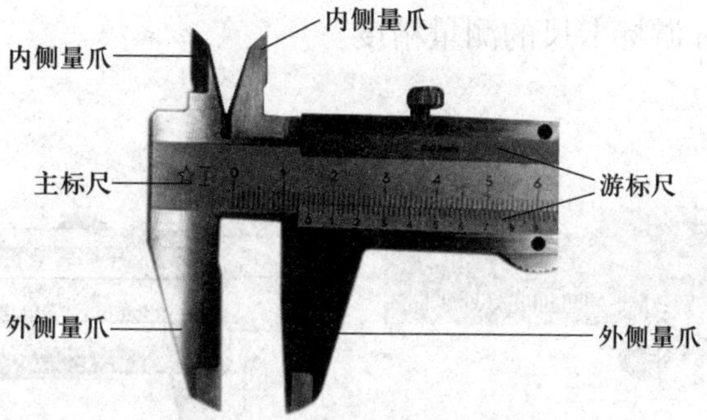

图 2–13　游标卡尺结构

2）游标卡尺的使用方法

①游标卡尺的刻线原理及测量精度。按其分度值，游标卡尺有 1/20 mm（0.05）、1/50 mm（0.02）和 1/10 mm（0.1）三种。

1/20 mm 游标卡尺。1/20 mm 游标卡尺有两种，尺身上每小格是 1 mm，当两量爪合并时，其中一种游标尺上的 20 格与尺身上的 19 格对正，如图 2–14 所示。因此，尺身与游标每格之差为 0.05 mm，此差值即为 1/20 mm 游标卡尺的测量精度。

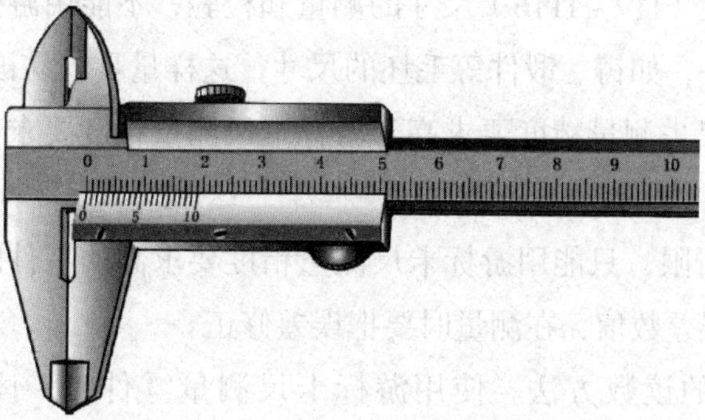

图 2–14　1/20 游标卡尺刻线原理

另一种 1/20 mm 游标卡尺的两量爪合并时，游标尺上的 20 格刚好与尺身上的 39 mm 对正，尺身与游标每格之差也是 0.05 mm。这种放大刻度的游标卡尺线条清晰，读数更加准确。

1/50 mm 游标卡尺。尺身上每小格为 1 mm，当两量爪合并时，游标尺上的 50 格刚好与尺身上的 49 格对正，如图 2–15a 所示。尺身与游标每格之差是 0.02 mm，此差值即为 1/50 mm 游标卡尺的测量精度，此种精度游标卡尺使用较广泛。

1/10 mm 游标卡尺。尺身上每小格为 1 mm，当两量爪合并时，游标尺上的 10 格刚好与尺身上的 9 格对正，如图 2–15b 所示。尺身与游标每格之差是 0.1 mm，此差值即为 1/10 mm 游标卡尺的测量精度。

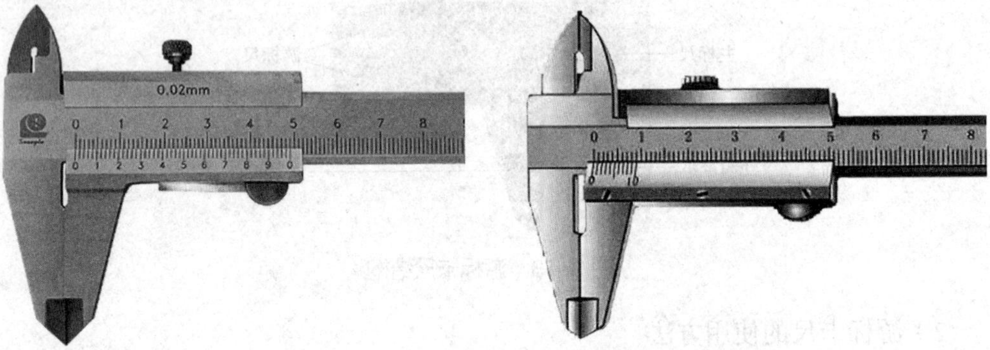

a)　　　　b)

图 2–15　1/50 和 1/10 游标卡尺刻线原理

a）1/50 mm 游标卡尺　b）1/10 mm 游标卡尺

②游标卡尺的测量范围。游标卡尺的规格按测量范围分为：0 ~ 125 mm、0 ~ 200 mm、0 ~ 300 mm、0 ~ 500 mm、300 ~ 800 mm、400 ~ 1 000 mm、600 ~ 1 500 mm、800 ~ 2 000 mm 等。

测量工件尺寸时，应按工件的尺寸大小和尺寸精度要求选用量具。游标卡尺只适用于中等精度（IT7 ~ IT16）尺寸的测量和检验，不能用游标卡尺去测量表面粗糙度较差的零件，如铸、锻件等毛坯的尺寸，这样量具容易被磨损而失去精度；也不能用游标卡尺去测量精度要求高于游标卡尺测量精度要求的零件，否则，测量数据不精确。

如果受条件所限，只能用游标卡尺测量精度要求高的零件时，必须先用量块校准卡尺，了解误差数值，在测量时要把误差修正。

③游标卡尺的读数方法。使用游标卡尺测量零件时，读数方法分三个步骤：

根据游标零线所处位置，读出尺身在游标零线左侧的数值，作为测量尺寸的整数部分的读数值；读出游标上与尺身上刻线对齐的那一条刻线数（从游标尺上的第二条刻线计算，“0”线不计算在内），游标刻线的序号乘以该游标量具的分度值即作为测量尺寸的小数部分的读数值；把尺身上的整数部分的读数值和游标上的小数部分的读数值相加，即为整个测量所得尺寸。

如图 2–16 所示为 1/20 mm 游标卡尺的读数方法，先看图中游标“0”的位置，图中游标“0”线在主标尺 2.3 cm 的右侧，即测量物体的内径整数部分为 23 mm；再看游标尺上与主标尺上刻线对齐的那一条刻线数，图示对齐刻线处是第 17 条（从第一条开始计算），每条刻线代表 0.05 mm，得出小数部分为 0.85 mm（17 × 0.05 mm=0.85 mm），最后将整数部分和小数部分相加，得到物体的内径为 2.385 cm（2.3 cm+0.85 mm=2.3 cm+0.085 cm=2.385 cm）。

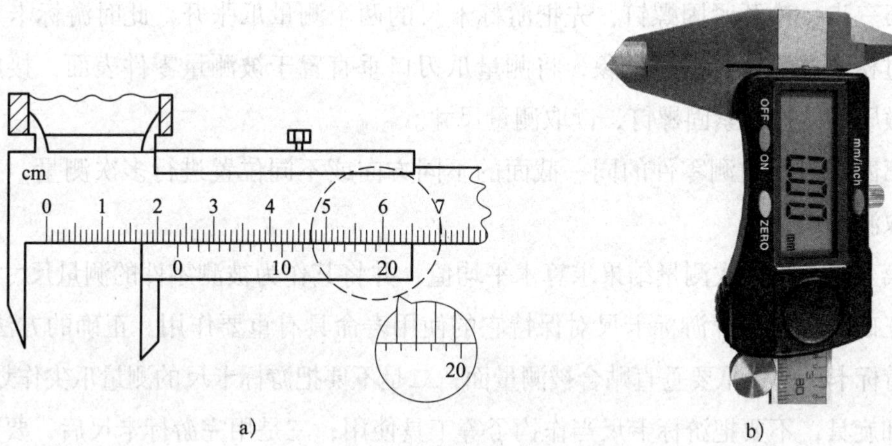

a)　　b)

图 2–16　游标卡尺的读数方法

a）1/20 游标卡尺读数示意图　b）数显游标卡尺

1/50 mm 游标卡尺的读数方法同上，不同的是游标尺和主标尺完全重合线前面的格数乘以 0.02 为读数的后面数值。

除如图 2–16 所示的普通游标卡尺外，还有游标深度卡尺、游标高度卡尺等，其刻线原理和读数方法与普通游标卡尺相同。

目前，市场上已出现多种数显游标卡尺，用其可以直接读取测量数据，如图 2–16b 所示。

如图 2–17 所示，在具体测量零件时，第一步要校对游标卡尺 0 位，即检查卡尺的两个测量面和测量刃口有没有损坏，当游标尺左移至内外量爪紧密贴合时，此时尺身上的零刻度线要与游标尺上的零刻度线完全对齐。数显游标卡尺在使用前也要先对零位。

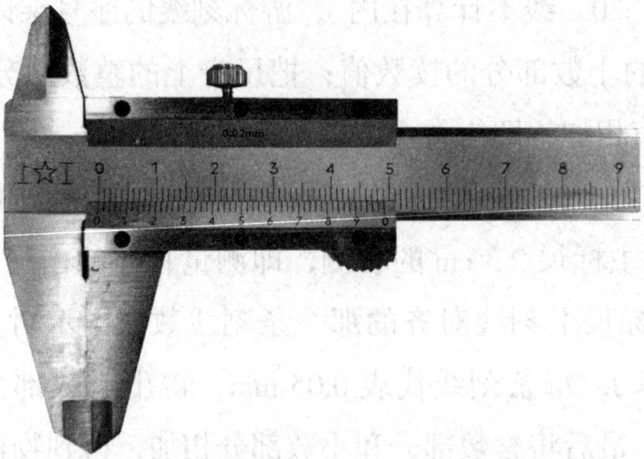

图 2–17　校对游标卡尺零位

第二步，去除工件毛刺，擦去测量零件表面污物。

第三步，松开紧固螺钉，先把游标卡尺的两个测量爪张开，此时游标卡尺不应有过松、过紧、晃动等现象，将测量爪刃口垂直置于被测量零件表面，接触后并轻微压紧，拧紧紧固螺钉，读取测量尺寸。

第四步，在被测零件的同一截面的不同方向或不同位置进行多次测量，并记录读取测量尺寸。

第五步，将多次测量结果求算术平均值，并将其作为被测零件的测量尺寸。

正确维护与保养游标卡尺对保持它的使用寿命具有重要作用。正确的方法是：一是游标卡尺的量爪要垂直贴合被测量面；二是不要把游标卡尺的测量爪尖作划针、圆规和旋具，不要把游标卡尺当作钩子等工具使用；三是用完游标卡尺后，要用干净棉丝将其擦净，放入盒内固定位置，然后存放于干燥、无酸、无振动、无强力磁场的环境中，没有装盒的游标卡尺严禁与其他工具存放在一起，以防受压或磕碰而造成损伤；四是不要用砂纸、砂布等硬物擦拭游标卡尺的任何部位，非专职修理量具人员不得拆卸游标卡尺；五是要实行周期检定。

（2）千分尺。千分尺是利用螺旋测微原理制成的量具。它的精度比游标卡尺高，且比较灵敏，因此，对加工精度要求较高的零件要使用千分尺来测量。

按照测量位置分类，千分尺有外径千分尺、内径千分尺（包含内测千分尺、内径千分尺、深度千分尺等）以及螺纹千分尺（用于测量螺纹中径）和公法线千分尺（用于测量齿轮公法线长度）等。

按照测量范围分类，外径千分尺的规格有 0 ~ 25 mm、25 ~ 50 mm、50 ~ 75 mm、

75 ~ 100 mm、100 ~ 125 mm 等；内径千分尺的规格有 5 ~ 30 mm 和 25 ~ 50 mm 两种，使用时按照被测零件的所需测量尺寸的大小来选用。

下面，以外径千分尺为例介绍千分尺的结构原理及使用方法。

1）外径千分尺结构原理。外径千分尺的结构如图 2–18 所示。外径千分尺由尺架和测微装置组成，尺架的左端固定砧座，右端与表面有刻线的固定套管固定，固定套管里面带有内螺纹，测微装置的测微螺杆可沿此内螺纹回转，支架上面设有锁紧装置，可以固定测微螺杆。测微装置右侧是微分筒，左侧是测微螺杆，内部通过衬套同二者相连，测微装置的最右端是测力装置，测力装置通过内部棘轮、外部罩壳同微分筒连接。

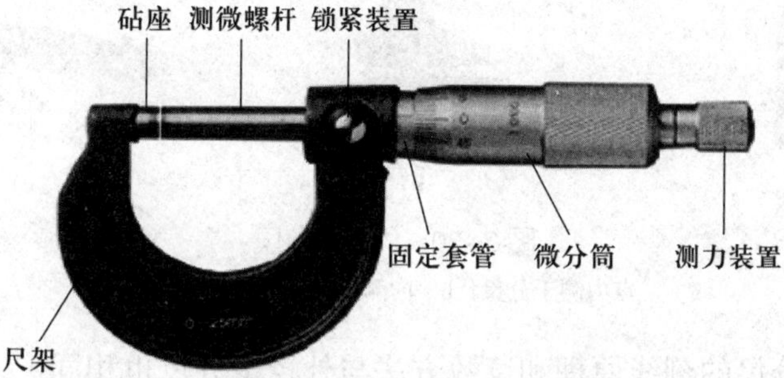

图 2–18　外径千分尺的结构

外径千分尺工作时，旋转罩壳带动微分筒及测微螺杆旋转，测微螺杆向左运动，当其与被测量零件接触时，测力装置棘轮发出“吱吱”声。此时，旋紧偏心锁紧装置，固定测微装置，取下被测零件，千分尺上的读数即为被测零件的测量尺寸。

读数完毕，旋松偏心锁紧装置，测微装置即可左右调整。

2）千分尺的刻线原理及读数方法

①千分尺的刻线原理。固定套管上刻有主标尺刻线，每格 0.5 mm。测微螺杆右端螺纹的螺距为 0.5 mm，当微分筒旋转一周时，测微螺杆就移动 0.5 mm。微分筒圆锥面上共刻有 50 格刻线，因此微分筒每转一格，测微螺杆就移动 0.01 mm。

②千分尺的读数方法。千分尺上读数可分为三步：第一步，读出微分筒边缘在固定套管上主标尺的毫米数和半毫米数。第二步，再从微分筒上找到与固定套管中线对齐的刻线，并读出不足半毫米的格数并乘以 0.01，将其作为测量尺寸不足 0.5 mm 部分的数值。第三步，把两个读数加起来就是所测零件的实际尺寸。如图 2–19

所示为千分尺的读数方法。

3）内径千分尺。内径千分尺用来测量内径及槽宽、槽深等尺寸，外形如图 2–20 所示。内径千分尺的刻线方向与外径千分尺的刻线方向相反。其读数方法和测量精度与外径千分尺相同。

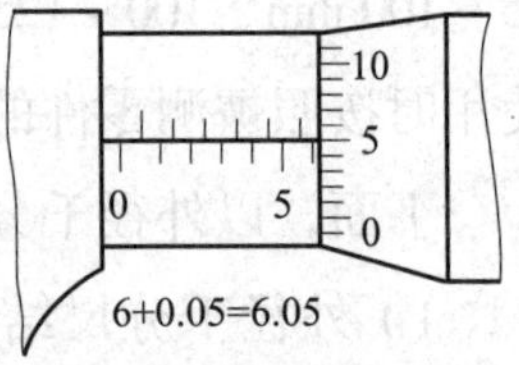

图 2–19　千分尺的读数方法

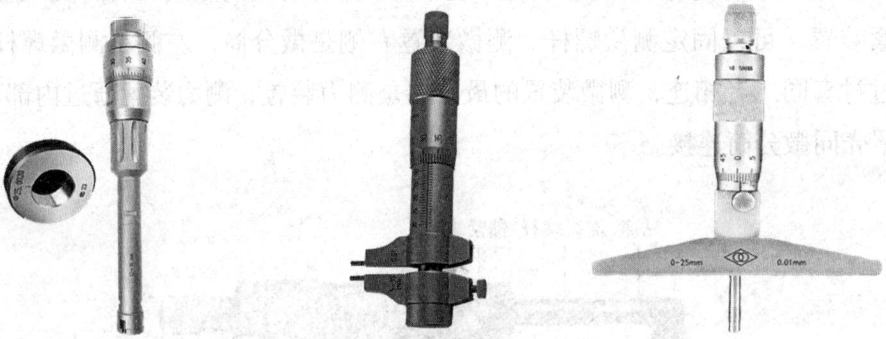

a)　　　b)　　　c)

图 2–20　内径千分尺

a）三点内测千分尺　b）内测千分尺　c）深度千分尺

4）其他千分尺的刻线原理和读数方法与外径千分尺也相同。

目前，市场上已出现多种数显内外径千分尺，可以直接读取测量数据。

二、公差配合与尺寸标注识读

1. 公差与配合的基本概念

（1）公差的基本概念。产品零件在设计过程中，设计人员根据零件的使用要求，通过计算、试验或类比等方法给定零部件的基本尺寸，称为公称尺寸。

在零部件加工制造过程中，由于加工的误差，零件的实际尺寸总是大于或小于公称尺寸，在工程应用中，将允许实际尺寸偏离公称尺寸的变动量，称为尺寸公差，简称公差。

（2）配合的基本概念。将尺寸公差的变化量使用图解表示，由代表上极限偏差和下极限偏差或最大极限尺寸和最小极限尺寸的两条直线所限定的一个区域，称为公差带，如图 2–21 所示。

国家标准规定，基本尺寸相同的，相互结合的孔和轴公差带之间的关系称为配合。

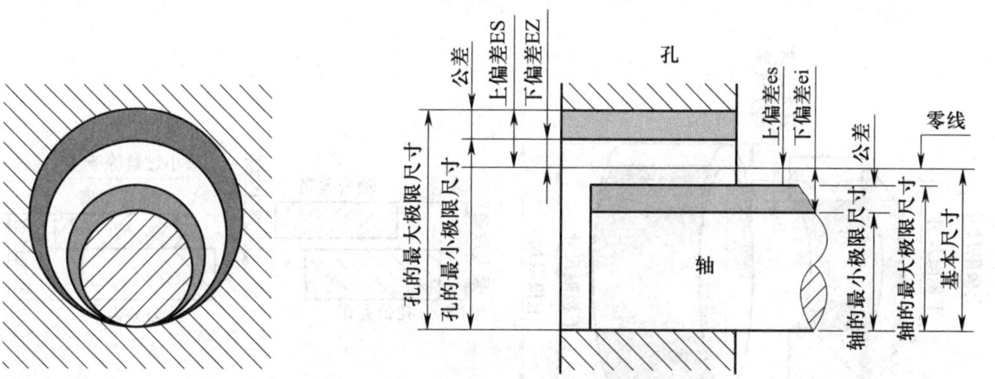

图 2–21　孔和轴的公差带示意图

2. 公差与配合的分类

孔和轴公差带之间的关系，决定了孔和轴之间相互结合的松紧程度，孔和轴之间配合的类型一般有三种：间隙配合、过盈配合、过渡配合。

（1）间隙配合。具有间隙（包括最小间隙等于零）的配合称为间隙配合。间隙配合时孔的公差带在轴的公差带之上，如图 2–22 所示。

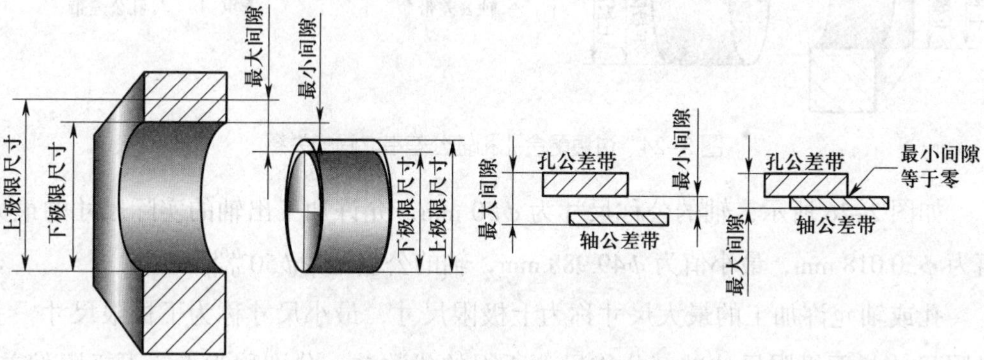

图 2–22　间隙配合孔和轴公差带之间的关系

（2）过盈配合。具有过盈（包括最小过盈等于零）的配合称为过盈配合。过盈配合时孔的公差带在轴的公差带之下，如图 2–23 所示。

（3）过渡配合。可能具有间隙或过盈的配合称为过渡配合。过渡配合时孔的公差带和轴的公差带相互交叠，如图 2–24 所示。当孔的尺寸大于轴的尺寸时具有间隙；当孔的尺寸小于轴的尺寸时具有过盈。

3. 尺寸标注识读

以孔和轴为例：

如图 2–25 所示，孔的公称尺寸为 $\phi 50$ mm，允许加工出孔的实际尺寸的最大值为 $\phi 50.1$ mm，最小值为 $\phi 50.02$ mm，孔的公差记为 $\phi 50^{+0.10}_{+0.02}$ mm。

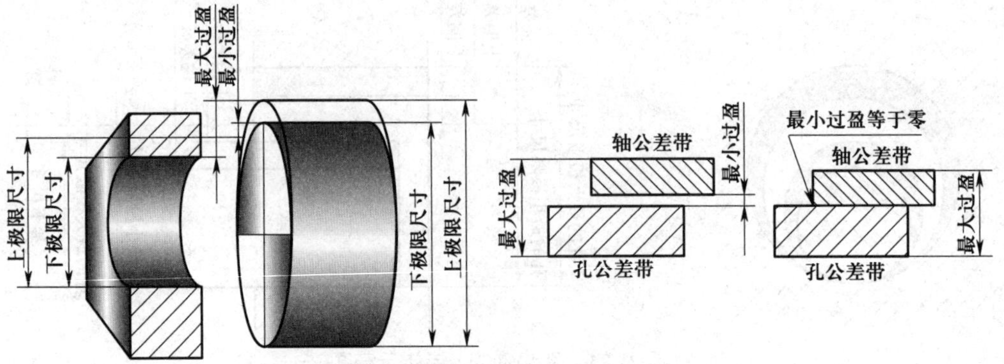

图 2–23　过盈配合孔和轴公差带之间的关系

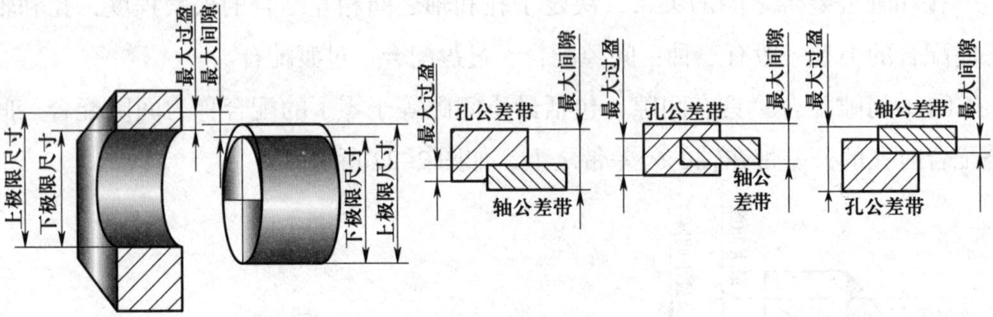

图 2–24　过渡配合孔和轴公差带之间的关系

如图 2–26 所示，轴的公称尺寸为 $\phi50$ mm，允许加工出轴的实际尺寸的最大值为 $\phi50.018$ mm，最小值为 $\phi49.988$ mm，轴的公差记为 $\phi50^{+0.018}_{-0.012}$ mm。

孔或轴允许加工的最大尺寸称为上极限尺寸，最小尺寸称为下极限尺寸，上极限尺寸与下极限尺寸减其公称尺寸所得的代数差，分别称为上、下极限偏差。如图 2–25 所示，孔的上极限尺寸为 50.1 mm，下极限尺寸为 50.02 mm；如图 2–26 所示，轴的上极限偏差为 +0.018 mm、下极限偏差 –0.012 mm。

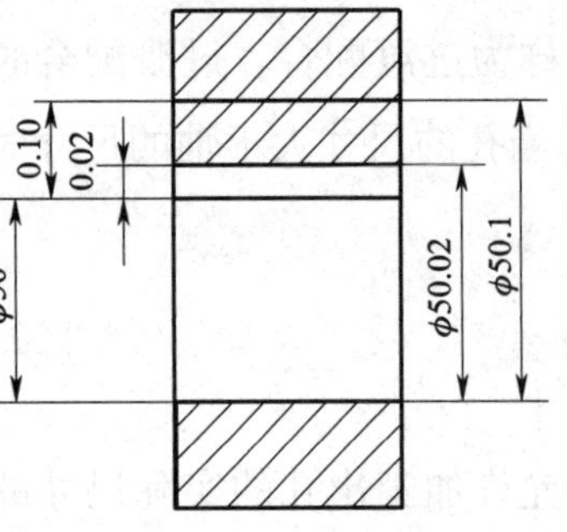

图 2–25　孔的公差

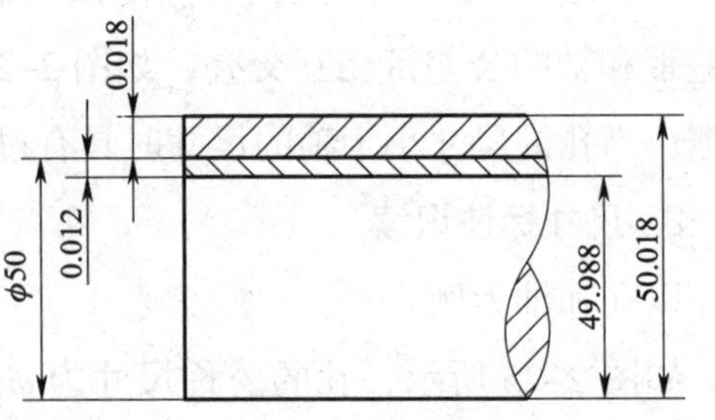

图 2–26　轴的公差

学习单元 3　常用金属材料基础知识

一、常用金属材料的种类与应用

金属材料分为黑色金属材料和有色金属材料两大类。在起重机设计制造中，金属材料得到了广泛的应用。

1. 黑色金属材料的种类与应用

黑色金属材料根据含碳量的不同分为钢和铸铁。钢是碳的质量分数在 0.021 8%～2.11% 的铁碳合金。按照国家标准《钢分类　第 1 部分：按化学成分分类》（GB/T 13304.1—2008）的规定，钢按照化学成分分为非合金钢、低合金钢、合金钢三大类。铸铁按碳的存在形式可分为白口铸铁、灰口铸铁和麻口铸铁。下面主要介绍非合金钢、合金钢和铸铁。

（1）非合金钢。非合金钢即碳素钢，根据含碳量不同，分为低碳钢、中碳钢、高碳钢；按照用途分为碳素结构钢、优质碳素结构钢、碳素工具钢、铸造碳钢。

1）碳素结构钢

①碳素结构钢的牌号。例如牌号为 Q235AF 的钢，表示屈服强度为 235 MPa，质量等级为 A 级，脱氧状态不完全（沸腾钢）的碳素结构钢。

前缀符号 Q 是钢的屈服强度“屈”字的汉语拼音首字母，235 是该钢种的最小屈服强度值，单位为 MPa。

A 表示该钢种的质量等级符号，从 A 到 D，质量等级依次提高。

F 表示脱氧方法符号，F—沸腾钢、Z—镇静钢、TZ—特殊镇静钢，Z 与 TZ 符号在钢号组成表示方法中予以省略。

在碳素结构钢的牌号尾部，可以增加产品用途、特性和工艺方法的附加符号。如压力容器用钢—R、锅炉用钢—G、桥梁用钢—Q 等表示。

②应用。碳素结构钢的钢板和各种型材常用于受力不大的机械零件，如铆钉、螺钉、螺母等，见表 2–1。

2）优质碳素结构钢

①优质碳素结构钢的牌号。例如，牌号为 65Mn 的钢，表示平均含碳量为 0.65%、含锰（Mn）量较高的优质碳素结构钢。牌号前面的两位数字表示该钢种的平均含碳量的万分数，含 Mn 量较高时标注 Mn。若为高级优质钢、特级优质钢时，分别在牌号尾部加字母 A、E 表示。

表 2–1　碳素结构钢的特性和用途

牌号	特性	用途
Q195～Q215	具有良好的塑性、韧性、焊接性、压力加工性能，强度低	用于制造地脚螺栓、铆钉、焊管、拉杆、吊钩、支架、强度要求较低的焊接结构等
Q235	具有良好的塑性、韧性、焊接性，具有一定的强度，良好的冷作加工性能	用于强度要求不高的焊接结构，如受力不大的销轴、螺钉、螺母、机座、建筑结构、桥梁等
Q460	具有较高的强度、良好的焊接性	用于制造强度要求较高的零件，如齿轮、螺栓、螺母、工程机械焊接结构等

②应用。优质碳素结构钢的杂质和非金属夹杂物较少，用于重要的机械零件，一般需要经过热处理来改善其性能。

3）碳素工具钢

①碳素工具钢的牌号。例如，牌号为 T12A 的钢，表示平均含碳量约为 1.2% 的高级优质碳素工具钢。牌号前面的“T”是汉字“碳”的汉语拼音首字母，数字表示钢中平均含碳量的千分数，A 表示高级优质钢，不标则表示为优质钢。

②性能及用途。碳素工具钢具有高硬度和高耐磨性，用于制造工具、量具、模具等。

4）铸造碳钢

①铸造碳钢的牌号。例如，牌号为 ZG270–500 的钢，表示屈服强度不低于 270 MPa、抗拉强度不低于 500 MPa 的铸造碳钢。

牌号前面由“铸钢”两个汉字的汉语拼音首字母“ZG”表示，后面加两组数字组成：第一组数字代表屈服强度值，第二组数字代表抗拉强度值。

②性能及用途。铸造碳钢含碳量一般在 0.20%～0.60%，含碳量不同，其性能也不同，常用于制造形状复杂、力学性能要求较高的机械零件。

（2）合金钢。合金钢按用途分为合金结构钢、合金工具钢、特殊性能钢。

1）合金结构钢。合金结构钢主要用于制造各种机械零件，如轴、连杆、齿轮、弹簧、轴承等。按用途和热处理特点可分为合金渗碳钢、合金调质钢、合金弹簧钢、滚动轴承钢，其性能和用途如图 2–27 所示。

2）合金工具钢。合金工具钢按用途可分为合金刃具钢、合金模具钢和合金量具钢。

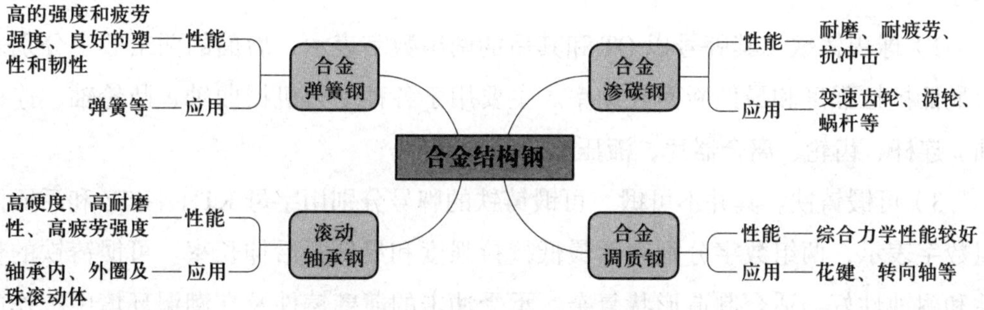

图 2-27　合金结构钢分类

①合金刃具钢。其主要用来制造车刀、铣刀、钻头等各种金属切削刀具。具有高硬度、耐磨性、高热硬性及足够的强度和韧性等。

②合金模具钢。其主要用来制作各种模具，如冷作模具、热作模具和塑料模具。

③合金量具钢。其主要用来制作测量工件尺寸的工具，如游标卡尺、量规和样板等。它们的工作部分一般要求具有高硬度、高耐磨性、高的尺寸稳定性和足够的韧性。

3）特殊性能钢。特殊性能钢主要是指不锈钢、耐热钢和耐磨钢，它们具有特殊的物理性能和化学性能。

①不锈钢。其主要是指在空气、水、盐的水溶液、酸及其他腐蚀性介质中具有高度化学稳定性的钢。

②耐热钢。其主要是指在高温下具有良好的化学稳定性和较高强度、能较好地适应高温环境的钢。

③耐磨钢。其主要是指在巨大压力和强烈冲击载荷作用下能发生硬化的高锰奥氏体钢，如起重机和拖拉机的履带、挖掘机铲斗的斗齿、碎石机的颚板、铁路道岔、防弹钢板等。

（3）铸铁。铸铁根据碳在铁中的存在形式和断口颜色不同，分为灰口铸铁、白口铸铁和麻口铸铁。白口铸铁只在铸造中使用，麻口铸铁性能不好而极少应用。灰口铸铁应用较多，灰口铸铁根据石墨形态不同分为灰铸铁、球墨铸铁、可锻铸铁、蠕墨铸铁。

1）灰铸铁。其牌号以 HT 和后面一组数字表示，后面数字表示最小抗拉强度值。大量用于不受冲击载荷的零部件，如承受压力的发动机缸体、缸盖、离合器壳及制动鼓，油缸、泵体、阀体，机床床身、汽车缸体、轮毂、飞轮、阀体、泵体等。

2）球墨铸铁。其牌号以 QT 和其后的两组数字表示，后面的两组数字分别表示最低抗拉强度和最低断面收缩率。主要用于各种动力机械曲轴、凸轮轴、连接轴、连杆、齿轮、离合器片、液压缸体等零部件。

3）可锻铸铁。其并不可锻，可锻铸铁的牌号分别用字母 KTH、KTZ 和后面两组数字表示，两组数字分别表示最低抗拉强度和最低断后伸长率。可锻铸铁的韧性和耐蚀性好，适合制造形状复杂、承受冲击的薄壁铸件及在潮湿环境中工作的零件。

4）蠕墨铸铁。其牌号以 RuT 和其后的两组数字表示，后面的两组数字分别表示最低抗拉强度和最低断面收缩率。常应用于制造柴油机汽缸盖、汽缸套、电动机外壳、机座、床身、阀体、钢钉模等。

2. 有色金属的种类与应用

通常将钢铁以外的金属及其合金，统称为有色金属。有色金属具有钢铁所没有的许多特殊的力学和物理性能，是机械制造工程中不可缺少的材料。有色金属的种类很多，常用的有铜及铜合金、铝及铝合金、钛及钛合金、轴承合金和硬质合金等。

（1）铜及铜合金

1）纯铜。纯铜具有良好的导热、导电性能、塑性加工性能，化学稳定性好，在大气和海水中具有良好的耐腐蚀性。

2）铜合金。按外观及合金元素的种类一般分为黄铜、白铜和青铜。

黄铜。其是指以锌（Zn）为主要合金元素的铜合金。铸造黄铜具有良好的铸造性能，其熔点低，流动性好，常应用于制造冷凝器管、汽车机油泵衬套等。

白铜。其是指以镍（Ni）为主要合金元素的铜合金。

青铜。其是指以锡（Sn）为主要合金元素的铜合金。

（2）铝及铝合金

1）纯铝。纯铝具有良好的导电、导热性能，抗大气腐蚀能力强，主要用来制作电线、电缆及电气元件等。

2）铝合金。铝合金是在铝中加入硅、铜、镁、锌、锰等元素制成的合金，其强度比纯铝高。按工艺性能可分为变形铝合金和铸造铝合金两大类。

变形铝合金主要应用于飞机主起落架、卫星天线（LF2）、飞机翼梁（腹板为硬铝合金）、压气机叶片等。

铸造铝合金主要应用于汽缸头（Al–Cu）、大型空压机活塞（ZL401）、鼓风机密封件等（ZL102、ZL301）等。

（3）钛及钛合金

1）纯钛。纯钛容易与空气中的氧、氮结合，在材料表面形成一层致密的氧化膜和氮化物薄膜，可加工制成细丝或薄片。

2）钛合金。钛合金是在纯钛中加入合金元素构成的，钛合金常应用于焊接件、冲压件、模锻件，如眼镜架、容器、泵、坦克履带、舰船耐压壳体等。钛合金还具有特殊的记忆、超导、储氢性能。

（4）轴承合金和硬质合金。轴承合金常用于汽车、工程机械等轴承制造，硬质合金主要应用于刀具、量具、模具的制造。

二、金属材料的性能

1. 物理性能

（1）密度。密度是指在一定温度下单位体积物质的质量，单位为 g/cm^3。常见金属的密度如：铝（Al）2.72 g/cm^3、铁（Fe）7.87 g/cm^3、铜（Cu）8.96 g/cm^3。密度最大的金属为锇（Os）22.59 g/cm^3，密度最小的金属为锂（Li）0.53 g/cm^3。常把密度小于 4.5 g/cm^3 的金属称为轻金属，如铝及铝合金；密度大于 4.5 g/cm^3 的金属称为重金属，如铜及铜合金。

（2）熔点。熔点是材料从固态转变为液态的温度，金属等晶体材料一般具有固定的熔点，而高分子材料等非晶体材料一般没有固定的熔点。常见金属的熔点（℃）如：铝（Al）660 ℃、铁（Fe）1 538 ℃、铜（Cu）1 083 ℃。熔点最大的金属为钨（W）3 410 ℃，熔点最低的金属为汞（Hg）–39 ℃。高熔点金属如钨、钼等常用于制造耐高温零件，如焊接电极；低熔点金属如铅、锡等，常用于制造熔丝、焊接钎料等。

（3）导电性。物体传导电流的能力称为导电性，通常用电阻率来衡量。导电性好的材料导热性也好，导电导热性最好的金属为银（Ag），铜（Cu）次之，铝（Al）第三。电阻率小的金属如纯铜、纯铝等，常用于制造电器产品的触点；电阻率大的金属如钨、钼等，常用于制造电热元件等。

（4）导热性。金属传导热量的性能称为导热性，通常用热导率来衡量。导热性好的金属材料，可以减少加工过程中的内应力，避免零件变形或开裂。

（5）热膨胀性。金属材料随着温度变化而膨胀或收缩的特性称为热膨胀性，其大小可用线膨胀系数衡量。例如，被焊的工件由于受热不均匀而产生不均匀的热膨胀，就会导致焊件的不均匀变形和焊接应力集中。

（6）磁性。金属材料在磁场中被磁化的性能称为磁性。根据磁化程度的不同，金属材料分为：易被磁化的铁磁性材料，如铁、钴等；不易被磁化的顺磁性材料，如锰、铬等；不被磁化的抗磁性材料，如铜、锌等。

2. 化学性能

（1）耐腐蚀性。耐腐蚀性是指金属材料抵抗周围介质腐蚀破坏的能力。

（2）高温抗氧化性。高温抗氧化性是指金属材料在高温下抗氧化的能力。高温下使用的零件要求材料具有高温抗氧化的能力。

3. 力学性能

金属材料承受机械载荷而不超过许可变形或不破坏的能力，称为材料的力学性能，见表 2–2。

表 2–2　金属材料的力学性能指标及表示方法

力学性能	性能指标				含义
	符号	名称	旧标符号	单位	
强度	R_m R_{el} $R_{p0.2}$	抗拉强度 下屈服强度 条件（名义）屈服强度	$б_b$ $б_s$ $б_{0.2}$	MPa	试件拉断前所能承受的最大应力 发生塑性变形而力不增加时的应力点 规定产生 0.2% 残余伸长时的应力
塑性	A（$A_{11.5}$） z	断后伸长率 断面收缩率	δ_s（δ） ψ	—	断后标距的伸长量与原始标距之比的百分率 断后试件的颈缩处面积变化量与原始横截面面积之比的百分率
硬度	HBW HR （A、B、C） HV	布氏硬度 洛氏硬度 （A、B、C 标尺） 维氏硬度	HBS、HBW HR （A、B、C） HV	MPa	球形压痕单位面积上所受的平均压力 用洛氏硬度相应标尺刻度与压痕深度之差计算的硬度值 正四棱锥压痕单位面积上所受的平均压力
冲击韧性	K	冲击吸收能量	α_k	J	试验时冲击试样所吸收的能量
疲劳强度	R_{-1}	疲劳极限	$б_{-1}$	MPa	试件承受无数次（或给定次数）交变应力仍不断裂的最大应力

（1）强度。强度是指金属在静载荷作用下抵抗塑性变形或断裂的能力。

1）屈服强度。屈服强度是指当金属材料出现屈服现象时，在拉伸实验过程中，试件发生塑性变形而力不增加的应力点（单位：MPa）。

2）抗拉强度。抗拉强度是指在拉伸实验过程中，材料在断裂前所能承受的最大的应力（单位：MPa）。

（2）塑性。塑性是指在拉伸实验过程中，受力后的材料在断裂之前产生塑性变形的能力。

1）断后伸长率。断后伸长率是指拉伸实验试件拉断后，标距的伸长量与原始标距之比的百分率。

2）断面收缩率。断面收缩率是指拉伸实验试样拉断后，缩颈处面积变化量与原始横截面面积比值的百分率。

（3）硬度。硬度是指材料抵抗局部变形，特别是塑性变形、压痕或划痕的能力。它是衡量材料软硬程度的指标。根据硬度测试方法的不同，硬度的表示方法有三种，分别是布氏硬度（符号：HB）、洛氏硬度［符号：HRA（B、C）］、维氏硬度（符号：HV），硬度越高，材料的耐磨性越好。

（4）冲击韧性。冲击韧性是指金属材料抵抗冲击载荷作用而不破坏的能力。

（5）疲劳强度。疲劳强度是指金属材料抵抗交变载荷作用而不产生破坏的能力。由于所承受的载荷为交变载荷，零件承受的应力虽然低于材料的屈服强度，但经过长时间工作后，仍会产生裂纹或突然发生断裂，金属这样的断裂现象称为疲劳断裂。

4. 工艺性能

工艺性能是指金属材料对不同加工工艺方法的适应能力，包括铸造性能、锻压性能、焊接性能、切削加工性能和热处理性能等。

（1）铸造性能。铸造性能是指铸造成形过程中获得外形准确、内部无明显缺陷铸件的能力，主要取决于金属的流动性、收缩性和偏析倾向等。

（2）锻压性能。锻压性能是指用锻压成形的方法获得优良锻件的难易程度。化学成分会影响金属的锻压性能。铁碳合金中，含碳量（碳的质量分数）越低，锻压性能越好。

（3）焊接性能。焊接性能是指金属材料对焊接加工的适应性，即在一定的焊接工艺条件下，获得优质焊接接头的难易程度。对碳钢和低合金钢而言，焊接性能主要与其化学成分有关（其中碳的影响最大），如低碳钢具有良好的焊接性能。

（4）切削加工性能。切削加工金属材料的难易程度称为材料的切削加工性能。影响切削加工性能的因素主要有化学成分、组织状态、硬度、韧性、导热性及形变强化等。

（5）热处理性能。热处理性能是指在固态下通过加热、保温和冷却的手段，金属材料表面或内部的化学成分与组织性能改变，并能够获得所需性能的工艺特性。

金属材料的热处理性能有淬透性、淬硬性、过热敏感性、变形开裂倾向、回火脆性倾向、氧化脱碳倾向等。

学习单元 4 常用非金属材料基础知识

一、常用非金属材料的种类、性能与应用

除金属材料外，其他工程材料通称为非金属材料，主要有高分子材料、陶瓷材料和复合材料等三大类。非金属材料的原料来源广，资源丰富，成型工艺简单，具有某些特殊性能，已成为机械工程不可缺少的、独立的材料体系。

1. 高分子材料

高分子材料是以高分子化合物为主要成分的非金属材料，根据机械性能和用途可分为塑料、橡胶、合成纤维、胶黏剂和涂料五类。塑料按应用范围分为通用塑料和工程塑料，橡胶按照原料来源分为天然橡胶和合成橡胶。

（1）工程塑料的种类、性能与应用。按使用范围塑料分为三类：通用塑料、工程塑料、特种塑料。工程塑料在机械行业应用广泛，其种类、性能与应用如下。

1）ABS 塑料主要用于制造齿轮、轴承、仪表盘壳、管道、容器等。

2）尼龙（PA）广泛用于各种机器零件，如轴承、齿轮、轴套、螺母、垫圈等。

3）氟塑料主要用于制造减磨密封零件、密封圈、垫圈等。

4）聚甲基丙烯酸甲酯（有机玻璃）代号 PMMA，主要应用于飞机座舱盖、仪

表外壳、光学镜片等。

（2）橡胶的种类、性能与应用。橡胶是一类具有高弹性的高分子材料。不同制品对橡胶的性能要求不同，有的要求强度高、耐应力、耐磨损，有的要求耐油、耐低温、耐高温、耐老化性能等。

1）橡胶的种类。按照来源不同，橡胶分为天然橡胶和合成橡胶；根据用途不同，分为通用橡胶和特种橡胶。

2）橡胶的性能。橡胶具有高弹态、良好的回弹性能，良好的耐磨性。

3）橡胶的应用

①天然橡胶是优良的电绝缘体，并有较好的耐碱性。但耐油、耐溶剂性、耐臭氧老化性差，不耐高温，广泛应用于轮胎、胶带、胶管等。

②丁苯橡胶（SBR）为丁二烯与苯乙烯的共聚物。含 10% 苯乙烯的丁苯 -10 有良好耐寒性，含 30% 苯乙烯的丁苯 -30 耐磨性优良，是应用最广、产量最大的一种合成橡胶。比天然橡胶质地均匀，耐磨、耐热、耐老化性能好。广泛用于制造轮胎、胶布、胶板等。

③丙烯酸酯橡胶（ACM）是国际上发展起来的一种新型特种橡胶，具有优异的耐热、耐油、耐寒、耐臭氧等性能。根据需要，可与氟橡胶、丁腈橡胶、氯磺化聚乙烯、三元乙丙橡胶等并用，从而获得耐高温、耐油性能。广泛用于高温油封材料、容器管道衬里胶黏剂及建筑物密封胶、隔音和减振制品、特种电线电缆的外层护套等。

（3）高分子材料的性能

1）一般力学性能。比强度高，良好的韧性，减磨性、耐磨性好。

2）物理化学性能。电绝缘性好，导热系数小，耐腐蚀性好，质量轻（密度小），刚度小（弹性模量较钢小）。

3）缺点。高分子链的交联和裂解造成高分子材料老化，表现为高分子材料失去弹性及出现龟裂、变硬、变软、变色、变黏等。降解困难，对环境不友好。

（4）高分子材料的应用。高分子材料在机械工业中的应用越来越广泛，“以塑代钢”“以塑代铁”成为目前材料科学研究的热门和重点。这类研究拓宽了材料选用范围，使机械产品从传统的安全笨重、高消耗向安全轻便、耐用和经济转变。如聚氨酯弹性体的耐磨性尤为突出，在某些有机溶剂如煤油、砂浆混合液中，其磨耗低于其他材料。聚氨酯弹性体可制成机械叶轮、盖板等，广泛使用在工况条件为磨粒磨损的浮选机械上。

2. 陶瓷材料

陶瓷材料是一种天然或人工合成的化合物，是原料烧结而成的无机非金属材料。按其成分性能和用途可分为普通陶瓷和特种陶瓷两种。特种陶瓷如氧化铝陶瓷、氮化硅陶瓷、氮化硼陶瓷等。

（1）陶瓷材料性能

1）力学性能。陶瓷材料具有很高的弹性模量和硬度，但塑性变形能力较低、韧性很差，抗拉强度低，抗弯强度较高。

2）热性能。陶瓷材料熔点高，具有比金属材料高得多的耐热性，此外，它的热膨胀系数低、导热性小，是优良的绝热材料。

3）电性能。陶瓷材料的导电性变化范围很广，大多数陶瓷材料是良好的绝缘体。但是，不少陶瓷是离子导电体，有一定的电子导体性，是重要的半导体材料。

4）化学性能。陶瓷材料具有良好的抗氧化性、不可燃烧性和抗蚀性。

5）光学性能。陶瓷材料的光学性能主要表现在能够当作光导纤维材料、固体激光材料、光储存器等。

（2）陶瓷材料应用。普通陶瓷即黏土类陶瓷，是以黏土、长石、石英等主要成分制成的。除日用陶瓷件生产外，工业上主要用于绝缘的电瓷件、耐酸碱的化学瓷件及要求较低的结构零件的生产。

特种陶瓷是以人工提炼、纯度较高的化合物为原料制成的陶瓷，如氧化物、氮化物、碳化物、碱土金属碳酸盐等的烧结材料。它们具有各种独特的力学、物理和化学性能，可满足工程施工的特殊需要。如目前应用最广泛的是氧化铝陶瓷，它主要用于制造热电偶绝缘套、内燃机火花塞、拉丝模、切削刀具等；氮化硅陶瓷化学稳定性好、硬度高、抗热振性强、强度较高，可用于制作燃气轮机转子叶片、水泵密封环、阀门及高温轴承材料。

3. 复合材料

复合材料是指由两种或多种具有不同化学成分组成和结构组织的材料，在微观尺度上分布并通过界面结合而成的人工合成材料。如钢筋混凝土就是用钢筋与石子、沙子、水泥等制成的复合材料，轮胎是由人造纤维与橡胶复合而成的材料。

（1）复合材料的性能。比强度、比模量比其他材料要高得多，疲劳强度较高，减振性好，具有较高的耐热性和断裂安全性。

（2）复合材料分类及应用

1）纤维增强复合材料

①玻璃纤维增强复合材料。玻璃纤维增强复合材料是以玻璃及制品为增强剂，以树脂为黏结剂而制成的，俗称玻璃钢。以尼龙、聚烯烃类、聚苯乙烯类等热塑性树脂为黏结剂制成的热塑性玻璃钢，具有较高的力学、介电、耐热和抗老化性能，工艺性能也好；与基体材料相比，强度和疲劳性能可提高 2~3 倍以上，冲击韧度提高 1~4 倍，蠕变抗力提高 2~5 倍；达到或超过了某些金属的强度，可用来制造轴承、齿轮、仪表盘、壳体、叶片等零件。以环氧树脂、酚醛树脂、有机硅树脂、聚酯树脂等热固性树脂为黏结剂制成的热固性玻璃钢，具有密度小、强度高、介电性和耐蚀性好、成形工艺性好的优点，可制造车身、船体、直升机旋翼等。

②碳纤维增强复合材料。碳纤维增强复合材料是以碳纤维或其织物为增强剂，以树脂、金属、陶瓷为黏结剂制成的。目前碳纤维树脂应用广泛，应用于导弹的鼻锥体、火箭喷嘴、喷气发动机叶片等。

2）层合复合材料。层合复合材料是由两层或两层以上的不同性质的材料结合而成，达到增强的目的。三层复合材料常用作无油润滑轴承、机床导轨、衬套、垫片，夹层复合材料常用于航空、船舶、化工等工业。

3）颗粒复合材料。颗粒复合材料是由一种或多种颗粒均匀分布在基体材料内而制成的，典型的有金属基陶瓷颗粒复合材料。

学习单元 5　机械传动基础知识

一、机械传动常用零件功能

1. 轴

轴是机器中最基本、最重要的零件之一。各种做回转运动的零件必须安装在轴上才能运动及传递动力。

主要功能：支承回转零件（如齿轮、带轮等）、传递运动和动力。

2. 键、销及其连接

机器都是由各种零件装配而成的，零件与零件之间存在着各种不同形式的连接。键连接和销连接是两种常用的连接形式。

功能：键连接可以实现轴与轴上零件（如齿轮、带轮等）之间的周向固定，并传递运动和转矩。键连接具有结构简单、拆装方便、工作可靠及可实现标准化等特点，在机械中应用极为广泛。

销连接主要用于定位零件间的相对位置，作为组合加工和装配时的辅助零件，也可用于轴与毂的连接或其他零件的连接，还可以作为安全装置中的过载保护零件。

3. 轴承

轴承是支承轴及转动的部件，用以保证轴的旋转精度，减少轴与轴座之间的摩擦和磨损。轴承性能的好坏直接影响机器的使用性能，根据摩擦性质不同，轴承分为滚动轴承和滑动轴承。

4. 联轴器、离合器和制动器

联轴器和离合器用来连接两轴，使之一同回转并传递运动与转矩，有时也用作安全装置。离合器在机器运转过程中，可使两轴随时接合或分离。制动器主要用来降低机械运动速度或使机械停止运转，有时也作为限速装置使用。

二、机械传动常用部件类型、结构、功能

机械传动分为摩擦传动和啮合传动。两类传动都含直接接触传动（如摩擦轮传动、齿轮传动等）和挠性类传动（如带传动、链传动等），见表 2–3。

表 2–3　机械传动分类

摩擦传动				啮合传动						
直接接触传动	挠性类传动			直接接触传动					挠性类传动	
摩擦轮传动	带传动			齿轮传动			蜗杆传动	螺旋传动	链传动	带传动
	平带传动	V带传动	圆带传动	圆柱齿轮传动	锥齿轮传动	齿轮齿条传动				同步齿形带传动

1. 带传动

（1）类型。根据传动带的横截面形状的不同分为平带传动、V 带传动和圆带传动。

（2）结构。带传动是以张紧在至少两个轮上的带作为中间挠性件，靠带与带轮接触面间产生的摩擦力（或啮合力）来传递运动和（或）动力的。带传动的结构如图 2–28 所示。

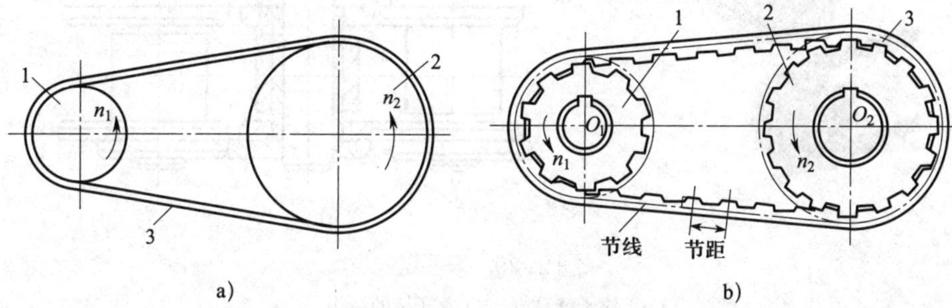

图 2–28　带传动的结构

a）摩擦型带传动　b）啮合型带传动

1—带轮（主动轮）　2—带轮（从动轮）　3—挠性带

（3）带传动的传动比 i。带传动的传动比就是主动轮转速 n_1 与从动轮转速 n_2 之比，通常用 i_{12} 表示：

$$i_{12}=\frac{n_1}{n_2}$$

式中　n_1、n_2——主、从动轮的转速，r/min；

i_{12}——传动比。

（4）功能：传动平稳、结构简单、成本低、使用维护方便、有良好的挠性和弹性、过载打滑。但存在传动比不准确、带使用寿命低、轴上载荷较大、传动装置外部尺寸大、效率低等缺点。因此，带传动常适用于大中心距、中小功率、带速 v =5 ~ 25 m/s 的场合。

2. 链传动

（1）链传动的类型。按用途，链传动可分为传动链、输送链、起重链。其中，传动链主要有滚子链和齿形链，使用最广泛的是套筒滚子链。

（2）链传动的结构

1）滚子链的结构。如图 2–29 所示，滚子链由内链板、外链板、销轴、套筒、滚子组成。

2）齿形链结构。如图 2–30 所示，齿形链由一组带有齿的内、外链板左右交错排列，并用铰链连接而成。

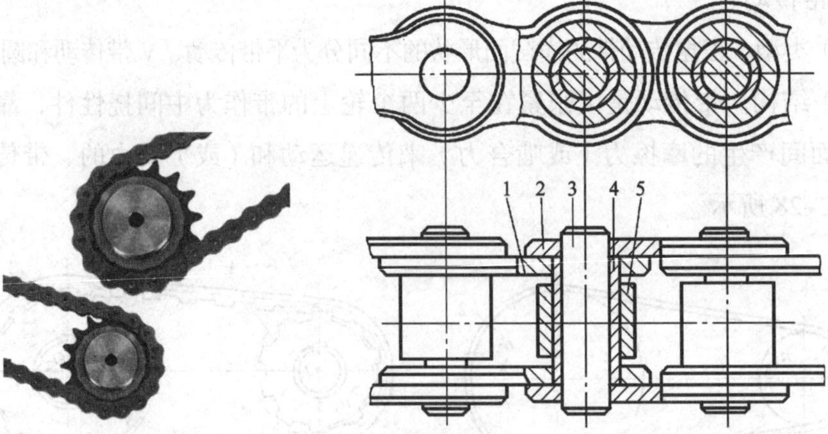

a)　　　　b)

图 2-29　滚子链

a）滚子链总成　b）滚子链的结构

1—内链板　2—外链板　3—销轴　4—套筒　5—滚子

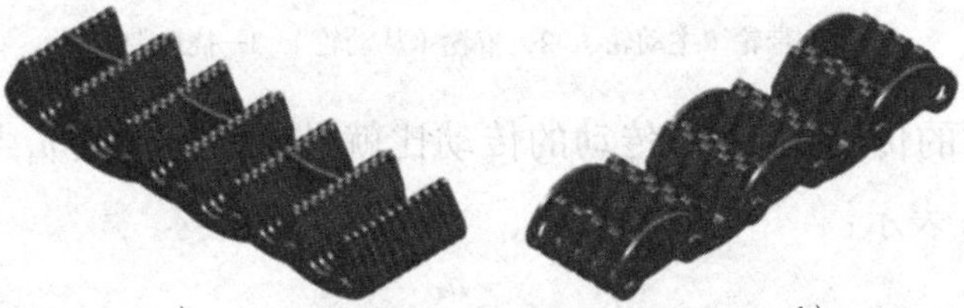

a)　　　　b)

图 2-30　齿形链结构

a）外链板　b）内链板

（3）链传动的传动比

$$i_{12}=\frac{n_1}{n_2}=\frac{z_2}{z_1}$$

式中　n_1、n_2——主、从动轮的转速，r/min；

z_1、z_2——主、从动轮齿数。

（4）链传动功能。与带传动相比，链传动没有弹性滑动，能保持准确的平均传动比，传动效率较高；链条不需要大的张紧力，所以轴与轴承所受载荷较小；不会打滑，传动可靠，过载能力强，在低速重载下能较好工作。链传动与齿轮传动相比，可以有较大的中心距，可在高温环境和多尘环境中工作，成本较低；缺点是瞬时链速和瞬时传动比都是变化的，传动平稳性较差，工作中有冲击和噪声，不适合高速场合，急速反向转动性能差。

3. 齿轮传动

齿轮传动是利用齿轮副来传递运动和（或）动力的一种机械传动。

（1）齿轮传动类型。齿轮传动类型按照齿轮轴线位置，可分为两轴平行（按照齿轮方向、按啮合情况）和两轴不平行（相交轴齿轮传动、交错轴齿轮传动）两类，见表 2–4。

表 2–4　齿轮传动类型

两轴平行						两轴不平行		
按轮齿方向			按啮合情况			相交轴齿轮传动	交错轴齿轮传动	
直齿圆柱齿轮传动	人字齿圆柱齿轮传动	斜齿圆柱齿轮传动	齿轮齿条传动	外啮合齿轮传动	内啮合齿轮传动	锥齿轮传动	交错轴斜齿轮传动	蜗轮蜗轩传动

（2）齿轮传动结构

1）渐开线标准直齿圆柱齿轮传动

①渐开线的形成。如图 2–31 所示，动直线 *AB* 沿着一固定的圆作纯滚动时，此动直线上任一点 *K* 的运动轨迹 *CK* 称为渐开线，该圆称为渐开线的基圆，其半径以 r_b 表示，直线 *AB* 称为渐开线的发生线。

②渐开线齿轮。以同一个基圆上产生的两条反向渐开线为齿廓的齿轮称为渐开线齿轮，如图 2–32 所示。

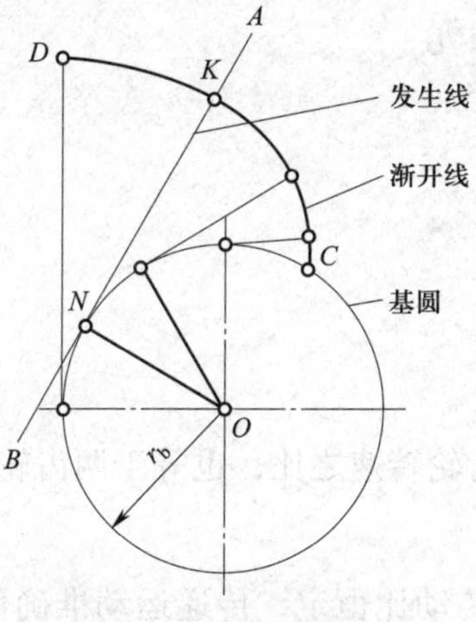

图 2–31　渐开线的形成

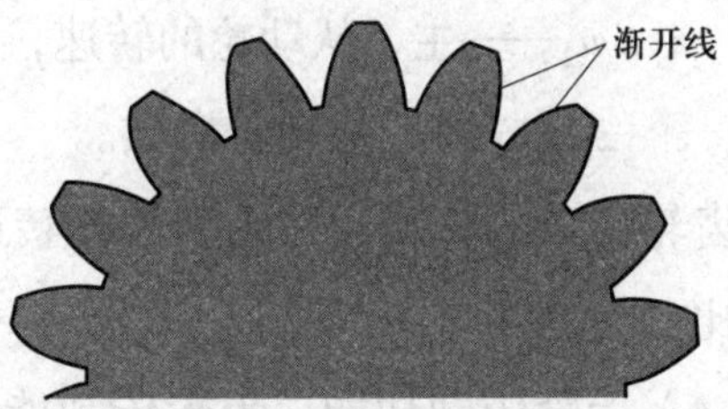

图 2–32　渐开线齿轮

③渐开线标准直齿圆柱齿轮传动。各部分名称如图 2–33 所示。其中，*d* 为分度圆直径、d_a 为齿顶圆直径、d_f 为齿根圆直径，标准齿轮的分度圆上的齿厚 *s*= 齿槽宽 *e*。

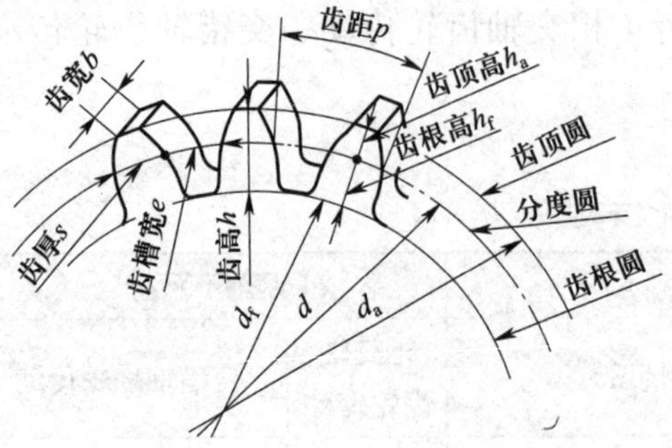

a）

b）

图 2–33　渐开线标准直齿圆柱齿轮传动

a）直齿圆柱齿轮齿形　b）直齿圆柱齿轮传动

2）齿轮齿条传动。齿轮齿条传动根据齿条的形状又可分为斜齿条传动和直齿条传动，如图 2–34 所示。

a）

b）

图 2–34　齿轮齿条传动

a）斜齿条　b）直齿条

（3）齿轮传动传动比

$$i_{12}=\frac{n_1}{n_2}=\frac{z_2}{z_1}$$

式中　n_1、n_2——主、从动轮的转速，r/min；

z_1、z_2——主、从动轮齿数。

齿轮传动的传动比是主动齿轮转速与从动齿轮转速之比，也等于两齿轮齿数之反比。

（4）齿轮传动功能。齿轮传动能保证瞬时传动比恒定，传递运动准确可靠，工作可靠性高。齿轮传动结构紧凑，可实现较大的传动比，传动效率高，使用寿命长，维护简便。但是，在运转过程中有振动、冲击和噪声，齿轮安装精度要求较高，不能实现无级变速等缺点，不适宜用在中心距较大的场合。

4. 螺旋传动

（1）螺纹的种类

1）按螺纹牙型分类，螺纹分为三角形螺纹、矩形螺纹、梯形螺纹、锯齿形螺纹等，如图 2–35 所示。

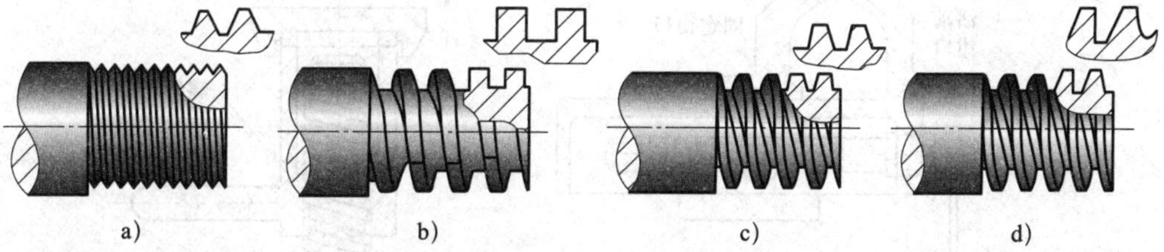

图 2–35 按螺纹牙型分类螺旋传动类型

a）三角形螺纹 b）矩形螺纹 c）梯形螺纹 d）锯齿形螺纹

2）按螺旋线的方向分为右旋螺纹、左旋螺纹，如图 2–36 所示。右旋螺纹左低右高，左旋螺纹左高右低。

3）按螺旋线的线数分为单线螺纹、多线螺纹，如图 2–37 所示。

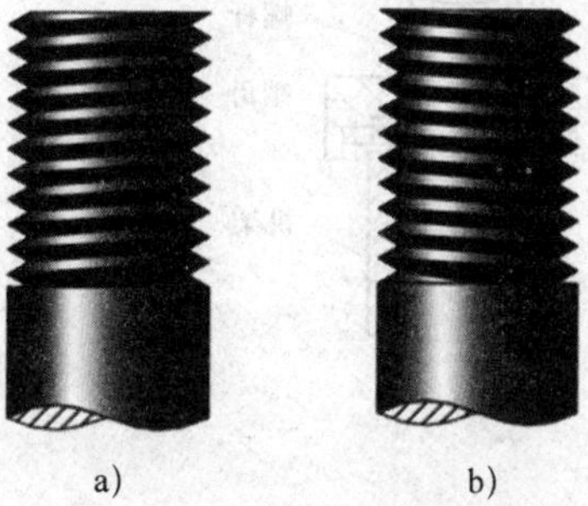

图 2–36 左右旋螺纹

a）右旋螺纹 b）左旋螺纹

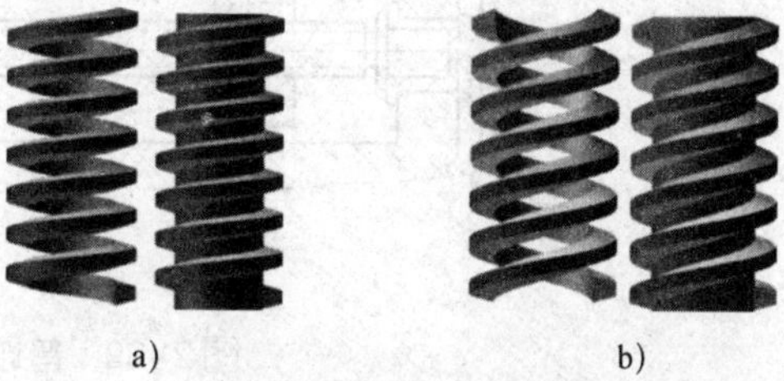

图 2–37 单线螺纹、多线螺纹

a）单线螺纹 b）多线螺纹

4）按螺旋线形成的表面分为内螺纹、外螺纹，如图 2–38 所示。

（2）螺旋传动类型。螺旋传动的类型可分为普通螺旋传动、差动螺旋传动、滚珠螺旋传动。

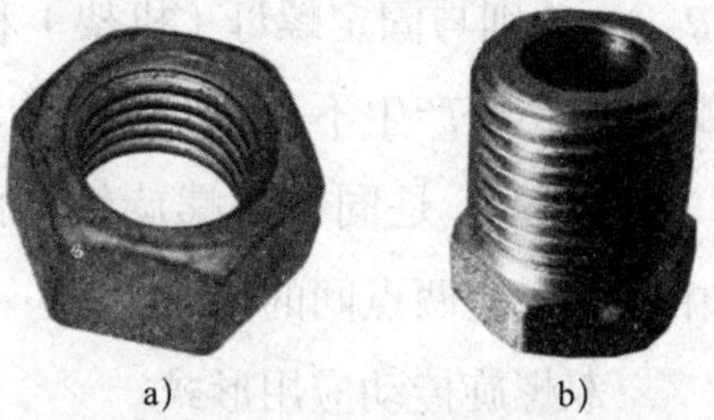

图 2–38 内螺纹、外螺纹

a）内螺纹 b）外螺纹

1）普通螺旋传动。普通螺旋传动是由螺杆和螺母组成的简单螺旋副实现的传动。普通螺旋传动应用形式如图 2–39 所示。

①螺母固定不动，螺杆回转并作直线运动，如图 2–39a 所示；

②螺杆固定不动，螺母回转并作直线运动，如图 2–39b 所示；

③螺杆回转，螺母作直线运动，如图 2–39c 所示；

④螺母回转，螺杆作直线运动，如图 2–39d 所示。

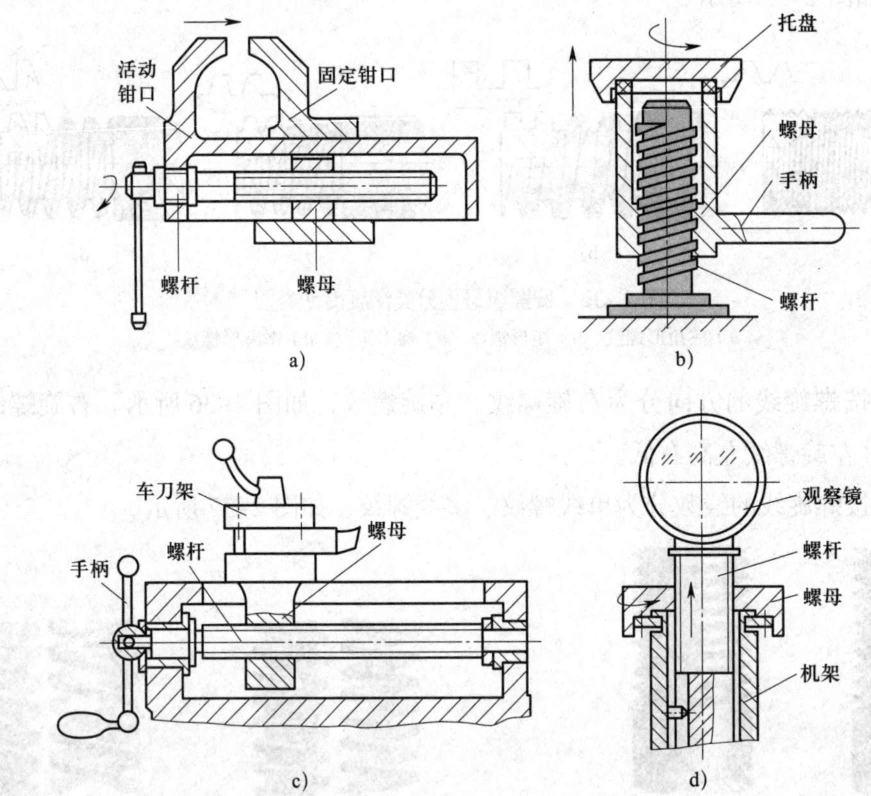

图 2–39　普通螺旋传动的四种形式

a）台虎钳　b）千斤顶　c）车床　d）观察镜

2）双螺旋传动。如图 2–40 所示，螺杆上有两段不同导程的螺纹（P_{h1} 和 P_{h2}），分别与固定螺母（机架）和活动螺母组成两个螺旋副，这两个螺旋副使活动螺母与螺杆产生不一致的螺旋传动，这种传动称为双螺旋传动。

导程 P_h 是同一条螺旋线上的相邻两牙在中径上对应两点间的轴向距离。

双螺旋传动应用形式：

①差动螺旋传动：螺杆上两螺纹（固定螺母与活动螺母）旋向相同；

②复式螺旋传动：螺杆上两螺纹（固定螺母与活动螺母）旋向相反。

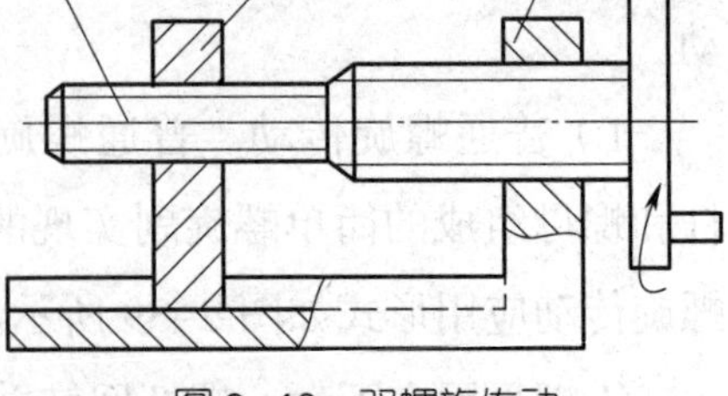

图 2–40　双螺旋传动

3）滚珠螺旋传动。滚珠螺旋传动主要由滚珠、螺杆、螺母及滚珠循环装置组成。当螺杆或螺母传动时，滚珠在螺杆与螺母间的螺纹滚道内滚动，从而提高传动效率和传动精度。

（3）螺旋传动功能。螺旋传动功能由螺杆和螺母组成的螺旋副来实现传动，具有工作连续、平稳、传动精度高等优点。

5. **蜗杆传动**

（1）蜗杆传动类型见表 2–5。

表 2–5 蜗杆传动类型

按蜗杆形状			按蜗杆螺旋线方向		按蜗杆头数	
圆柱蜗杆传动	环面蜗杆传动	锥蜗杆传动	左旋蜗杆传动	右旋蜗杆传动	单头蜗杆传动	多头蜗杆传动

（2）蜗杆传动的结构。蜗杆传动由蜗杆和蜗轮组成，如图 2–41 所示。

（3）蜗杆传动的传动比 i

$$i=\frac{n_1}{n_2}$$

蜗杆为主动件的减速运动中

$$i=\frac{n_1}{n_2}=\frac{z_2}{z_1}$$

式中 n_1——蜗杆转速，r/min；

n_2——蜗轮转速，r/min；

z_1——蜗杆头数；

z_2——蜗轮齿数。

图 2–41 蜗杆传动的结构

（4）蜗杆传动的功能。由蜗杆（主动件）带动蜗轮（从动件）转动，传递运动和动力，具有结构紧凑、工作平稳、无噪声、冲击和振动小以及能得到很大的单级传动比等优点。

（5）蜗轮回转方向的判定

1）判断蜗杆或蜗轮齿的旋向，如图 2–42 所示，使用右手法则：手心对着自己，四指顺着蜗杆或蜗轮轴线方向摆正，若齿向与右手拇指指向一致，则该蜗杆或蜗轮为右旋，反之则为左旋。

2）判断蜗轮的回转方向，如图 2–43 所示，使用左、右手法则：左旋蜗杆用左手，右旋蜗杆用右手，用四指弯曲表示蜗杆的回转方向，拇指伸直代表蜗杆轴线，则拇指所指方向的相反方向即为蜗轮上啮合点的线速度方向。

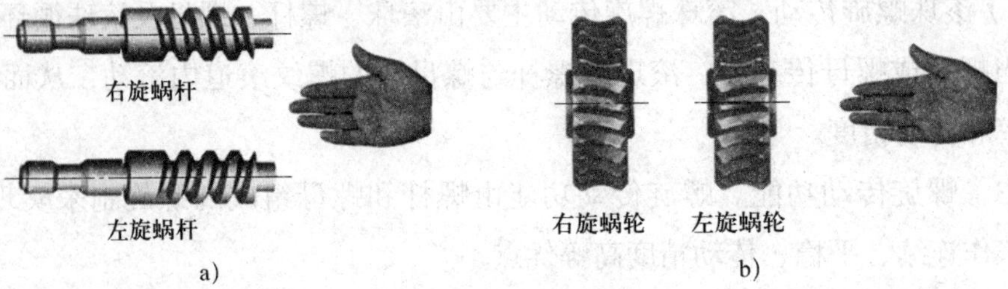

图 2–42　右手法则

a）蜗杆右手法则　b）蜗轮右手法则

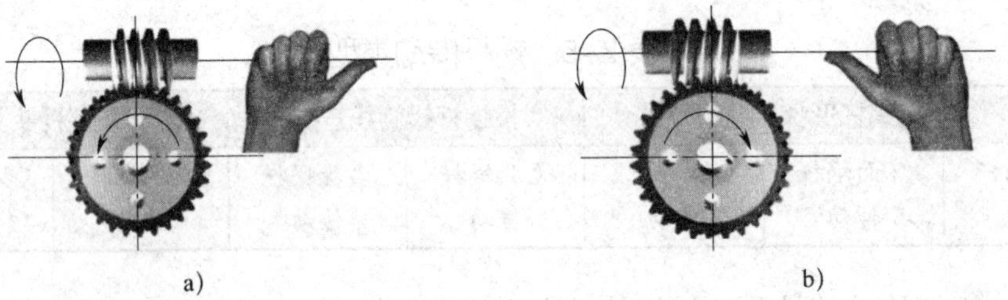

图 2–43　左、右手法则

a）右旋蜗杆传动　b）左旋蜗杆传动

三、机械传动常见机构功能

1. 平面连杆机构

平面连杆机构是指由一些刚性构件用转动副或移动副相互连接而成的，并在同一平面或相互平行的平面内运动的机构。

功能与作用：平面连杆机构能够实现较为复杂的平面运动，广泛用于动力的传递或改变运动形式的场合。最常用的平面连轩机构是四杆机构，如图 2–44 所示为四杆机构。

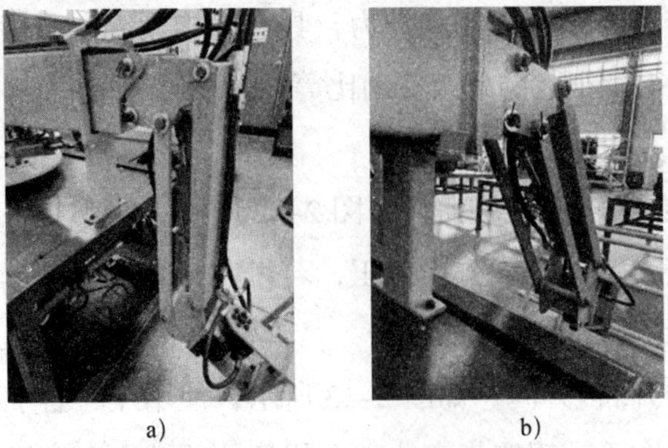

图 2–44　四杆机构

a）收回状态　b）半打开状态

2. 凸轮机构

依靠凸轮轮廓直接与从动件接触，迫使从动件作有规律的直线往复运动（直动）或摆动，如图 2-45 所示。

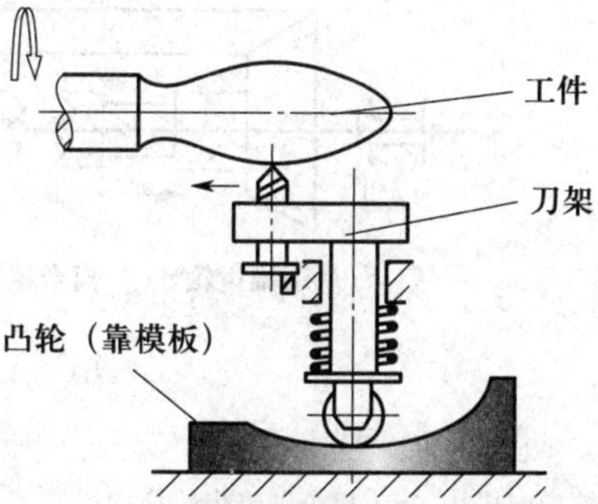

图 2-45 靠模车削机构

凸轮机构是由凸轮、从动件和机架三个基本构件组成的高副机构。

凸轮机构功能与作用：凸轮机构通过高副接触使从动件得到所预期的运动规律，它广泛应用于各种机械，特别是传力不大的场合，如自动机械、仪表、控制机构和调节机构中。

3. 其他常用机构

主要有变速机构、换向机构、间歇运动机构。

（1）变速机构。变速机构是指在输入轴转速不变的条件下，使输出轴获得不同转速的传动装置。变速机构分为有级变速机构和无级变速机构。

1）有级变速机构可以实现在一定转速范围内的分级变速，具有变速可靠、传动比准确、结构紧凑等优点。

2）无级变速机构。无级变速机构依靠摩擦来传递转矩，适当改变主动件和从动件的转动半径，使输出轴的转速在一定的范围内无级变化。有机械式、电动式、电磁式和液压式等多种形式，机械式无级变速具有结构简单、传动性能好、实用性强、维护方便和效率高等优点，所以应用广泛。

（2）换向机构。换向机构是在输入轴转向不变的条件下，可使输出轴转向改变的机构。常见类型有三星轮换向机构和离合器锥齿轮换向机构，如图 2-46 所示。

如图 2-46a 所示，通过操作手柄使两个惰轮分别和主动轮啮合，改变从动轮运动方向。如图 2-46b 所示，通过操纵拨叉左右结合，使从动齿轮换向。

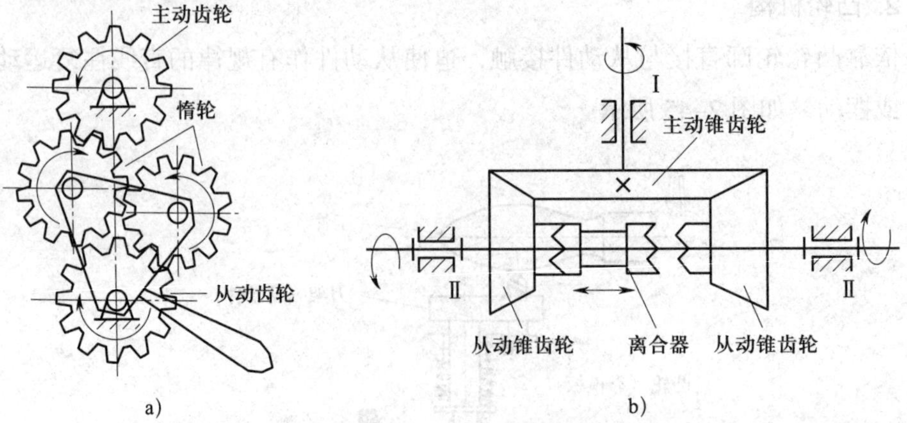

图 2–46　换向机构

a）三星轮换向机构　b）离合器锥齿轮换向机构

（3）间歇运动机构。在某些机器中，当主动件做连续运动时，能够将主动件的连续运动转换成从动件的周期性运动或停歇的机构称为间歇运动机构。如牛头刨床的棘轮机构就是由棘轮和棘爪组成的一种单向间歇运动机构。

操作技能

补充填写图 2–47 中的俯视图、左视图中的对应方位。

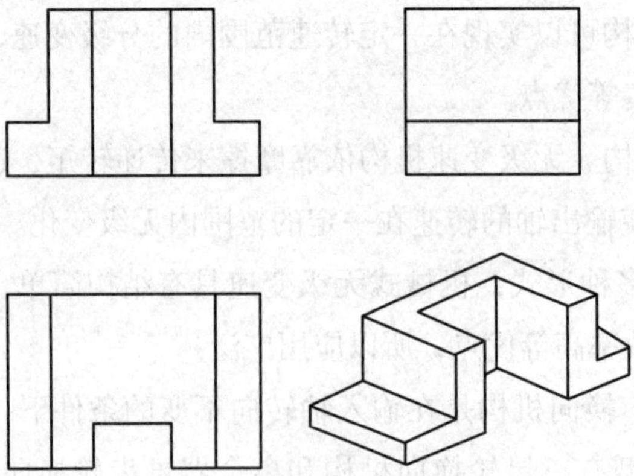

图 2–47　三视图方位训练

一、操作准备

办公桌 1 张、椅子 1 把，铅笔 1 支、签字笔 1 支、橡皮 1 块，A4 白纸若干。

二、操作步骤

1. 准备办公用具、办公用品、绘图图样等。

2. 补充填写对应方位。

步骤一：补充俯视图对应方位。根据物体在水平面（*H* 面）上的投影（俯视图），沿 *Y* 轴方向上的尺寸反映了物体前后尺寸，沿 *X* 轴方向的尺寸反映了物体左右尺寸，完成俯视图方位填写。

步骤二：补充左视图对应方位。根据物体在侧面（*W* 面）上的投影（左视图），沿 *Z* 轴方向上的尺寸反映了物体上下尺寸，沿 *Y* 轴方向的尺寸反映了物体前后尺寸，完成左视图方位填写。

步骤三：检查物体在三视图中的对应关系，完成三视图方位填写（在图形对应位置上标识上、下、左、右、前、后）。

根据如图 2–48 所示长方体（缺角）的立体图和主、俯视图，补画左视图。

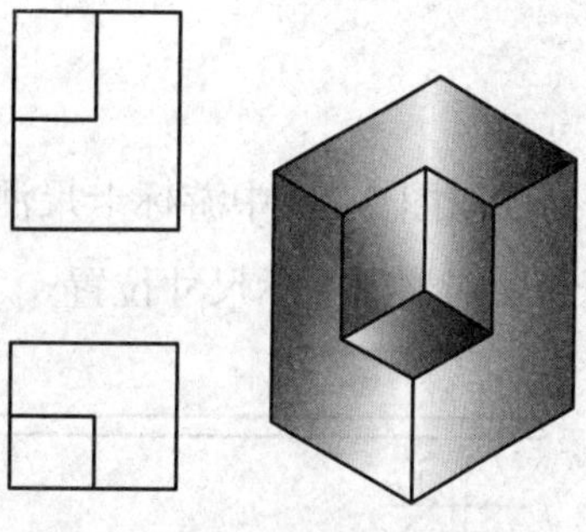

图 2–48　三视图对应关系训练

一、操作准备

办公桌 1 张、椅子 1 把，三角板一副，铅笔 1 支、橡皮 1 块，A4 白纸若干。

二、操作步骤

1. 准备办公用具、绘图仪器、绘图图样等。

2. 绘图：

步骤一：绘制左视图的高度尺寸界线。根据主、左视图“高平齐”的对应关系，绘制左视图的高度尺寸界线。

步骤二：绘制左视图宽度尺寸界线。根据俯、左视图“宽相等”，绘制左视图宽度尺寸界线。

步骤三：绘制长方体（缺角）尺寸界线。同样根据上述对应关系，绘制长方体（缺角）尺寸界线。

步骤四：检查各点、线、面在三视图中的对应关系，完成三视图绘制。

完成螺栓头（见图 2–49）的三视图绘制训练。

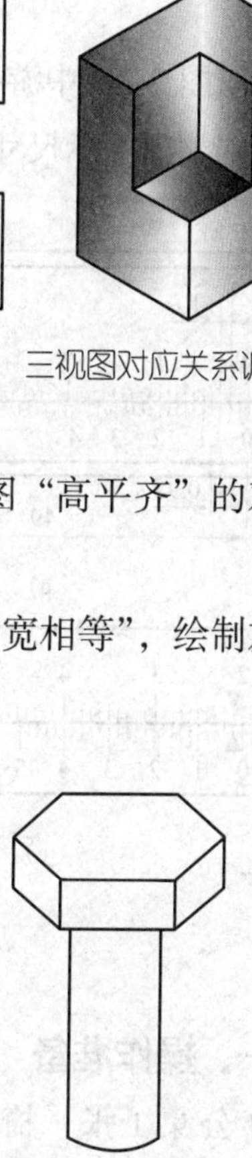

图 2–49　三视图绘制训练

一、操作准备

办公桌 1 张、椅子 1 把，圆规一套、三角板一副，铅笔 1 支、签字笔 1 支、橡皮 1 块，A4 白纸若干。

二、操作步骤

1. 准备办公用具、绘图仪器、绘图图样等。

2. 绘图：

步骤一：绘制主视图。确定螺栓头、螺杆尺寸，绘制主视图。

步骤二：绘制俯视图。根据主、俯视图“长对正”的对应关系，绘制俯视图。

步骤三：绘制左视图。根据主、左视图“高平齐”，俯、左视图“宽相等”，绘制左视图。

步骤四：检查螺栓头各点、线、面在三视图中的对应关系，完成三视图绘制。

读取图 2-50 中游标卡尺测量尺寸的数值，并分别记录在白纸上，然后使用游标卡尺调整出图示尺寸位置。

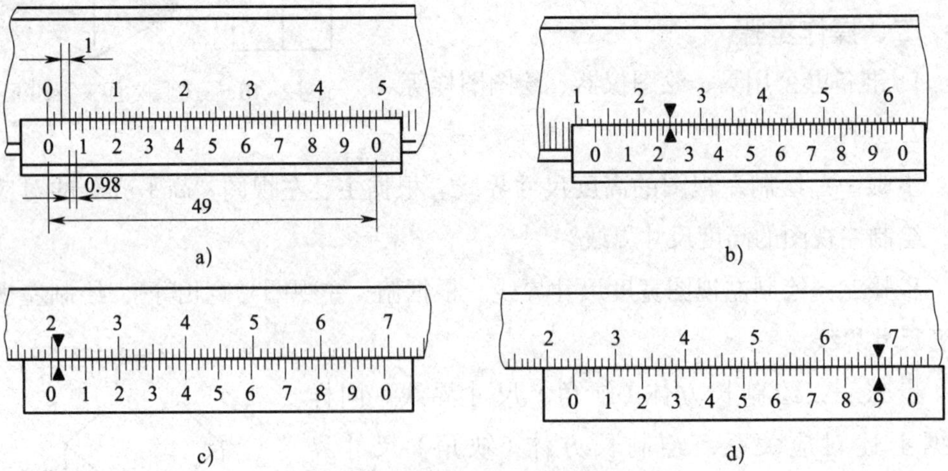

图 2-50　游标卡尺读数识读训练

a）尺寸 1　b）尺寸 2　c）尺寸 3　d）尺寸 4

一、操作准备

办公桌 1 张、椅子 1 把，0 ~ 125 mm 游标卡尺 1 把，铅笔 1 支、A4 白纸若干。

二、操作步骤

1. 准备办公用具、0 ~ 125 mm 游标卡尺 1 把、办公用品等。

2. 读数及尺寸再现

步骤一：分别读取图 2–50 中的 4 个尺寸数值，并对应书写在准备好的纸张上。

步骤二：领取 0 ~ 125 mm 游标卡尺 1 把。

步骤三：根据如图 2–50 所示 4 个尺寸数值，使用游标卡尺分别调整出图示尺寸位置。

步骤四：在纸张上，书写出图示尺寸在游标卡尺上的调整方法。

读取图 2–51 中千分尺测量尺寸的数值，并分别记录在白纸上，并使用外径千分尺，调整出图示尺寸位置。

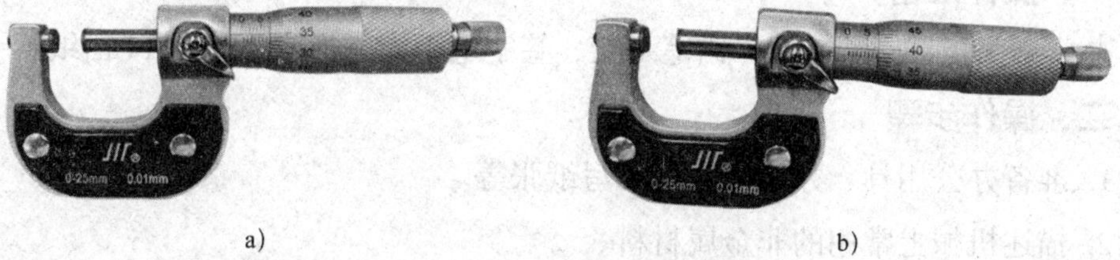

图 2–51 螺旋千分尺读数识读训练

a）尺寸 1 b）尺寸 2

一、操作准备

办公桌 1 张、椅子 1 把，0 ~ 25 mm 外径千分尺 1 把，铅笔 1 支、A4 白纸若干。

二、操作步骤

1. 准备办公用具、0 ~ 25 mm 外径千分尺 1 把、办公用品等。

2. 读数及尺寸再现

步骤一：分别读取图 2–51 中的 2 个尺寸数值，并对应书写在准备好的纸张上。

步骤二：领取 0 ~ 25 mm 外径千分尺 1 把。

步骤三：根据图 2–51 所示 2 个尺寸数值，使用外径千分尺分别调整出图示尺寸位置。

步骤四：在纸张上，书写出图示尺寸在外径千分尺上的调整方法。

根据所学金属材料知识，描述起重机起重臂最佳使用什么材料制造，并阐述理由。

一、操作准备

办公桌1张、椅子1把，铅笔1支、签字笔1支、橡皮1块，A4白纸若干。

二、操作步骤

1. 准备办公用具、办公用品、书写纸张等。

2. 描述起重机起重臂最佳制作材料，并阐述理由。

步骤一：将答案书写在纸张上。

步骤二：学员相互讨论描述的正确性。

步骤三：请教教师给出正确答案。

根据所学非金属材料知识，描述你熟悉的机械上常用的非金属材料。

一、操作准备

办公桌1张、椅子1把，铅笔1支、签字笔1支、橡皮1块，A4白纸若干。

二、操作步骤

1. 准备办公用具、办公用品、书写纸张等。

2. 描述机械上常用的非金属材料。

步骤一：将答案书写在纸张上。

步骤二：学员相互讨论描述的正确性。

步骤三：教师评价应用事例的正确性。

根据所学机械传动知识，举例你熟悉的齿轮传动、带传动、链传动的实例，并说明各自特点。

一、操作准备

办公桌1张、椅子1把，铅笔1支、签字笔1支、橡皮1块，A4白纸若干。

二、操作步骤

1. 准备办公用具、办公用品、书写纸张等。

2. 举例齿轮传动、带传动、链传动的实例，并说明各自特点。

步骤一：将答案书写在纸张上。

步骤二：学员相互讨论事例的正确性。

步骤三：请教师给出评价建议。

培训课程 2 电工与电子基础知识

学习单元 电工与电子基础知识

一、安全用电的基本知识

在现代社会中，电能已被广泛应用于人类日常生活的各个方面。人类在用电的同时，如果对电能产生的危害认识不足，控制和防护措施不当，将会造成严重电气事故。因此，学习安全用电的基本知识，规范安全用电行为，避免安全事故发生，对一名即将踏入社会工作岗位的操作工来说至关重要。

1. 触电

人体触及带电体时，有电流通过人体，这就是触电。有资料表明相同电压的交流电与直流电中交流电对人体危害更大。根据通过人体的电流大小、通电时间长度、电流通过人体部位的不同等对人体造成的伤害程度不同，触电可分为电击和电伤两类。

（1）电击。其是指电流通过人体而造成的人体内部器官在生理上的反应和病变，绝大部分触电死亡事故都是由电击造成的。电击分为直接电击和间接电击，直接电击是指触及正常状态下带电的物体导致的触电；间接电击指人体接触正常情况下不带电，而在故障时意外带电的金属带电体导致的触电。电击会导致人体产生痉挛、刺痛、灼热感、昏迷、心室颤动或停跳、呼吸困难、心跳停止等现象。

（2）电伤。其是指由于电流的热效应、化学效应或机械效应对人体外表造成的局部伤害，如电灼伤、电烙印、皮肤金属化等，它常常与电击同时发生。

2. 触电的影响因素

（1）通过人体电流的大小

1）感知电流。引起感觉的最小电流，如轻微针刺、发麻等。一般情况下，工频交流电为 1 mA 左右。

2）摆脱电流。能自主摆脱带电体的最大电流，一般为 10 mA 左右。

3）致命电流。引起人体器官致命伤害的最小电流，一般认为 30 mA 以下是安全电流。

（2）人体电阻和安全电压

1）在不同条件下（皮肤厚度、皮肤潮湿、皮肤有损伤等）人体的电阻也不同，一般为 500～2 000 Ω。皮肤阻值与接触电压有关，当接触电压 <50 V 时，皮肤阻值相对较大。当接触电压 >50 V 时，皮肤阻值将大大降低，甚至皮肤被完全击穿后的阻值可忽略不计。

2）安全电压是指人体不穿戴任何防护设备时，触及带电体时不受电击或电伤的电压。

安全电压的额定值分五个等级：42 V、36 V、24 V、12 V、6 V。隧道、人防工程手持灯具和局部照明应采用 36 V 安全电压；潮湿和易触及带电体场所的照明电源的电压应不大于 24 V；特别潮湿的场所、导电良好的地面、锅炉或金属容器内使用的照明灯具应采用 12 V。

（3）电流通过人体时间的长短。据统计，触电 1 min 后立即开始急救，90% 的情况下有良好的效果。

（4）通过人体电流的频率。15～100 Hz 的交流电流对人体的伤害最严重，高频电流有致命危险。

（5）触电者的身体状况。一般情况下，男性、成年人、健康者对电流的抵抗能力相对要强些。儿童较成年人更敏感，女性较男性更敏感。患有心脏病的患者触电后死亡的可能性更大。

（6）电流通过人体的部位。在电流从人体的左手流到右手、从左手流到脚、从右手流到脚等情况中，电流经左手流到脚的流通途径是最不利的一种情况，因为这一通道的电流最易损伤心脏。

3. 触电的类型

（1）单相触电。在低压电力系统中，若人站在地上接触到一根火线，即为单相触电或称单线触电，如图 2-52 所示。人体接触漏电的设备外壳，也属于单相触电。

（2）两相触电。人体不同部位同时接触两相电源带电体而引起的触电称为两相触电，如图 2–53 所示。

图 2–52　单相触电

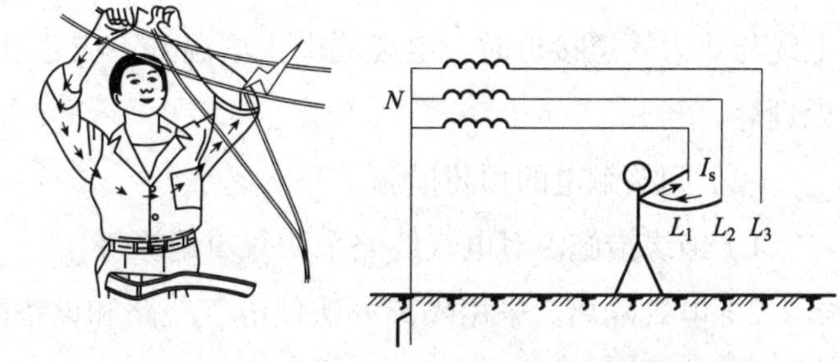

a)　　b)

图 2–53　两相触电

a）两相触电示意图　b）两相触电原理图

（3）跨步电压触电。人体两脚接触两点所受的电压不同引起的触电称为跨步电压触电，如图 2–54 所示。

4. 预防触电的措施

（1）直接触电的预防措施

1）绝缘措施。用绝缘材料将带电体封闭起来的措施叫绝缘措施。在操作高压隔离开关等设备或在带电运行的高压电气和低压电气设备上工作时，要戴相应等级的绝缘手套、使用绝缘棒，预防接触电压对人体的伤害；穿戴绝缘靴预防跨步电压对人体的伤害。

图 2–54　跨步电压触电

2）屏护措施。屏护是采用遮栏、栅栏、护罩、护盖等设施把危险的带电体同外界隔离开来的安全防护措施。屏护装置是简单装置，使用时要满足以下条件：

①屏护装置所用材料应具有足够的力学性能和良好的耐火性能，金属屏护装置必须可靠接地或接零。

②屏护装置应有足够的尺寸，与带电体之间应保持必要的距离。

③遮栏、栅栏等屏护装置上应有“止步，高压危险！”等标志。

④必要时应配合采用声光报警信号和联锁装置等。

3）间距措施。间距是指带电体与地面之间、带电体与其他设备和设施之间、带电体与带电体之间必要的安全距离。其距离的大小取决于电压高低、设备类型、安装方式和周围环境等。间距的作用是防止触电、火灾、过电压放电与各种短路事故。如架空线路不得跨越建筑物，架空线路与有爆炸、火灾危险的厂房之间应保持必要的防火距离，且不应跨越具有可燃材料层屋顶的建筑物。高压线走廊两侧不应有高大树木。直埋电缆埋设深度应不小于 0.7 m，并应位于冻土层之下。当电缆与热力管道接近时，电缆周围土壤温升不应超过 10 ℃，超过时，须进行隔热处理等。

（2）间接触电的预防措施

1）绝缘措施。对电气线路采用双重绝缘等。

2）电气隔离。采用隔离办法使电气线路和设备的带电部分处于悬浮状态。需要被隔离回路的电压不超过 500 V，带电部分不与其他电气回路或大地相连，才能保证隔离效果。

3）自动断电措施。如采用漏电保护、过流保护、过压或欠压保护、短路保护等。

5. 触电急救

触电急救要做到迅速、就地、准确、坚持，即抢救迅速和救护得法。抢救迅速即用最快的速度在现场采取积极救护措施，保护触电者的生命，减轻伤情，减少痛苦，并根据伤情需要迅速联系医疗救护等部门救治。

救护得法即在抢救过程中，每隔数分钟就要再判定一次触电者的呼吸和脉搏情况。在医务人员未接替抢救前，现场人员不得放弃现场抢救。

（1）解救触电者迅速脱离电源。触电急救的第一步是使触电者迅速脱离电源，并保护好自己和触电者，即防止自身及触电者再次触电或摔伤等事故发生。

1）解救低压电源触电者采用的方法有拉、切、挑、拽，如图 2–55 所示。

①附近有电源开关或插座时，应立即拉下开关或拔掉电源插头。

②若一时找不到断开电源的开关时，应迅速用手头绝缘完好的刀、斧、锄、钢丝钳或断线钳等工具，将电线剪断、砍断或撬断，以断开电源。

③对于由导线绝缘裸露造成的触电，急救人员可用绝缘工具、干燥的木棒等将电线挑开。

④抢救者可戴上手套或在手上包缠干燥的衣服等绝缘物品并拖拽触电者；也可站在干燥的木板、橡胶垫等绝缘物品上，用一只手将触电者拖拽开来。如触电发生在相线与大地间，可用干燥绳索将触电者身体拉离地面，或用干燥木板将人体与地面隔开，再设法关断电源。如手边有绝缘导线，可先将一端良好接地，将另一端与触电者所接触的带电体相接，将该相电源对地放电。

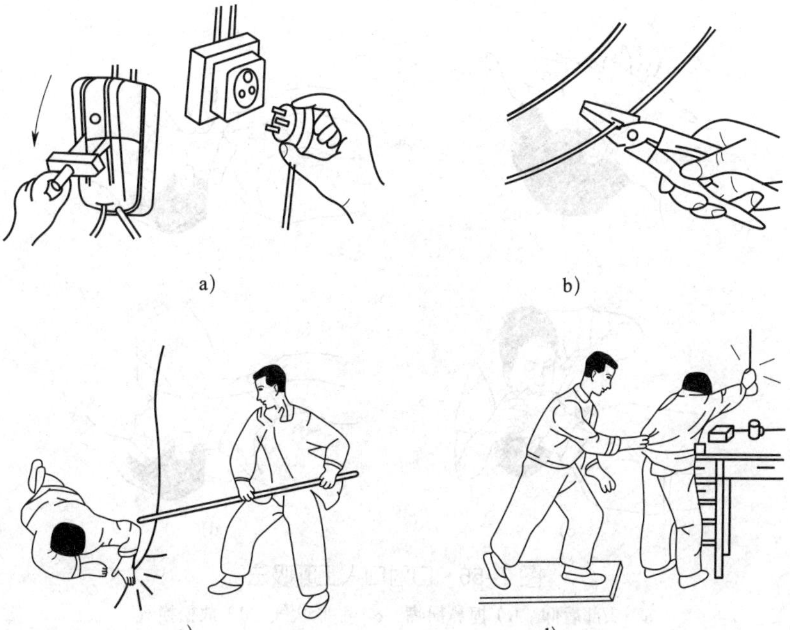

a)　b)　c)　d)

图 2–55　解救触电者迅速脱离电源方法

a）拉　b）切　c）挑　d）拽

2）高压电源触电采用的方法。发现有人在高压设备上触电时，救护者应戴上绝缘手套、穿上绝缘靴后，再拉开电闸。

（2）对不同触电情况的救治

1）触电者神志尚清醒，但感觉头晕、心悸、出冷汗、恶心、呕吐等，应让其静卧休息，减轻心脏负担。

2）触电者神智有时清醒，有时昏迷，应让其静卧休息，并请医生救治。

3）触电者无知觉，有心跳，无自主呼吸或呼吸较弱，在请医生救治的同时，应施行人工呼吸。

4）触电者呼吸停止，但心跳尚存，应施行人工呼吸；如心跳停止，呼吸尚存，应采取胸外心脏挤压法；如呼吸、心跳均停止，则须同时采用人工呼吸法和胸外心脏挤压法进行抢救。

（3）口对口人工呼吸法。压头抬颏后，随即耳贴近嘴鼻，眼看（胸部起伏）、耳听（气流）、面感（气息），如果触电者没有胸部起伏、气息、气流，感觉没有呼吸，即可对其进行人工呼吸，如图 2–56 所示。

1）先使触电者仰卧，解开衣领、围巾、紧身衣服等，除去口腔中的黏液、血液、假牙等杂物。

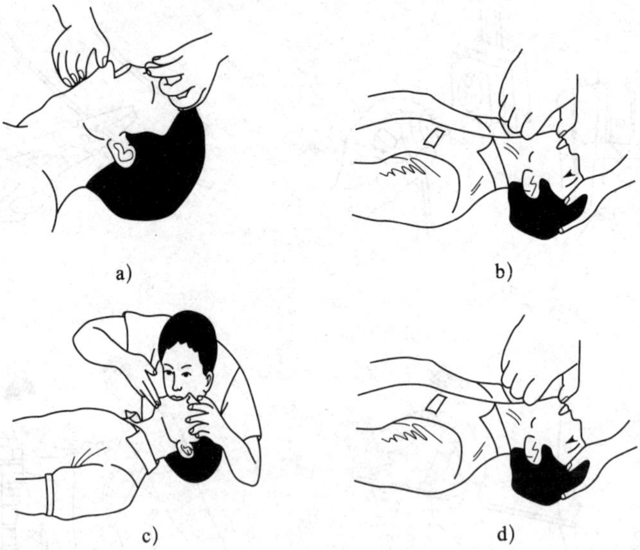

图 2-56　口对口人工呼吸法

a）头部后仰　b）捏鼻掰嘴　c）贴紧吹气　d）放松换气

2）使触电者头部尽量后仰，鼻孔朝天，颈部伸直。救护人用一只手捏紧触电者的鼻孔，用另一只手掰开触电者的嘴巴。救护人深吸气后，紧贴着触电者的嘴巴并大口吹气，使其胸部膨胀；之后救护人换气，放松触电者的嘴鼻，使其自动呼气。如此反复进行，吹气 2 s，放松 3 s，大约 5 s 一个循环。

3）吹气时要捏紧鼻孔，紧贴嘴巴，口包口密闭缓慢吹气，放松时应能使触电者自动呼气。

4）如触电者牙关紧闭，无法撬开，可采取口对鼻吹气的方法，如图 2-57 所示。

5）对体弱者和儿童吹气时用力应稍轻，以免肺泡破裂。

（4）人工胸外挤压心脏法。经两次人工呼吸触电者仍无反应（无意识、运动），立即做胸外挤压，如图 2-58 所示。

图 2-57　口对鼻人工呼吸法

1）解开触电者的衣物，清除口腔内异物，使其胸部能自由扩张。

2）使触电者仰卧，姿势与口对口吹气法相同，背部着地处的地面必须牢固。

3）救护人员的位置位于触电者一侧，最好是跨跪在触电者的腰部，将一只手的掌根放在心窝稍高一点的位置（掌根放在胸骨的下三分之一部位），中指指尖对准锁骨间凹陷处边缘，如图 2–58 所示，另一只手压在第一只手上，呈两手交叠状（对儿童可用一只手）。

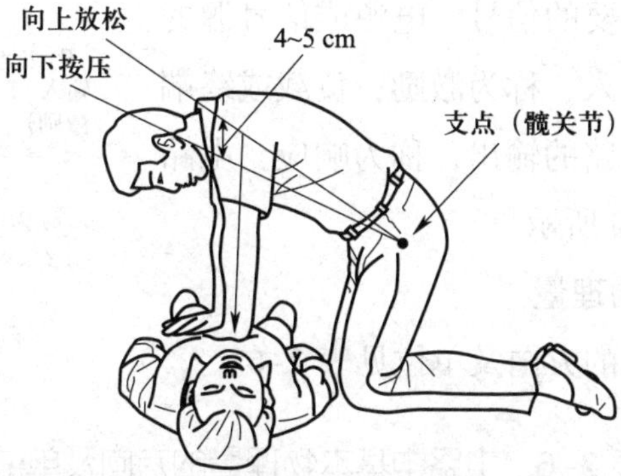

图 2–58 人工胸外挤压心脏法姿势及部位

4）找到正确压点后，自上而下，垂直均衡地用力挤压，压出心脏里面的血液，注意用力适当。

5）挤压后，掌根迅速放松（但手掌不要离开胸部），使触电者的胸部自动复原，心脏扩张，血液又回到心脏。

口诀：掌根下压不冲击，突然放松手不离；手腕略弯压约 2.5 cm，一秒一次较适宜。

二、交流电路和直流电路基础知识

1. 电路定义及电路模型

通常把电流流通的路径叫作电路，把复杂电路称为电网络。实际的电路都是由实际的元件构成的。如图 2–59 所示为一简单的实际电路模型，它由电源、负载（用电设备）、导线和控制设备（开关）等组成。为了方便分析和计算，采用模型化的方法来表征实际的电路元件及特性。模型化就是将实际电路元件用理想的模型符号表示，能够反映实际元件的特性。图 2–59b 即为图 2–59a 的模型化电路。

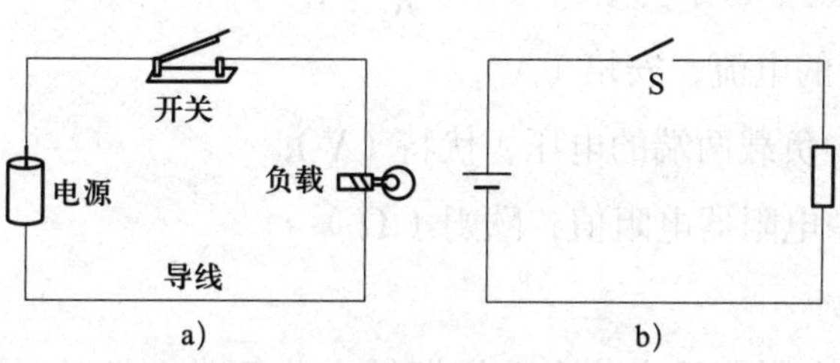

图 2–59 实物及模型化电路

a）电路的组成 b）电路的模型

2. 电路的功能

电路的功能主要有两种：一是进行能量的传送和转换；二是对输入信号进行传递和处理，输出所需要的信号。电源或信号源的电压或电流是电路的输入，称为激励；负载或终端装置的电压、电流是电路的输出，称为响应。电路的激励和响应如图 2-60 所示。

图 2-60　电路的激励和响应

3. 电路中的基本物理量

电路中基本物理量的方向及单位见表 2-6。

表 2-6　电路中基本物理量的方向及单位

物理量	实际方向	单位
电流 I	正电荷运动的方向	kA、A、mA、μA
电压 U	高电位→低电位 （电位降低的方向）	kV、V、mV、μV
电动势 E	低电位→高电位 （电位升高的方向）	kV、V、mV、μV

4. 欧姆定律

导体对通过其内部运动的自由载流子（如导体中运动自由度较高的自由电子）呈现阻碍作用，使其运动速度降低或发生方向变化，这种阻碍作用称为导体的电阻；具有一定大小或可变大小（如光敏、温敏等）导体阻值（或称阻抗）并可连接到其他元件或器件上的器件称为电阻器。电路中，电压、电阻和电流之间存在一定的关系。导体中的电流跟导体两端的电压成正比，跟导体的电阻成反比，这就是欧姆定律。

$$I=\frac{U}{R}$$

式中　I——电路中的电流，安培（A）；

U——电路中负载两端的电压，伏特（V）；

R——电路中电阻器电阻值，欧姆（Ω）。

5. 正弦交流电

电路中的电量有周期性变化和非周期性变化两类，把随时间作正弦周期性变化的交流电称为正弦交流电。

正弦交流电比恒定直流电更容易产生、传输和分配，使用正弦交流电的电动机、电器等用电设备可获得较好的性能。正弦交流电也可简称交流电，其应用非常广泛。

在工农业生产和民用电力系统中，电能几乎都是由三相电源提供的，日常生活中所用的单相交流电取自三相交流电的一相。

三相交流电是由三相发电机产生的，三相发电机主要由定子和转子组成，如图 2–61 所示。

在发电机内部有一个由发动机带动的转子，转子上绕有励磁绕组。当外电路通过碳刷使励磁绕组通电时，便产生磁场。磁场外有一个定子绕组。当转子旋转时，旋转的磁场使固定的定子绕组（电枢绕组）切割磁力线（或者说使定子绕组中通过的磁通量发生变化）。根据电磁感应原理可知，定子绕组中便产生交变的感应电动势。

定子是固定不动的部分，在定子的槽中嵌入三组线圈。每组线圈称为一相，每相线圈的匝数、形状、参数都相同，在空间上彼此相差 120°。转子是一个可以旋转的磁极，由永久磁铁或电磁铁组成。在发电机工作时，转子在外部动力带动下以角速度 ω 旋转，三个定子绕组都会感应出随时间按正弦规律变化的电势，这三个电势的振幅和频率相同，且由于三组线圈在空间位置上相差 120°，故相位差互为 120°，如图 2–62 所示，称这组电源为正弦三相对称电压源。

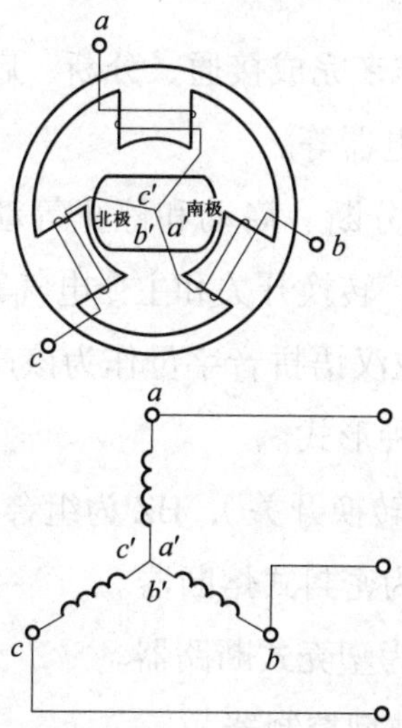

图 2–61　三相发电机示意图

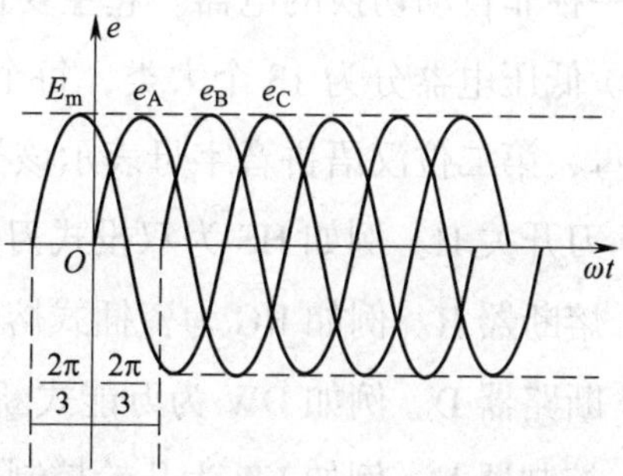

图 2–62　三相对称电势的波形图

三、低压电器基础知识

1. 低压电器定义

低压电器通常是指在额定电压为 1 000 V（交流）以下或 1 500 V（直流）以下的电路中使用的，能根据外界的信号和要求，手动或自动地接通、断开电路，以实现对电路或非电对象的切换、控制、保护、检测、变换和调节的元件或设备。

低压电器由两个部分组成：一是感应部分，主要用于感应操作系统发出的信号以及指令。二是执行部分，当其接到感应部分发出的信号之后立即执行连接、断开等命令。

2. 低压电器分类

低压电器种类繁多，按其结构、用途及所控制对象的不同，可以有不同的分类方式。

（1）按用途分类

1）配电电器。主要用于低压供电系统，实现对电路的接通、分断、保护和监测等功能。主要包括刀开关、转换开关、熔断器、断路器、漏电保护器、电压表、电流表等。

2）控制电器。主要用于电力拖动控制系统，实现对电动机或其他负载的启动、停止、变速、反转、制动等功能。主要包括接触器、继电器、启动器、变频器、软启动器等。

（2）按操作方式分类

1）自动电器。其是指通过电磁或气动机构动作来完成接通、分断、启动和停止等动作的电器。它主要包括接触器、断路器、继电器等。

2）手动电器。其是指通过人力来完成接通、分断、启动和停止等动作的电器，是一种非自动切换的电器。它主要包括刀开关、转换开关和主令电气等。

（3）低压电器分为 13 个大类，每个大类用一位汉语拼音字母作为该产品型号的首字母，第二位汉语拼音字母表示该类电器的各种形式。

1）刀开关 H。例如 HS 为双投式刀开关（刀型转换开关），HZ 为组合开关。

2）熔断器 R。例如 RC 为瓷插式熔断器，RM 为密封式熔断器。

3）断路器 D。例如 DW 为万能式断路器，DZ 为塑壳式断路器。

4）控制器 K。例如 KT 为凸轮控制器，KG 为鼓型控制器。

5）接触器 C。例如 CJ 为交流接触器，CZ 为直流接触器。

6）起动器 Q。例如 QZ 为自耦变压器降压起动器，QX 为星三角起动器。

7）控制继电器 J。例如 JR 为热继电器，JS 为时间继电器。

8）主令电器 L。例如 LA 为按钮，LX 为行程开关。

9）电阻器 Z。例如 ZG 为管型电阻器，ZT 为铸铁电阻器。

10）变阻器 B。例如 BP 为频敏变阻器，BT 为起动调速变阻器。

11）调整器 T。例如 TD 为单相调压器，TS 为三相调压器。

12）电磁铁 M。例如 MY 为液压电磁铁，MZ 为制动电磁铁。

13）其他 A。例如 AD 为信号灯，AL 为电铃。

3. 常用低压电器的电压等级

我国工业控制电路中最常用的三相交流电压等级为 380 V，只有在特定行业环境下才使用其他电压等级，单相交流电压等级最常见的为 220 V，机床、热工仪表和矿井照明等采用 127 V 交流电压等级，其他交流电压等级如 6 V、12 V、24 V、36 V 和 42 V 等一般用于安全场所的照明、信号灯以及作为控制电压等。

直流电压等级常用于动力传输的有 110 V、220 V 和 440 V；用于控制电路的有 6 V、12 V、24 V 和 36 V；用于电子线路中的有 5 V、9 V 和 15 V 等。

4. 工程车辆常用电源系统及其连接

工程车辆电气设备一般采用低压直流供电，柴油车大多采用 24 V 直流供电，汽油车大多采用 12 V 直流电压供电。

（1）工程车辆电源系统。工程车辆电源系统包括蓄电池、发电机两个电源和电压调节器，如图 2-63 所示。两个电源就是指蓄电池和发电机两个供电电源。蓄电池是辅助电源，在车辆未运转时向有关用电设备供电；发电机是主电源，当发动机运转到一定转速后，发电机转速达到规定的发电转速，开始向有关用电设备供电，同时对蓄电池进行充电。两者互补可以有效地使用电设备在不同的情况下都能正常工作，同时也延长了蓄电池的供电时间。

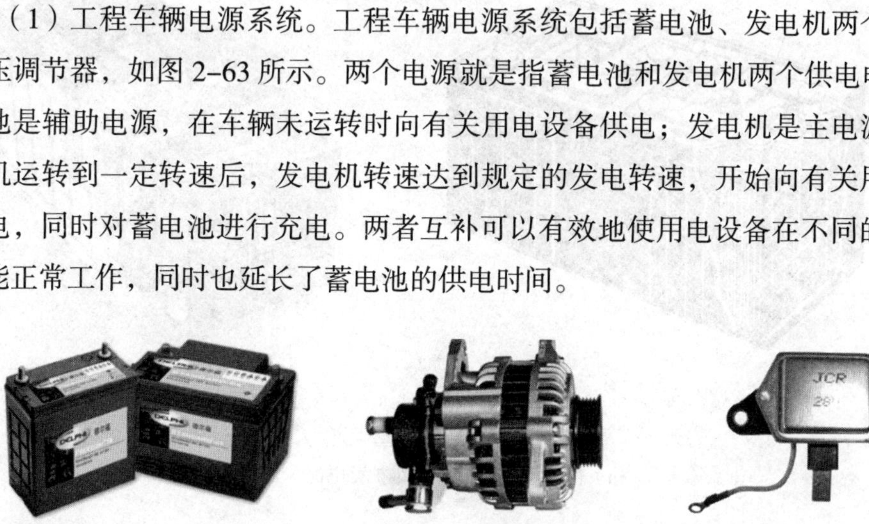

a）　　b）　　c）

图 2-63　工程车辆电源

a）蓄电池　b）发电机　c）电压调节器

1）蓄电池

①蓄电池的功能。发动发动机、备用供电、储存电能、协同供电、稳定电源电压。

②蓄电池种类。镍碱蓄电池、铅酸蓄电池、电动车蓄电池。铅酸蓄电池又分为普通蓄电池、干荷蓄电池、湿荷蓄电池、免维护蓄电池等。

③蓄电池型号

例如：6–QA/W–54a

6——由 6 个单格电池组成，每个单格电池电压为 2 V，即额定电压为 12 V；

Q——蓄电池的用途，Q 为起动用蓄电池；

A 和 W——蓄电池的类型，A 表示干荷蓄电池，W 表示免维护蓄电池，若不标表示普通型蓄电池；

54——蓄电池的 20 h 率额定容量为 54 A · h（充满电的蓄电池在常温以 20 h 率放电电流放电 20 h，蓄电池对外输出的电量）；

角标 a——对原产品的第一次改进，名称后加角标 b 表示第二次改进，依此类推。

④普通铅酸蓄电池的结构。铅酸蓄电池是在盛有稀硫酸的容器中插入两组极板而构成的电能储存器，如图 2–64 所示。

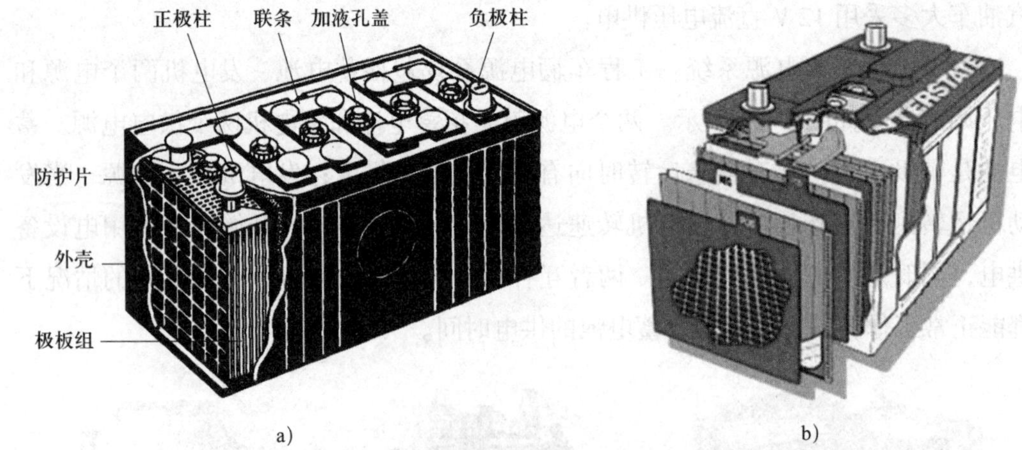

图 2–64　普通铅酸蓄电池

a）普通蓄电池　b）免维护蓄电池

⑤蓄电池的使用。蓄电池应及时进行充电，夏天剩余电量 50%、冬天剩余电量 75% 时就应该进行充电，否则影响使用寿命。

测量蓄电池开路电压时，蓄电池应处于稳定状态，蓄电池充、放电或加注蒸馏水后，静置半小时后再测量。

免维护蓄电池的存电状态观察：免维护蓄电池内部安装有蓄电池状态显示器，又称电眼。蓄电池状态指示器是利用红色、绿（蓝）色的不同密度球，显示出蓄电池的荷电状态和电解液液面的高低的电解液密度计，如图 2–65 所示。

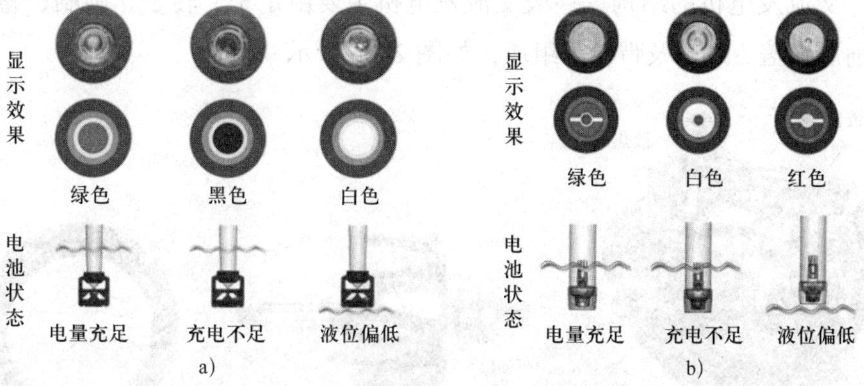

图 2–65　蓄电池存电状态观察

a）单球电眼　b）双球电眼

2）交流发电机。交流发电机是工程车辆的主要电源，它与发电机调节器互相配合工作，其主要任务是对除起动机以外的所有用电设备供电，并向蓄电池充电。

①交流发电机的种类。按整流器结构分为六管交流发电机、八管交流发电机、九管交流发电机、十一管交流发电机。按磁场绕组搭铁形式分为内搭铁型交流发电机和外搭铁型交流发电机。

②国产交流发电机的型号。例如：JFZ1913Z 前三个字母代表产品代号。用英文字母表示，例如：JF—普通交流发电机，JFZ—整体式（调节器内置）交流发电机，JFB—带泵交流发电机，JFW—无刷交流发电机。

第一位数字表示电压等级代号。1 表示 12 V 系统；2 表示 24 V 系统；6 表示 6 V 系统。

第二位数字表示电流等级代号。电流等级代号也用一位阿拉伯数字表示，其含义见表 2–7。

表 2–7　电流等级代号的含义

代号	1	2	3	4	5	6	7	8	9
电流等级（A）	19	≥ 20 ~ 29	≥ 30 ~ 39	≥ 40 ~ 49	≥ 50 ~ 59	≥ 60 ~ 69	≥ 70 ~ 79	≥ 80 ~ 89	≥ 90

第三、第四位数字表示设计序号。设计序号用 1 ~ 2 位阿拉伯数字表示，表示产品设计的先后顺序。

最后一个字母表示变型代号。交流发电机以调整臂位置作为变型代号，从驱动端看，调整臂在左边用 Z 表示，在右边用 Y 表示，调整臂在中间不加标记。

③交流发电机的结构。一般交流发电机主要由定子、转子、碳刷、整流二极管、前后端盖、风扇及带轮等组成，如图 2–66 所示。

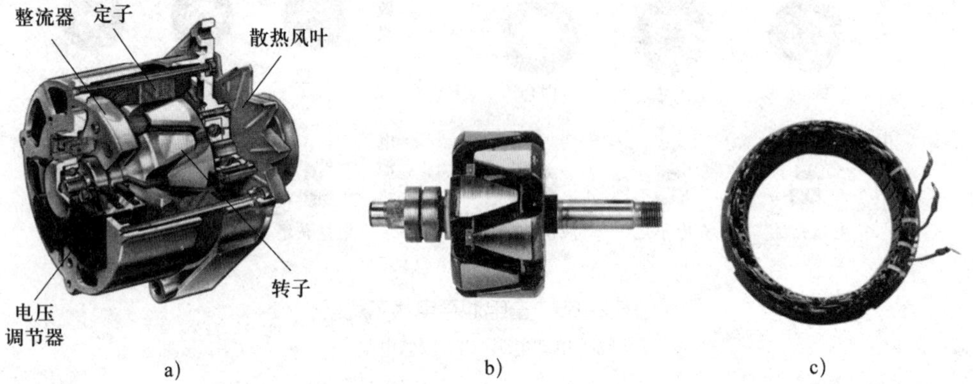

图 2–66　交流发电机构造

a）交流发电机结构　b）转子总成　c）定子总成

（2）单线制并联。任何一个电路中的电流都是从电源的正极出发，经导线流入用电器设备后，通过金属车架流回电源负极而形成回路。

单线制就是利用工程车辆发动机和底盘、车身等金属机件作为各种用电设备的共用连线（俗称搭铁），而用电设备到电源只需另设一根导线。

用电设备并联就是指工程车辆上的各种用电设备都采用并联方式与电源连接，每个用电设备都由各自串联在其支路中的专用开关控制，互不产生干扰。

（3）负极搭铁。所谓搭铁，就是采用单线制时，将蓄电池的一个电极用导线连接到发动机或底盘等金属车体上。若蓄电池的负极连接到金属车体上，称为负极搭铁；反之，若蓄电池的正极连接到金属车体上，称为正极搭铁。我国标准规定车辆电器必须采用负极搭铁。目前世界各国生产的汽车也大多采用负极搭铁方式。

四、常用电气与电子元件识别与应用

1. 常用电气元件识别与应用

（1）导线。工程车辆线束常用的导线种类有日标（AVSS 等）、国标（QVR）、德标（FLRY）、美标（AWG）等几大系列。

根据用途，低压导线又有普通导线、起动电缆和搭铁电缆之分，如图 2–67 所示。

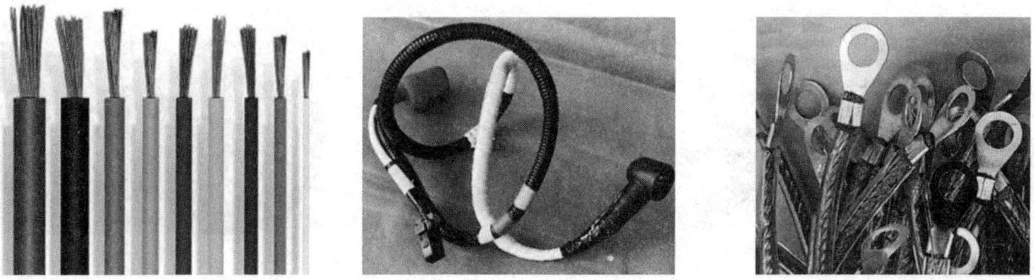

a)　　b)　　c)

图 2–67　导线

a）普通导线　b）起动电缆　c）搭铁电缆

（2）线束。为使全车繁多的导线规整、方便安装及保护导线的绝缘层不被损坏，一般将车辆电路中各低压导线（除蓄电池电缆外）用棉纱编织或用聚氯乙烯塑料带包扎成束，称为线束，如图 2–68 所示。国外工程车辆为了检修导线方便，将导线包裹在用塑料制成开口的波纹管中，检修时将开口撬开即可。

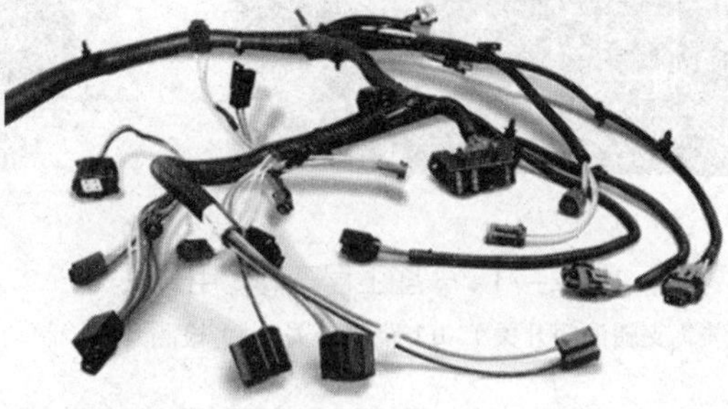

图 2–68　线束

（3）插接器。插接器大致可以分为以下三类：第一类是连接线束和电气元件，第二类是连接线束与线束，第三类是连接线束与车身，如图 2–69 所示。

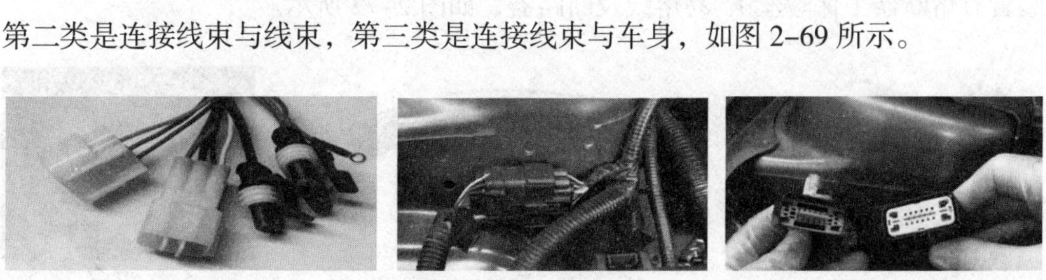

a)　　b)　　c)

图 2–69　插接器

a）普通插接器　b）线束连接　c）线束插接器

（4）开关。按结构原理可分为机械式开关和电磁式开关两种；按用途可分为电源开关、起动开关、灯光开关以及专用开关等，如图 2–70、图 2–71 所示。

a)　b)　c)　d)

图 2–70　断路开关

a）机械开关　b）电磁开关　c）起动开关　d）灯光开关

a)

b)　c)

图 2–71　一些工程车辆专用开关

a）钮子开关（支腿油门开关）　b）跷板开关　c）检测开关（制动检测开关）

（5）电路保护装置。工程车辆电路保护装置用于线路或电气设备发生短路或过载时自动切断电路，从而保证电气设备及线路的安全。汽车上常用的电路保护装置有熔断器（保险丝）、易熔线及断路器，如图 2–72 所示。

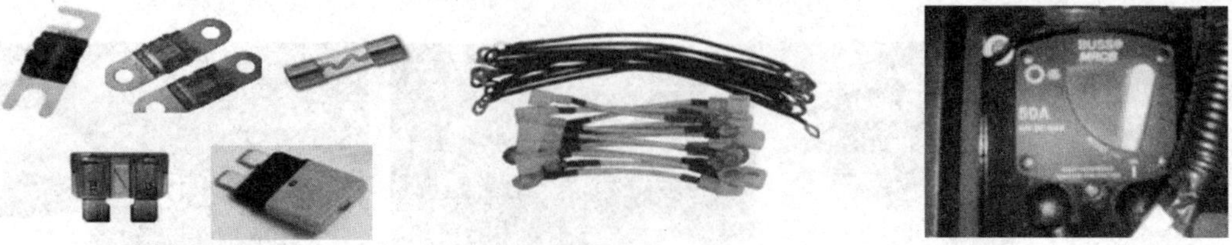

a)　b)　c)

图 2–72　电路保护装置

a）熔断器（保险丝）　b）易熔线　c）断路器

（6）继电器。继电器是用来控制电路的接通与切断的，是一种利用小电流来控制大电流电路的电磁开关。继电器由铁芯、衔铁、电磁线圈、回位弹簧和触点（常开型 NO、常闭型 NC 触点）组成，如图 2–73 所示。工程车辆常用的有预热继电器、压力继电器等。

a） b） c）

图 2–73 车用继电器

a）继电器结构 b）继电器实物 c）预热继电器

（7）电磁阀。电磁阀是由电磁线圈和铁芯组成并包含一个或几个孔的阀体。当线圈通电或断电时，带动铁芯运动，实现接通或切断相关通道或回路，以达到改变方向的目的，如图 2–74 所示。

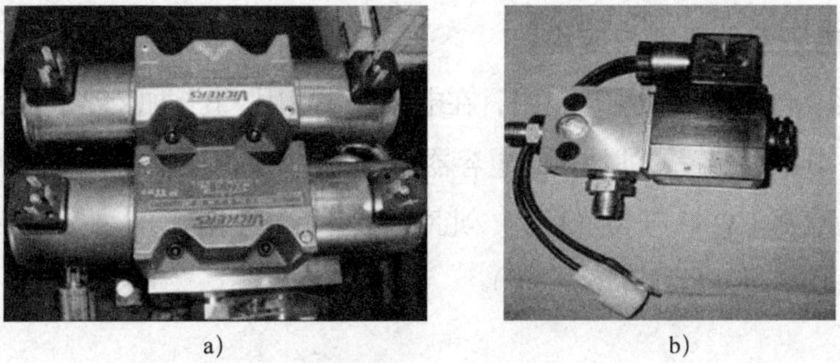

a） b）

图 2–74 电磁阀

a）液压电磁阀 b）排气制动、熄火、差速电磁阀

（8）传感器。传感器是一种能够将被测量的物理量或化学量转换为便于传输、处理、存储、显示、记录和控制的电信号或其他形式信号的检测器件或装置。

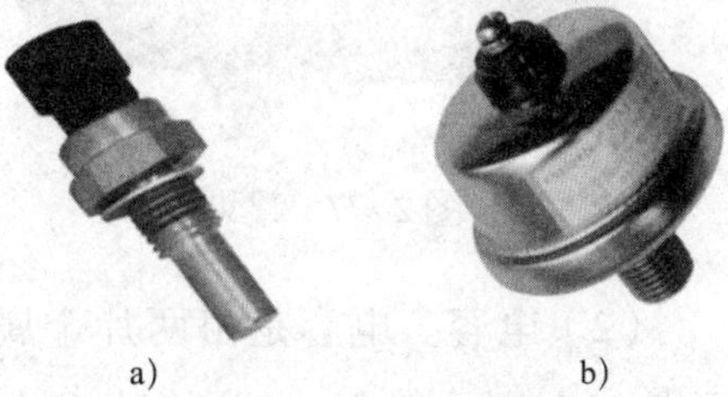

a） b）

图 2–75 传感器

a）水温传感器 b）机油压力传感器

如图 2–75a 所示为水温传感器，它是一种利用热敏电阻元件来检测发动机冷却液温度的传感器。当发动机温度过高时，水温传感器发出高阻值信号，水温表指针指向高温区域，水温过高报警灯亮起。如

图 2–75b 所示为机油压力传感器，它是一种利用压阻效应来检测机油压力值的传感器。当机油压力过低时，机油压力传感器发出低阻值信号，机油压力表指针指向低压区域，机油压力过低报警灯亮起。

（9）喇叭。喇叭按发音动力的不同分气动喇叭和电动喇叭两类，如图 2–76 所示。按外形分有螺旋形、筒形、盆形三类。按声频分有高音和低音两种，双音气喇叭的高音与低音能够一起发出。

a)　　b)　　c)

图 2–76　喇叭

a）盆形电喇叭　b）螺旋形电喇叭　c）筒形气喇叭

（10）起动机。起动机和起动继电器是起动系统的主要部件，其任务是启动发动机，如图 2–77 所示。

2. 常用电子元件识别与应用

（1）电阻。电阻器习惯称为电阻，在电路中一般用“R”加数字表示，主要作用是分流、限流、分压、偏置、滤波（与电容器组合使用）和阻抗匹配等，如图 2–78 所示。电阻的单位为欧姆（Ω）、千欧（kΩ）、兆欧（MΩ）等。换算方法是：1 兆欧（MΩ）= 1 000 千欧（kΩ）=1 000 000 欧（Ω）。

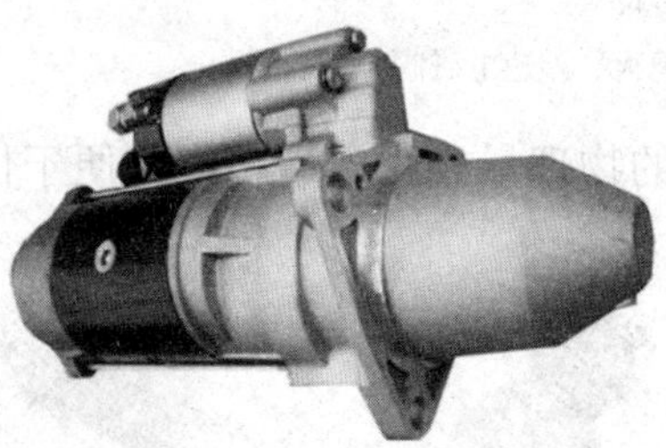

图 2–77　起动机

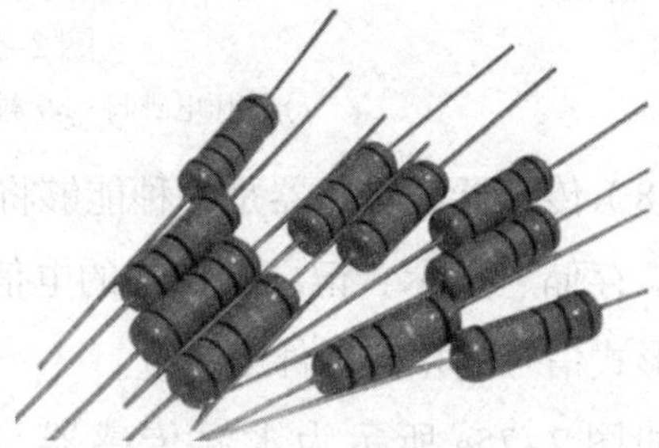

图 2–78　电阻器

（2）电容。电容是由两片金属膜紧靠，中间用绝缘材料隔开而组成的电子元件。电容一般用“C”加数字表示，电容的特性主要是隔直流、通交流，如图 2–79 所示。

（3）电感。电感是将绝缘的导线在绝缘的骨架上绕一定的圈数制成的电子元件。电感的特性是通直流、阻交流，频率越高，线圈阻抗越大，如图 2–80 所示。

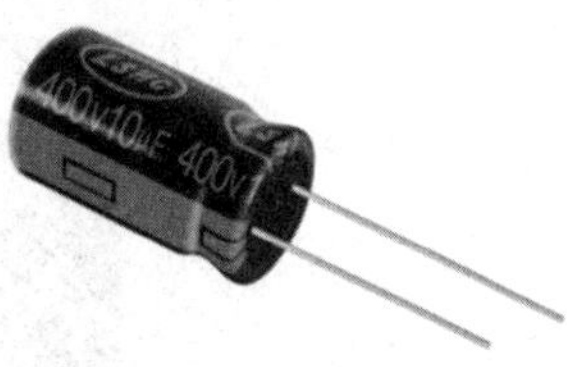

图 2–79 电容

图 2–80 电感

（4）晶体二极管。晶体二极管的主要特性是单向导电性，也就是在正向电压的作用下，导通电阻很小；而在反向电压作用下导通电阻极大或无穷大。也就是说，晶体二极管具有单向导电特性，如图 2–81 所示。

图 2–81 晶体二极管

（5）晶体三极管。晶体三极管在电路中具有放大作用和开关作用。因此，人们利用晶体三极管在电路中放大微弱的信号电流或制成自动开关，来控制用电器的通断。晶体三极管常用“q”加数字表示，如：q1 表示编号为 1 的三极管。

常用晶体三极管有三个极，分别称为基极（b）、集电极（c）和发射极（e），发射极上的箭头表示流过三极管的电流方向，如图 2–82 所示。

（6）集成电路。如图 2–83 所示，集成电路是将二极管、三极管和电阻电容等电子元件按照电路结构的要求，制作在一小块半导体材料上，形成一个完整的具有一定功能的电路，然后封装而成，它的文字符号是 ic。

集成电路具有元件少、重量轻、体积小、性能好和省电等多项优点。

图 2–82 晶体三极管

图 2-83　集成电路

操作技能

描述并示范不同触电程度的急救措施。

一、操作准备

办公桌若干、纸张若干、签字笔若干、铅笔、橡皮等、硬纸板（2 m×1 m）1 块、活动人体模型 1 个。

二、操作步骤

1. 准备办公用具、硬纸板（2 m×1 m）、活动人体模型 1 个等。

2. 触电急救

步骤一：将不同触电程度的急救措施书写在纸张上。

步骤二：利用活动人体模型演练触电急救。

步骤三：学员相互评价急救步骤的正确性、动作的规范性。

步骤四：教师评价学员急救步骤的正确性、动作的规范性。

根据实物描述电气元件在机械上的应用。

一、操作准备

办公桌若干、纸张若干、铅笔、橡皮等、电阻器、二极管、三极管、继电器、电磁阀、传感器等若干。

二、操作步骤

1. 准备办公用具、电阻器、二极管、三极管、继电器、电磁阀、传感器等若干。

2. 电气元件辨识

步骤一：随机挑选 5 种电气元件。

步骤二：根据挑选的电气元件，描述其功能及应用。

步骤三：学员相互评价描述的正确性。

步骤四：教师评价学员描述的正确性。

培训课程 3 液压传动基础知识

学习单元 液压传动基础知识

一、液压系统组成及功能

1. 液压系统的组成

液压系统一般由动力部分、控制部分、执行部分和辅助部分组成，见表 2-8。

表 2-8 液压传动系统的组成

液压系统组成	功能
动力部分	将原动机输出的机械能转换为油液的压力能（液压能）
控制部分	用来控制和调节油液的压力、流量和流动方向
执行部分	将液压泵输入的油液压力能转换为带动工作机构的机械能
辅助部分	将前面三部分连接在一起，组成一个系统，起储油、过滤、测量和密封等作用

2. 液压系统的功能

液压系统是以液压传动方式工作的。液压传动就是用液体作为工作介质来实现能量传递的传动方式，即：系统中的液压泵将原动机输入的机械能转换为液压能，借助液压缸或液压马达的作用，将液压能转换为直线运动或回转运动的机械能，这种可以控制的动力变换方式和传递过程，称为液压传动。

以液压千斤顶为例，如图 2-84 所示为液压千斤顶的液压传动原理图。人工通过杠杆手柄 1 输入原动力，通过液压泵 2 将机械能转换为液压能，通过单向阀 3、管路

9、10 将液压能传递至液压缸 11，液压缸 11 通过活塞将液压能转换为机械能举起重物。

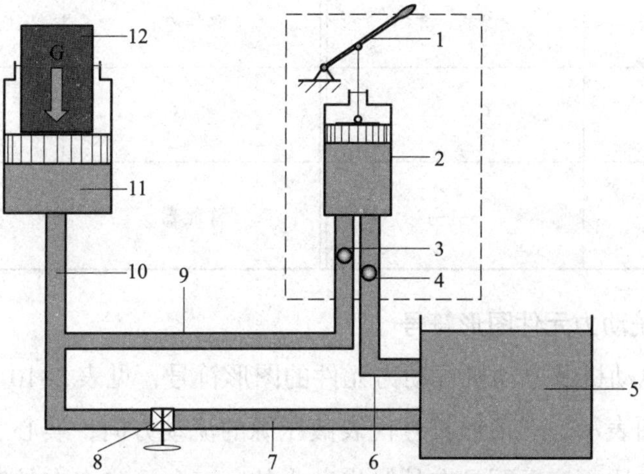

图 2-84　液压千斤顶的液压传动原理图

1—杠杆手柄　2—液压泵（油腔）　3—单向阀（油液只能向泵外流动）　4—单向阀（油液只能向泵内流动）
5—油箱　6、7、9、10—管路　8—手动控制阀（常封闭、不通过油液）　11—液压缸　12—重物

二、液压原理识图

液压元件结构示意图能够清晰地表示液压元件的基本结构及工作原理，但图形绘制麻烦，也不容易表达元件的控制功能。为了便于识读、绘制液压系统，常采用图形符号来表示能量传递和液压管路。

1. 液压系统基础元件图形符号

液压系统液压管路、控制管路、泄油管路、管路连接及交叉、液压源图形符号见表 2-9。液压管路用粗实线表示，控制管路用间隔的细实线表示，泄油管路使用虚线表示，圆点表示管路在此位置相互连接。

表 2-9　液压系统基础元件图形符号

基础元件名称	图形符号	基础元件名称	图形符号
进油管路、工作管路和回油管路	————————	滤油器	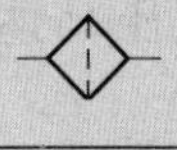
控制管路	——　——　——	冷却器	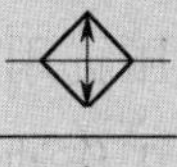
泄油管路	- - - - - - - - -	加热器	

续表

基础元件名称	图形符号	基础元件名称	图形符号
管路连接	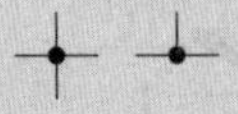	液压源	
管路交叉	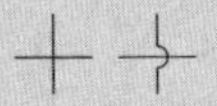	油箱	
— —	— —	蓄能器	

2. 液压系统动力元件图形符号

液压泵、电动机及原动机等动力元件的图形符号，见表 2–10。液压泵由带驱动轴符号的圆圈表示、三角形符号代表液压源的流动方向，实心三角形符号表示有压力的工作介质。液压泵是向外输出动力的，三角形尖点向外表示油液流动方向。

表 2–10　液压系统动力元件图形符号

动力元件名称	图形符号
液压泵	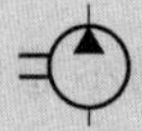
双向液压泵	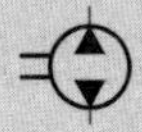
电动机	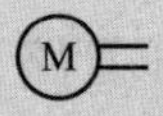
原动机	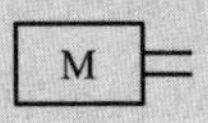

3. 液压系统执行元件图形符号

液压马达是执行元件，油液流动方向同液压泵方向相反，三角形尖点向内表示液压马达是在液压油液作用下工作的，倾斜箭头表示液压马达的排量可调节。

液压缸用方框表示，活塞和活塞杆使用双实线表示。单作用液压缸只有一个油口，工作油液只能进入无杆腔。双作用液压缸具有两个油口，工作油液既可以进入无杆腔，也可以进入有杆腔，见表 2–11。

表 2–11　液压系统执行元件图形符号

执行元件名称	图形符号	执行元件名称	图形符号
液压马达（单向旋转、定排量）		单作用液压缸（外力复位）	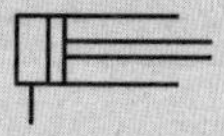
液压马达（单向旋转、变排量）		单作用液压缸（弹簧复位）	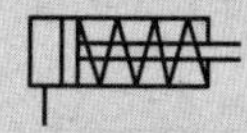
液压马达（双向旋转、定排量）		双作用液压缸（单端活塞杆）	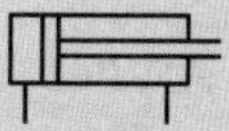
液压马达（双向旋转、变排量）		双作用液压缸（双端活塞杆）	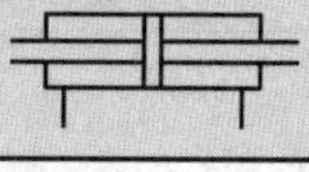

4. 液压系统控制元件图形符号

（1）方向控制元件图形符号

1）换向阀。换向阀符号由油口数和工作位置数表示。在换向阀符号中，方框的数量表示换向阀工作位置的数量，方框内箭头表示油液处于接通状态，并不表示油液流动的实际方向，方框内的符号"⊥"表示该油路不通，方框外部连接的接口数有几个，就表示是几"通"阀，换向阀接口数至少应有两个油口和工作位置。为标识油口，通常采用两种方法，一种采用 *P*、*T*、*R*、*A*、*B* 和 *L*，另一种采用 *A*、*B*、*C* 和 *D* 等，一般采用第一种方法。通常，阀与系统供油路连接的进油口用字母 *P* 表示，阀与系统回油路连接的回油口用字母 *T*（有时用 *O*）表示，而阀与执行元件连接的油口用 *A*、*B* 等表示。换向阀符号一般对应其静止位置，见表 2–12。

表 2–12　液压系统换向元件图示方法

二位四通换向元件图形符号		
换向阀不同结构	图示方法	不同中位机能特点
常闭式（*P*，*A*）（2/2）	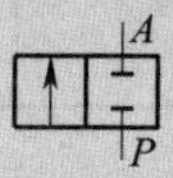	各油口全封闭，液压系统不卸荷
常开式（*P*–*A*）（2/2）	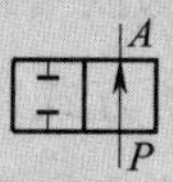	进油口与回油口连通，各执行机构处于锁紧状态，系统卸荷
常闭式（*A*，*A*–*T*）（3/2）	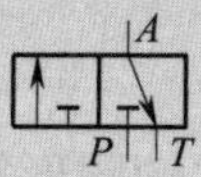	各油口全连通，系统卸荷，各执行机构处于浮动状态

续表

二位四通换向元件图形符号		
换向阀不同结构	图示方法	不同中位机能特点
常开式（P–A，T）（3/2）	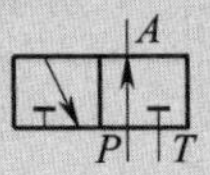	进油口封闭，液压泵不卸荷，各执行机构回油处于浮动状态
常开式（P–B，A–T）（4/2）	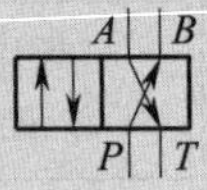	回油口封闭，液压泵及各执行机构不卸荷
常开式（A–R，P–B T）（5/2）	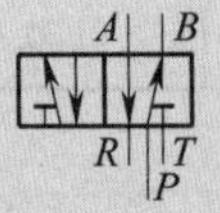	—
三位四通换向元件图形符号		
三位四通换向阀不同中位机能	图示方法	不同中位机能特点
O 型（P. A. B. T）(4/3)	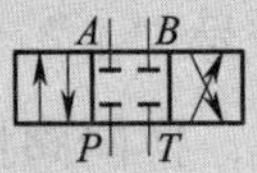	各油口全封闭，液压系统不卸荷
M 型（P–T. A. B）(4/3)	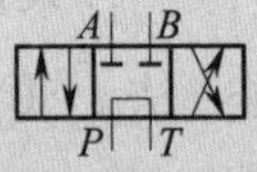	进油口与回油口连通，各执行机构处于锁紧状态，系统卸荷
H 型（P–A–B–T）(4/3)	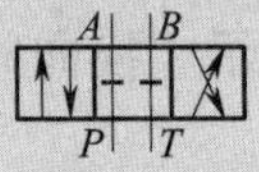	各油口全连通，系统卸荷，各执行机构处于浮动状态
Y 型（P. A–B–T）（4/3）	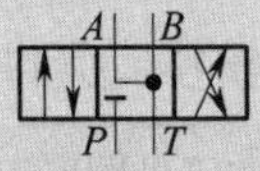	进油口封闭，液压泵不卸荷，各执行机构回油处于浮动状态
P 型（P–A–B.T）	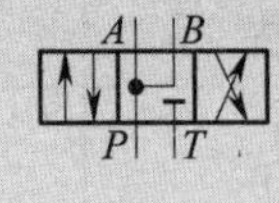	回油口封闭，液压泵及各执行机构不卸荷

2）换向驱动方式。换向阀工作位置切换可通过各种驱动方式来实现。在换向阀图形符号中，应采用相应符号表示驱动方式，如按钮和踏板符号。换向阀的复位通常用弹簧来表示，也可通过再次驱动来实现，如在手柄操作和锁定装置等结构中。

推杆式、按钮式和滚轮式等驱动方式的图形符号，见表 2–13。

表 2–13　液压系统驱动方式图形符号

驱动方式名称	图形符号	驱动方式名称	图形符号
一般符号，弹簧复位，带泄油口	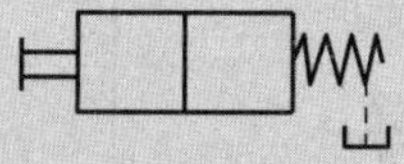	推杆式	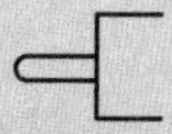
按钮式，弹簧复位		弹簧控制式	
手柄式，带定位装置		滚轮式	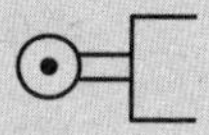
踏板式，弹簧复位		—	—

3）单向阀图形符号用压在阀座上的小球表示。液控单向阀图形符号则是在单向阀符号外加方框，其控制管路为虚线，控制油口用字母 X 标识，见表 2–14。

表 2–14　液压系统单向阀图形符号

单向阀不同控制方式	图形符号
单向阀	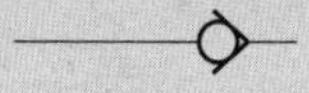
单向阀，带弹簧	
液控单向阀	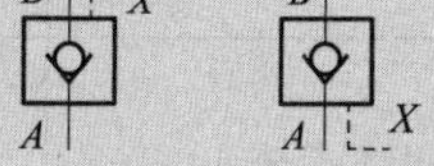
双液控单向阀	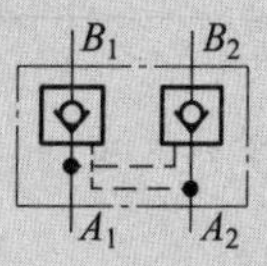

（2）压力控制元件图形符号。压力控制阀用方框表示，方框中的箭头表示工作油液流动的方向，油口采用 P（进油口）和 T（回油口）或 A 和 B 表示，方框中箭头的位置说明阀口是常开还是常闭的，倾斜箭头表示压力控制阀在其压力范围内是可调的，压力控制阀分为溢流阀和减压阀等，见表 2–15。

表 2–15　液压系统压力控制元件图形符号

压力控制元件名称	图形符号	
溢流阀	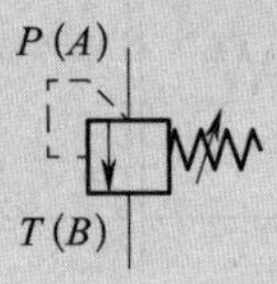	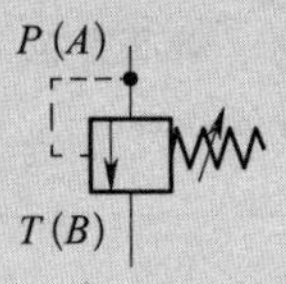
减压阀	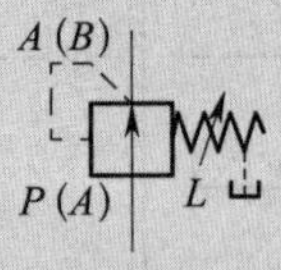	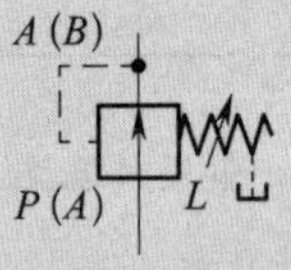
溢流减压阀	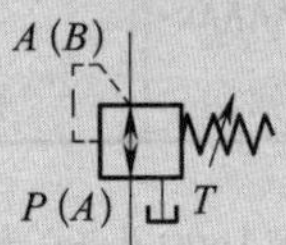	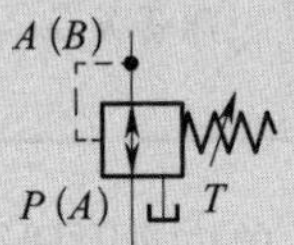

（3）流量控制元件图形符号。流量阀采用矩形框以及表示压力补偿的箭头表示，倾斜箭头表示其流量可以调节。不受油液黏度影响的流量阀称为节流阀。流量阀包括节流阀、可调节流阀和调速阀，见表 2–16。

表 2–16　液压系统流量控制元件图形符号

流量控制元件结构	图形符号（固定式）	图形符号（可调式）
细长孔节流	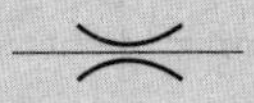	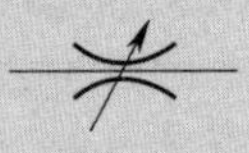
薄壁小孔节流	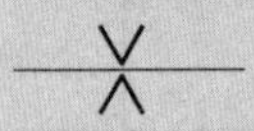	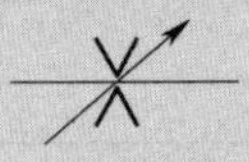
流量阀，细长孔节流	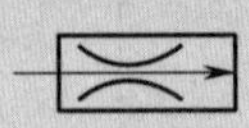	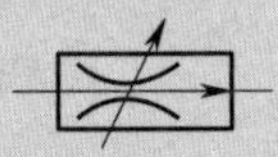
流量阀，薄壁小孔节流	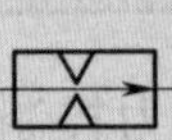	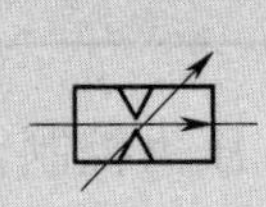

（4）液压系统测量元件图形符号。液压系统常用测量元件包括压力表、温度计、流量计、液面指示计，测量元件图形符号见表 2–17。

表 2–17　液压系统测量元件图形符号

测量元件名称	图形符号
压力表	
温度计	
流量计	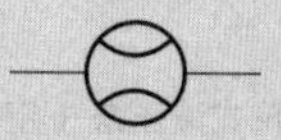
液面指示计	

三、常用液压元件种类及用途

液压系统常用液压元件有动力元件——液压泵；执行元件——液压缸、液压马达；控制元件——压力控制阀、流量控制阀、方向控制阀；辅助元件——管路接头、油箱、滤清器、蓄能器、密封件、控制仪表等，见表 2–18。

表 2–18　常用液压元件种类

液压元件名称	常用液压元件名称
动力元件	液压泵等
控制元件	压力控制阀、流量控制阀、方向控制阀等
执行元件	液压缸、液压马达等
辅助元件	管路接头、油箱、滤清器、蓄能器、密封件、控制仪表等

1. 动力元件的种类及用途

在发动机的带动下，液压泵依靠封闭的工作空间容积变化，从油箱中吸取油液，将机械能转换为压力能，输出具有一定压力和流量的液压油，供给液压系统动力。液压泵属于液压能元件，又称动力元件。

（1）液压泵的分类。液压泵按照结构形式可分为齿轮式（外啮合、内啮合）液压泵、柱塞式（轴向柱塞、径向柱塞）液压泵、叶片式（单作用、双作用）液压泵等，如图 2–85 所示。按照供油压力高低，可分为低压泵、中压泵、高压泵；按照排油量是否能够调节，可分为定量液压泵和变量液压泵；按照供油方向是否能够改变，可分为单向泵、双向泵。齿轮泵和柱塞泵大量应用于工程机械领域，在起重机上也得到了广泛应用。

图 2-85　液压泵

a）齿轮式液压泵（定量液压泵）　b）柱塞式液压泵（变量液压泵）　c）叶片式液压泵

1）齿轮式液压泵（齿轮泵）

外啮合齿轮泵如图 2-86 所示，由一对外啮合齿轮组成，两个外齿轮与泵体之间形成工作容积，当两个齿轮按照图示箭头方向转动时，工作容积的大小发生变化，形成吸油腔和压油腔，实现吸油和压油。

图 2-86　外啮合齿轮泵

a）外啮合齿轮泵　b）外啮合齿轮泵结构　c）外啮合齿轮泵工作原理示意图

内啮合齿轮泵如图 2-87b 所示，由一个大的内齿轮和一个小的外齿轮组成，两个齿轮间有月牙垫，两齿轮与月牙垫和泵体之间形成密封容积。当齿轮转动时，密封容积的大小发生变化，形成吸油腔和压油腔，实现吸油和压油。

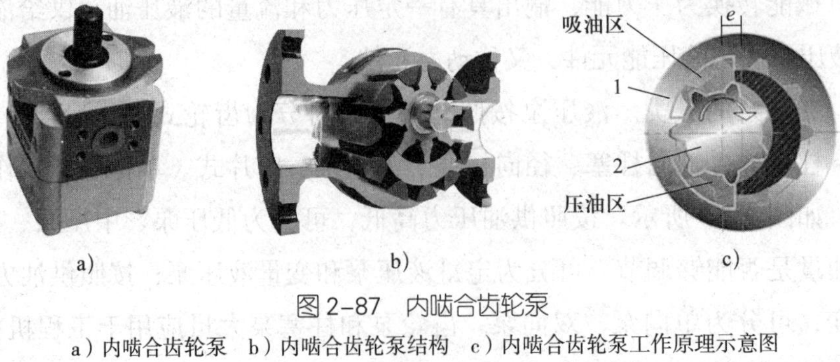

图 2-87　内啮合齿轮泵

a）内啮合齿轮泵　b）内啮合齿轮泵结构　c）内啮合齿轮泵工作原理示意图

1—泵体　2—小齿轮

2）柱塞式液压泵（柱塞泵）。柱塞泵按照柱塞的排列和运动方向不同可分为径向柱塞泵、轴向柱塞泵和斜轴柱塞泵，如图 2-88 所示。

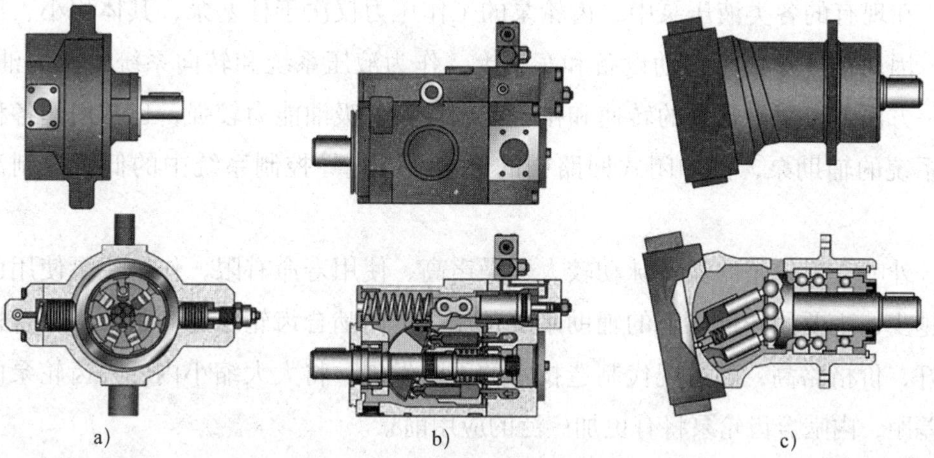

图 2-88　柱塞泵
a）径向柱塞泵及结构　b）轴向柱塞泵及结构　c）斜轴柱塞泵及结构

径向柱塞泵是通过改变转子的偏心距的大小和方向来改变输出油液的大小和方向的。

柱塞泵的柱塞靠泵轴的偏心转动驱动，往复运动，其吸入和排出阀都是单向阀。当柱塞外拉时，工作室内压力降低，出口阀关闭，低于进口压力时，进口阀打开，液体进入；柱塞内推时，工作室压力升高，进口阀关闭，高于出口压力时，出口阀打开，液体排出。

轴向柱塞泵是使用最广泛的柱塞泵，缸体中的柱塞与斜盘相接触，当传动轴带动缸体旋转时，斜盘将柱塞从缸体中拉出或推回，完成吸排油过程。柱塞与缸孔组成的工作容腔中的油液通过配油盘分别与泵的吸、排油腔相通。变量机构通过调节斜盘的倾角来改变泵的排量。

（2）液压泵的用途。液压泵在农业机械、工程机械、矿山机械、船舶和航空等领域都得到了广泛应用。

在农业生产中液压泵主要用于排灌机械；在工程起重机械、土石方机械、地下施工机械、港口机械上，液压泵作为主泵和变量泵应用；在矿业和冶金工业中，液压泵应用于矿井的供排水；在电力行业中，主要用作锅炉给水泵、冷凝水泵、循环水泵和灰渣泵等；在化工和石油的生产中，液压泵用于输送液体和提供化学反应的压力流量等。

柱塞泵被广泛用于高压、大流量、大功率的系统中和流量需要调节的场合，如在各种液压机泵站的主油泵、远洋轮上使用的主泵、大吨位工程机械的液压系统中。

在现有的各类液压泵中，齿轮泵的工作压力仅次于柱塞泵，其体积小、价格低，因而被广泛用于移动设备和车辆上，作为液压系统和转向系统的压力油源。另一方面，由于齿轮泵的转速和排量范围较大，吸油能力较强，也常用作各种液压系统的辅助泵，例如闭式回路中的补液泵、先导控制系统中的低压控制油源等。

外啮合齿轮泵的流量脉动较大、噪声高、使用寿命有限，作为主泵使用已越来越少，主要用作低压下的辅助泵及预压泵。内啮合齿轮泵噪声最低、综合性能最好，价格略高，随着现代制造技术的不断发展，将大大缩小内、外齿轮泵的成本差距，内啮合齿轮泵将有更加广泛的应用前景。

2. 控制元件的种类及用途

（1）方向控制阀。方向控制阀是控制液压系统中油液流动方向的控制元件。方向控制阀利用阀芯在阀体内的移动，改变阀芯和阀体的相对位置，改变阀体上各油口的通断状态，从而控制油路连通、断开或改变油液的流动方向。

方向控制阀按其在液压系统中的不同功用可分为换向阀和单向阀两大类，常用的有换向阀、单向阀、液控单向阀。

1）换向阀。换向阀靠阀杆在阀体内轴向移动变化接通或切断某些油路，从而改变流经阀的液流方向，换向阀是方向控制阀的主要组成部分。

换向阀主要由阀体、换向阀杆、溢流阀及单向阀等组成，阀体内加工了几条通油道，阀杆上加工了台肩与之配合，以使某些通油道连通，而另一些通油道被封闭。当阀杆在阀体内作轴向移动时，可改变各通油道之间的连通关系，从而改变液流通过阀后的方向。换向阀能改变液流方向，所以将换向阀与液压缸或液压马达连接，可以方便地改变液压缸的活塞运动方向或液压马达旋转方向。换向阀分类见表 2–19。

表 2–19　换向阀的分类

按运动方式分			按工作位置和通路数量分				按操作方式分					按安装方式分		
滑阀	转阀	锥阀	二位二通	二位三通	二位四通	三位四通	手动	机动	电动	液动	电液动	管式	板式	法兰式

如图 2–89 所示为二位四通换向阀结构原理示意图，当阀芯和阀体处于图 2–89a 所示位置时，压力油液从 *P* 口流入，从 *A* 口进入油缸无杆腔，油缸杠杆向外伸出；当阀芯和阀体处于如图 2–89b 所示位置时，压力油液从 *P* 口流入，从 *B* 口进入油缸有杆腔，油缸杠杆向内回收，实现换向功能。

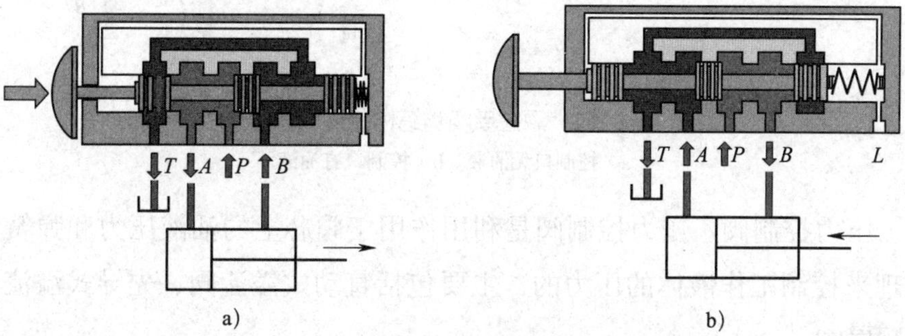

图 2–89 二位四通换向阀结构原理示意图

a）油缸伸 b）油缸缩

2）单向阀。单向阀是一种特殊的反向控制阀，它只允许经过阀的液流单方向流动，而不许反向流动。单向阀一般都由阀体、阀芯以及弹簧组成。如图 2–90 所示，弹簧的作用是保证阀芯迅速复位。当液流正向通过单向阀时，只需克服回位弹簧力，阻力很小；而液流反向流动时，弹簧反向回位并被压在阀座上，截断液流通道。常用单向阀的阀芯有球形和锥形两类。球式单向阀结构简单，因钢球可直接购得，但密封性较差。锥式单向阀阻力小且密封性能好。在液压系统中，它常和其他阀组合来完成液压系统的方向控制动作。

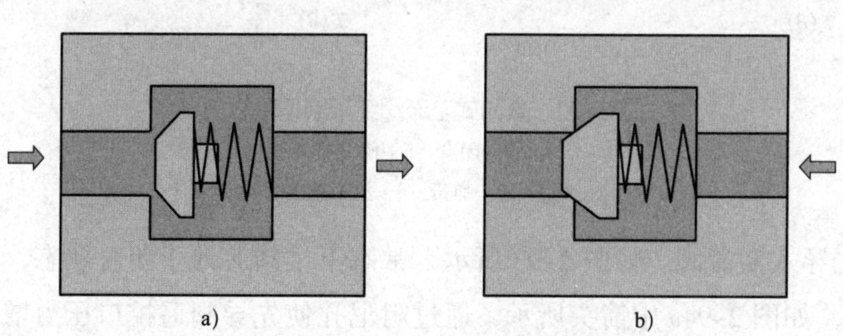

图 2–90 单向阀结构原理示意图

a）单向阀正向导通 b）单向阀反向截止

3）液控单向阀。如图 2–91 所示，当控制口 *X* 无压力油液时，*A*、*B* 口处于截止状态；当控制口 *X* 有压力油液时，阀芯克服弹簧阻力向右移动，*A*、*B* 口处于联通状态，液压系统实现给 *A* 口输送压力油液的功能。

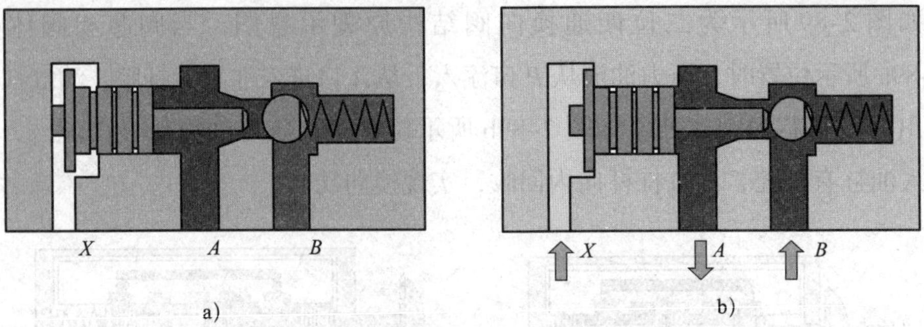

图 2–91　液控单向阀结构原理示意图

a）控制口无油液　b）控制口有油液

（2）压力控制阀。压力控制阀是利用作用于阀芯上的油液压力和弹簧力相平衡的原理来控制工作液体的压力的，主要包括直动式溢流阀、先导式溢流阀、减压阀和顺序阀。

1）直动式溢流阀。如图 2–92 所示，常态下溢流阀的阀口常闭，出油口接油箱。当系统压力低于溢流阀的调定压力时，溢流阀不工作。当外负载增大时，系统压力升高到溢流阀的调定压力时，溢流阀打开溢流，系统压力不再升高，将始终稳定在溢流阀的调定压力值。

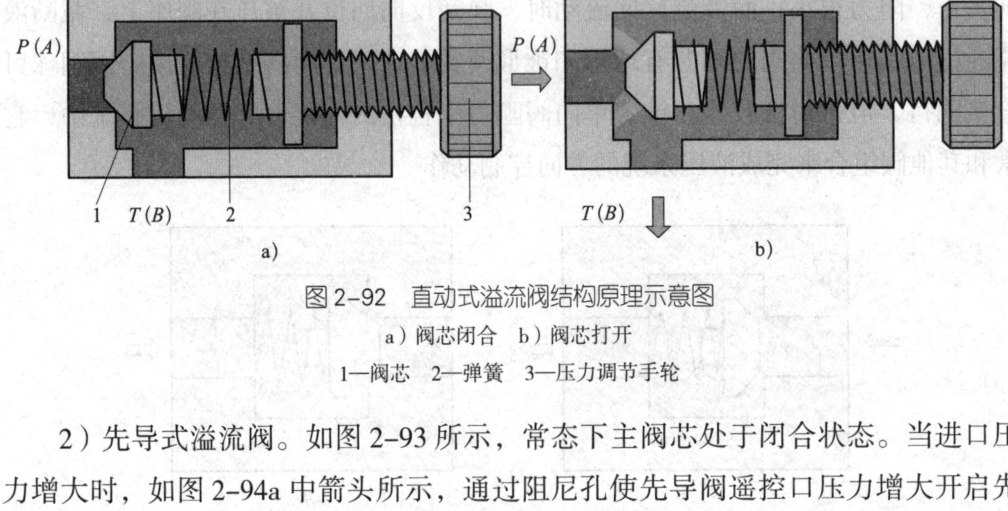

图 2–92　直动式溢流阀结构原理示意图

a）阀芯闭合　b）阀芯打开

1—阀芯　2—弹簧　3—压力调节手轮

2）先导式溢流阀。如图 2–93 所示，常态下主阀芯处于闭合状态。当进口压力增大时，如图 2–94a 中箭头所示，通过阻尼孔使先导阀遥控口压力增大开启先导锥阀阀芯，先导阀油液通过遥控口泄油，如图 2–94b 所示，此时主阀上下腔形成压力差，带动主阀芯向上移动，开启主阀油口泄油，如图 2–94c 所示。

3）减压阀。减压阀分为定压式减压阀、定比式减压阀和定差式减压阀三种。

下面以定压式减压阀为例，介绍减压阀工作原理。如图 2–95 所示，常态下减压阀的阀口常开，当工作油路压力低于减压阀的调定压力时，减压阀不工作，阀

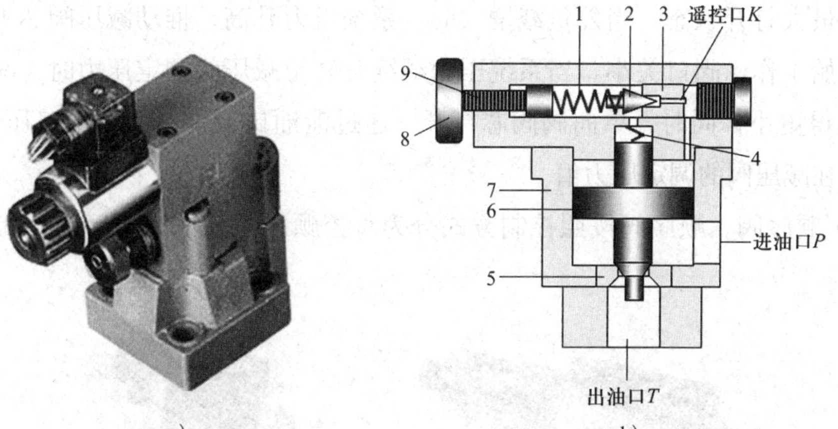

a） b）

图 2-93 先导式溢流阀

a）先导式溢流阀实物图 b）先导式溢流阀结构示意图

1—调压弹簧 2—锥式先导阀芯 3—先导阀座 4—主阀弹簧 5—主阀座

6—主阀芯 7—阀体 8—调节手轮 9—调节螺钉

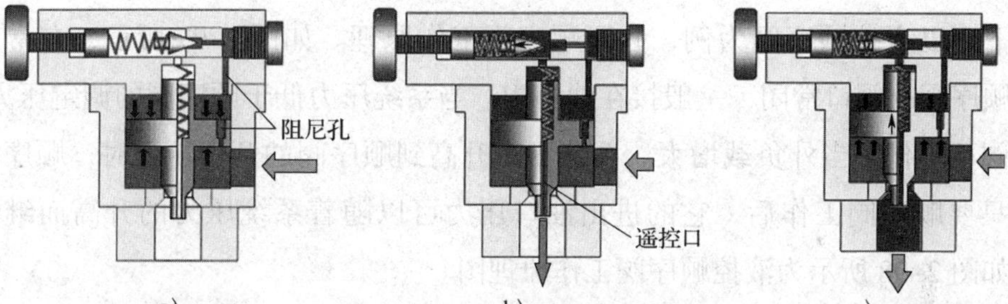

a） b） c）

图 2-94 先导式溢流阀工作原理示意图

a）阀芯闭合 b）先导阀芯打开 c）阀芯上移

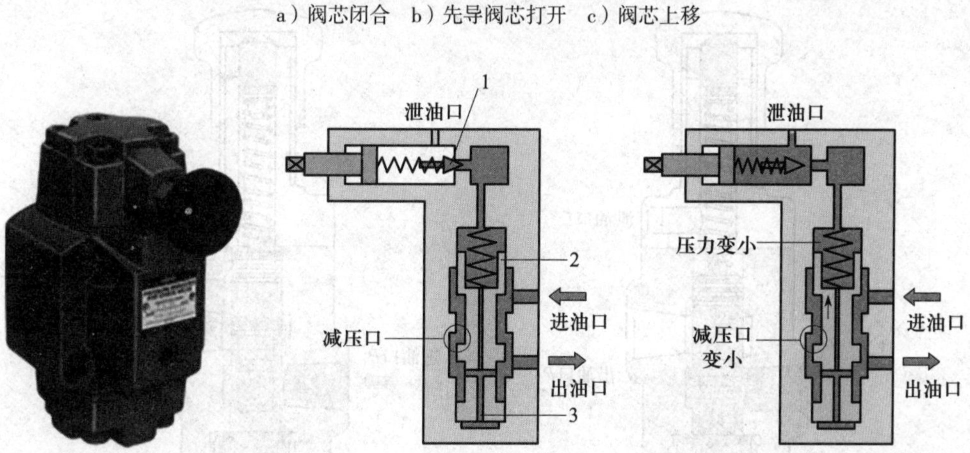

a） b） c）

图 2-95 定压式减压阀

a）减压阀实物图 b）阀口关闭（非工作状态） c）减压状态

1—单向阀阀芯 2—减压阀阀芯 3—减压阀阀芯油路

口处于最大打开状态。当外负载增大时，系统压力升高，推动减压阀芯上移，减压阀开始工作，阀口关小。当系统压力继续升高至减压阀调定压力时，减压阀的阀口关得更小，同时，单向阀阀芯打开，通过泄油口泄油，此时出口压力不变，将恒定在减压阀的调定压力值。

4）顺序阀。顺序阀按照控制方式分为直控顺序阀和液控顺序阀，如图 2–96 所示。

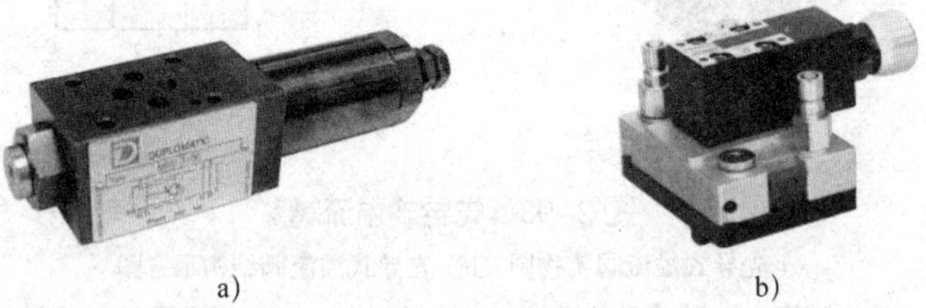

图 2–96 顺序阀

a）直控顺序阀实物图 b）液控顺序阀实物图

下面以直控顺序阀为例，介绍顺序阀工作原理。如图 2–97 所示，在常态下直控顺序阀的阀口常闭，一般接在油路中，当系统压力低于顺序阀的调定压力时，顺序阀不工作。当外负载增大、系统压力升高到顺序阀的开启压力时，顺序阀打开，只要顺序阀工作后，它的进出油口压力可以随着系统压力的升高而继续升高。如图 2–98 所示为液控顺序阀工作原理图。

（3）流量控制阀。流量控制阀是用来控制液压系统油液流量的控制阀。

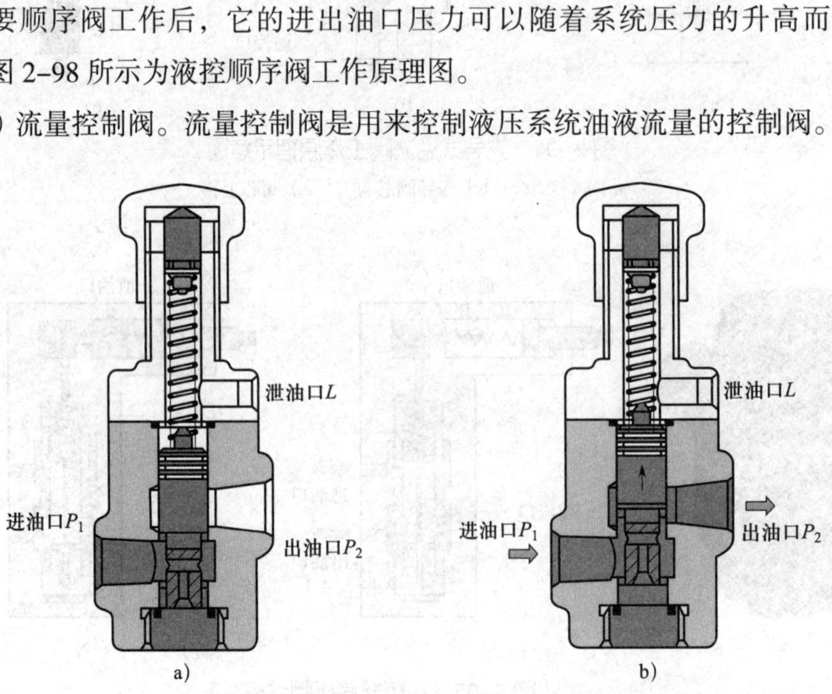

图 2–97 直控顺序阀工作原理图

a）非工作状态（阀芯关闭） b）工作状态（阀芯上移，出油口 2 泄油）

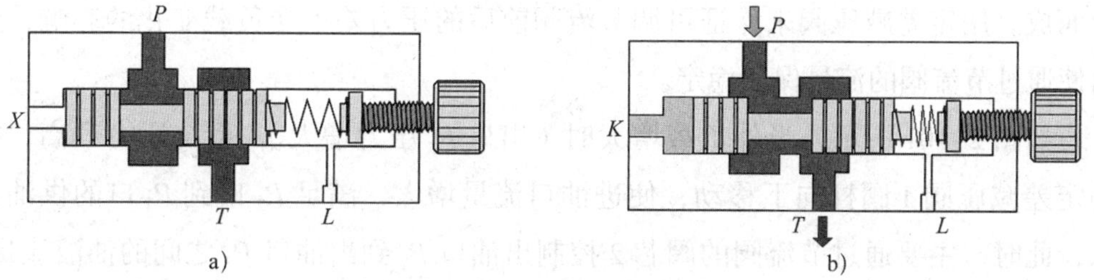

图 2-98　液控顺序阀工作原理图

a）非工作状态（阀芯关闭） b）工作状态（阀芯右移，T 油口泄油）

1）节流阀。如图 2-99 所示，节流阀是通过调节手轮 1 调节阀芯 3 在油路中的位置，改变阀口（节流口）通流断面面积的大小来控制通过阀的流量，从而起到节流作用的。

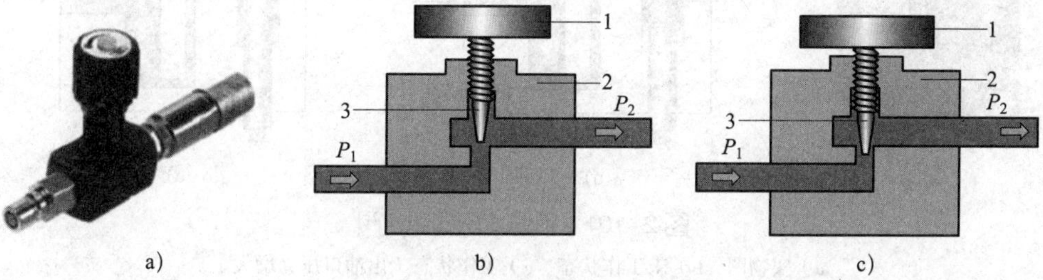

图 2-99　节流阀

a）实物图　b）工作状态 1　c）工作状态 2

1—调节手轮　2—阀体　3—阀芯

2）单向节流阀。单向节流阀将一个单向阀和一个节流阀并联，使之起到单方向节流的作用。如图 2-100 所示，当从 P_1 口进油、P_2 口出油时，节流阀起到节流作用，当油液反方向流动时，单向阀处于工作状态。

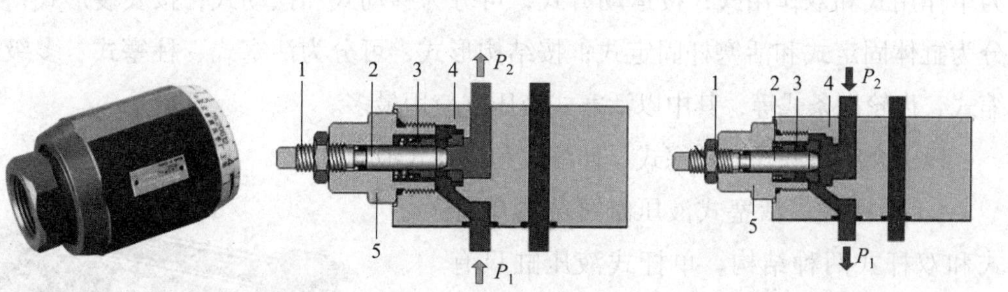

图 2-100　单向节流阀

a）实物图　b）节流阀工作状态　c）单向阀工作状态

1—调节螺杆　2—节流阀阀芯　3—单向阀阀芯　4—单向阀阀体　5—节流阀阀体

3）调速阀。串联减压式调速阀是由一个定差减压阀和一个可调节流阀串联组合而成。用定差减压阀来保证可调节流阀前后的压力差不受负载变化的影响，从而使通过节流阀的流量保持稳定。

如图 2-101 所示，当外负载增大时（出口 P_3 压力增大），系统压力升高，推动定差减压阀 1 阀杆向下移动，使进油口流量增大，满足 P_2 口到 P_3 口的供油需求，此时，主要通过节流阀的阀芯 2 控制出油口 P_2 到出油口 P_3 之间的油液流量，保持液体在调定速度下运动。

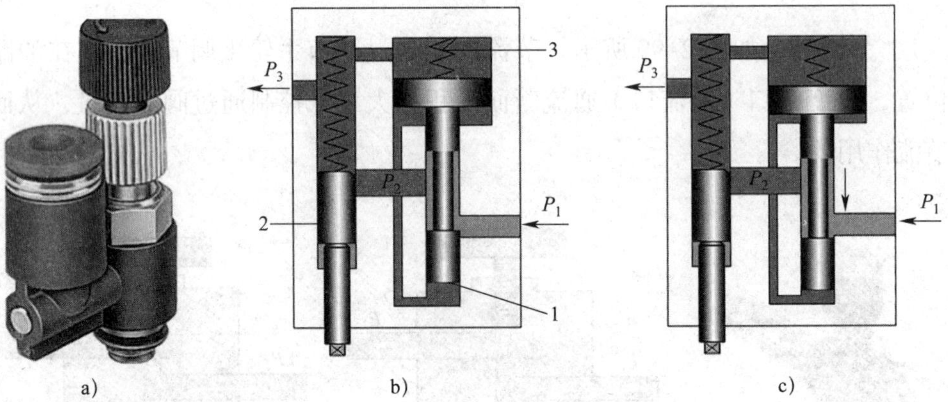

图 2-101　串联减压式调速阀

a）实物图　b）未工作状态　c）工作状态（出油口压力增大）

1—定差减压阀　2—节流阀阀芯　3—弹簧

3. 执行元件的种类及用途

（1）液压缸的分类及用途。液压缸是液压传动系统中的执行元件，它是将液压能转换为机械能的能量转换装置，用于驱动工作机构作直线往复运动或往复摆动。

液压缸结构形式多种多样，可以按照不同方式进行分类；按作用方式，可分为单作用式和双作用式；按运动方式，可分为移动式和摆动式；按安装形式，可分为缸体固定式和活塞杆固定式；按结构形式，可分为活塞式、柱塞式、多级伸缩式、齿轮齿条式等，其中以活塞式液压缸应用最多。

以下介绍活塞式、柱塞式、伸缩式和摆动式液压缸。

1）活塞式。活塞式液压缸可分为单杆式和双杆式两种结构。单杆式液压缸只有一端有活塞杆。如图 2-102 所示，当其两端进出油口都可接通压力油或回油时，可以实现正、反两个方向的运动，称为双作

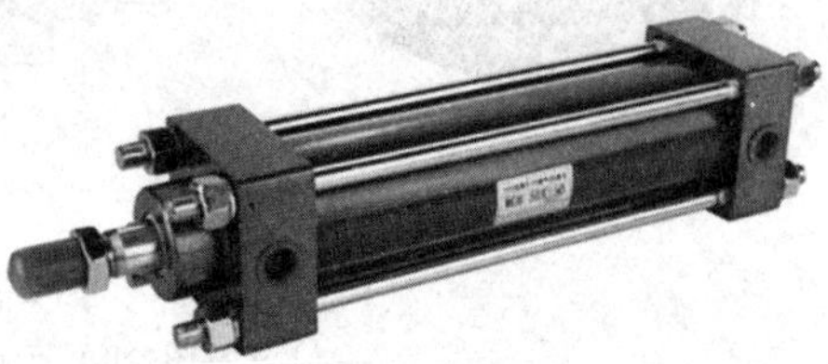

图 2-102　单杆式液压缸

用式液压缸。

当液压缸活塞（或柱塞）仅能一端接通液压油并作一个方向运动，其相反方向运动需依靠重力、弹簧力或外部载荷等来完成时，称为单作用式液压缸。

2）柱塞式。柱塞式液压缸是一种单作用式液压缸，靠液压力只能实现一个方向的运动，柱塞回程要靠其他外力或柱塞的自重来实现。

3）伸缩式。伸缩式液压缸具有二级或多级活塞，伸缩式液压缸中活塞伸出的顺序是从大到小，而空载缩回的顺序则一般是从小到大。伸缩缸可实现较长的行程，而缩回时长度较短，结构较为紧凑。此种液压缸常用于工程机械和农业机械上，如挖掘机动臂及斗杆的动作，装载机铲斗的提升装置，汽车起重机的伸臂、变幅、支腿的运动及平地机的铲刀翻转等。

4）摆动式。摆动式液压缸是输出扭矩并实现往复运动的执行元件。

（2）液压马达的种类及用途。液压马达是将液体压力能转换为机械能的装置，从原理上讲，液压泵可以作为液压马达使用，液压马达也可以作为液压泵使用。但马达要求能够正反转，进出油口相等，有单独的泄油口，其结构具有对称性；而液压泵一般是单方向旋转的，通常液压泵的吸油口比出油口的尺寸要大。

1）液压马达的分类。额定转速大于 500 r/min 的为高速液压马达，如齿轮马达、叶片马达、轴向柱塞马达等；额定转速小于 500 r/min 的为低速液压马达，如径向柱塞马达。

2）液压马达的用途

①齿轮马达。由于齿轮马达密封性能差，容积效率较低，不能产生较大的转矩，且瞬时转速和转矩随啮合点而变化，因此，齿轮马达仅用于高速小转矩的场合，如工程机械、农业机械及对转矩均匀性要求不高的设备。

②叶片马达。由于叶片马达转动惯量小，反应灵敏，因此，能适应较高频率的换向。但叶片马达泄漏大，低速时不够稳定，适用于转矩小、转速高、力学性能要求不严格的场合。

③轴向柱塞马达。轴向柱塞马达和轴向柱塞泵是互逆的，配流盘为对称结构。轴向柱塞马达可以通过改变斜盘倾角来调节输出的转矩、转速和转向。一般来说，斜盘倾角越大，产生的转矩越大，转速越低。

4. 辅助元件的种类及用途

液压系统的辅助元件包括密封件、油管及管接头、滤油器、蓄能器、液压油箱及附件、热交换器（冷却器）等，如图 2-103 所示。

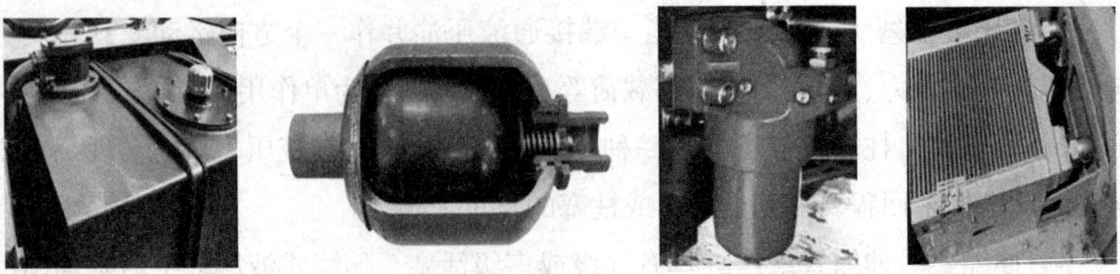

a)　b)　c)　d)

图 2–103　辅助系统元件

a）液压油箱　b）蓄能器　c）滤油器　d）冷却器

在液压控制系统中，这些元件只起辅助作用，但在系统中数量最多（如管道和接头）、分布极广（如密封件）、影响极大（如滤油器和密封件），对保证完成液压系统传递力和运动的任务来说非常重要。如果系统没有辅助元件，或辅助元件质量不佳、选用不当，会直接影响液压系统和元件的正常工作、工作效率、使用寿命，甚至造成系统无法工作。

（1）管路与管接头。管路与管接头是连接液压系统各元件并形成通路的可拆卸的辅助元件。油管用来保证液压系统工作液体的循环和能量的传输，管接头把油与油管或油管与油管连接起来，构成管路系统。

管路一般包括无缝钢管、紫铜管、橡胶软管等。无缝钢管具有承受高压、耐油、抗腐蚀、刚性好等特点，常应用于拆装比较方便的中高压液压系统中。紫铜管装配时易弯曲成形，在中低压液压系统中采用，常配扩口管接头以用于仪表和控制装置，以及装配不方便的位置。橡胶软管能吸收液压系统的冲击和振动，装配方便，根据结构及材质不同，一般用于中高压液压系统中，也可用于低压回油管路中。

根据结构形式不同，管接头分为焊接管接头、卡套管接头、扩孔薄管接头、铰接管接头、胶管接头、快速接头、伸缩管接头等。焊接管接头主要用于不需要拆装的场合，卡套管接头和扩孔薄管接头适用于快速装配的场合，快速接头适用于经常拆装的场合，伸缩管接头适用于两个元件有相对运动的场合，铰接管接头如中心回转体接头适用于上下车的油路及电路连接等。

（2）密封元件。密封是防止工作介质泄漏和外界灰尘、异物入侵液压系统的元件。按密封原理分为间隙密封和接触密封两大类。按照其断面形状命名，有 O 形、Y 形、小 Y 形、U 形、J 形、L 形等，除 O 形外，其他均为唇形密封件，此外还有活塞环、密封垫、密封胶等其他密封件，如图 2–104 所示。

图 2–104 密封件的种类

间隙密封利用运动件之间的微小间隙起密封作用，例如泵、马达的柱塞与柱塞孔、阀体与阀芯之间的密封。接触密封是靠密封件在装配时的预压缩力和工作时密封件在液压油压力作用下发生弹性变形所产生的弹性接触力来实现密封的。接触密封件按照运动特性可分为固定密封和动密封。固定密封指用于固定件之间的密封，动密封指用于有相对运动的零件之间的密封。

（3）滤清器。滤清器是利用过滤作用将流体中的固体颗粒分离出来的元件。其中，用于管道中的过滤器叫管道过滤器。

1）按过滤精度可分为粗油器（过滤精度在 50 μm 以上）、普通滤油器（滤油精度为 5 ~ 50 μm）、精油器（过滤精度为 1 ~ 5 μm）、特精滤器（过滤精度在 1 μm 以内）。

2）按滤油器滤芯结构不同分为网式、线稀式、纸式、磁性式、烧结式。

3）按滤油器通流量分为全流量式和部分流量式。

4）按安装部位分为油箱加油口或通气口用式、吸油管路用式、回油管路用式、压力管路用式。

5）按过滤材料分为金属编制物表面性滤油器、深度型滤油器（毛毡、粉末冶金等材料）、中间型滤油器（由酚醛树脂处理的滤芯）。

6）按结构形式分

①沉淀式滤油器。自封型（有安全阀及压差指示器，无安全阀），一般型（有安全阀及压差指示器，有安全阀）。

②直通式滤油器（有安全阀、无安全阀）。自封型滤油器在更换滤芯时自动切换上下游油路。滤油器可防止各种杂质进入液压工作系统，保持液压油的清洁。

（4）蓄能器。蓄能器是把液体（压力油）在一定压力下储存起来的耐压容器，其储存的液体（压力油）可作为临时应急的动力源等，需要时释放出来，调节能量、均衡压力、减少容积（设备）、降低功率消耗、减少发热等。

1）蓄能器分类

①重力加载式。靠举升柱塞上的重物来蓄能。

②弹簧加载式。利用活塞上的弹簧来蓄能。

③充气式。包括隔膜式、活塞式、气囊式三类。

2）蓄能器用途。蓄能器能够存储液体的压力能。压力能是一种势能，可以被转换成工作能量（流量和压力）。蓄能器主要功能是储蓄液压能，缓和冲击、吸收压力脉动等，可作为辅助动力泵、紧急动力源、液体补偿装置、液压空气弹簧等。

液压蓄能器主要用途如下。

①进行流量补偿，满足液压系统需要短时间超出泵提供流量的要求，将泵的动力源降到最低。

②削减压力峰值，吸振，可作为能量的储蓄装置及脉动衰减器。

③皮囊式蓄能器具有体积小、重量轻、惯性小、反灵敏等优点，目前应用最为普遍。

（5）油箱。油箱是用以储存液压系统中所需介质（液压油）的容器，并具有散热、沉淀杂质、分离油中气泡等作用。

1）油箱的分类。根据液面与大气是否相通，油箱可分为开式油箱和闭式油箱。开式油箱的油箱内液面与大气相通，保持一个大气压力。为防止污染油液，常在油箱盖上设置一个空气滤清器，应用最广泛。

2）油箱的作用。油箱的作用包括：储存供系统循环所需的油液；散发系统工作时所产生的热量；分离液压油内所含有的空气；沉淀油中的污染物；为系统中其他元件的安装提供位置。

（6）冷却器。冷却器是冷却液压系统工作介质的换热设备，通常用水或空气为冷却剂除去热量，有间壁式冷却器、喷淋式冷却器、夹套式冷却器和蛇管式冷却器等类型。大型设备或发热较严重的液压系统通常都安装有独立的冷却系统，冷却器就是其核心部件。冷却器一般安装在液压系统的回油管路上，主要作用是维持液压系统的热量平衡，使系统温度保持在规定的范围内（一般在35～55 ℃）。当液压系统温度高于此范围温度时，冷却器启动，降低系统油液温度。

四、常用工作介质的牌号、性能及应用

液体是液压传动系统中的工作介质，在实际液压传动系统中常用油类作为工作介质，称这种油为液压油。

1. 常用工作介质的牌号

（1）液压油的分类。液压油的种类繁多，液压油分为 L-HL 抗氧防锈液压油、L-HM 抗磨液压油（高压、普通）、L-HV 低温液压油、L-HS 超低温液压油和 L-HG 液压导轨油五个品种。

（2）液压油的牌号。液压油的牌号等效采用 ISO 的黏度分类法，以 40 ℃运动黏度的中心值来划分牌号，齿轮泵和柱塞泵适宜的液压油黏度见表 2-20。

表 2-20　液压油黏度表

泵的型式	环境温度	
	≤ 40 ℃	>40 ℃
	运动黏度（40 ℃）（mm^2/s）	运动黏度（40 ℃）（mm^2/s）
齿轮泵	15～70	98～137
柱塞泵	15～70	98～195

（3）液压油的牌号、性能及应用。L-H* 系列液压油均属矿油型液压油，这类油的品种多，使用量约占液压油总量的 85% 以上，汽车与工程机械液压系统常用的液压油多属此类。起重机应选用所属产品中抗磨性、黏温性好的液压油。一般应选用 L-HV 品种，长江以南地区使用的起重机也可选用 L-HM 品种，在严寒地区使用的起重机应选用 L-HS 品种。

以下重点介绍这三种液压油的规格、性能及其应用。

1）L-HM 抗磨液压油

①规格。抗磨液压油是从防锈、抗氧液压油基础上发展而来的，它有碱性高锌、碱性低锌、中性高锌型及无灰型等系列产品，按 40 ℃运动黏度分为 22、32、46、68 四个牌号。

②用途。按照泵的类型，主要用于重负荷、中压、高压的叶片泵、柱塞泵和齿轮泵的液压系统中。例如：应用于 JYB-D25 叶片泵、PE15 柱塞泵、CBN-E306 齿轮泵、YB-E80/40 双联泵等液压系统中。

按照使用的机械，主要用于中压、高压工程机械、引进设备和车辆的液压系统，如电脑数控机床、隧道掘进机、履带式起重机、液压反铲挖掘机和采煤机等的液压系统。常用的牌号是 L-HM32、L-HM46、L-HM68。

③ L-HM 抗磨液压油使用注意事项。及时清除油箱内的油泥和金属屑，保持液压系统的清洁；液压油储存和换油时，应将设备的容器和加油工具各部件清洗干净，防止油品被污染；液压油的固体颗粒污染等级应符合 JB/T 9737—2013 的规定，不得超标使用；该油品主要适用于钢－钢摩擦副的液压油泵，用于其他材质摩擦副的液压油泵时，必须要有油泵制造厂或供油单位推荐本产品所适用的油泵负荷限值。

2）L-HV、L-HS 液压油（低温液压油）

①规格。这两种液压油均属宽温度变化范围下使用的液压油，都有低的倾点，优良的抗磨性、低温流动性和低温泵送性。L-HV、HS 液压油按基础油不同分为矿油型与合成油型两种。按 40 ℃运动黏度，L-HV 油分为 15、22、32、46、68、100 六个牌号，L-HS 油分为 15、22、32、46 四个牌号。

②用途。L-HV 低温液压油主要用于寒区或温度变化范围较大和工作条件苛刻的工程机械、引进设备和车辆的中压或高压液压系统中。如数控机床以及船舶起重机、挖掘机、大型吊车等液压系统使用温度在 −30 ℃以上。起重机常用的牌号是 L-HV22。

L-HS 低温液压油主要用于严寒地区上述各种设备中，使用温度为 −30 ℃以下。

③ L-HV、L-HS 液压油使用注意事项。低温液压油是一种既具有抗磨性又具有高低温性能的高级液压油，不能用于有银部件的液压设备；由于 L-HV 油和 L-HS 油基础油组成不同，所以不能混装混用，以免影响使用性能；其他参照 L-HM 液压油使用注意事项。

2. 液压油的主要性能指标

液压传动是以液压油（通常为矿物油）作为工作介质来传递动力和信号的，液压油的性能指标（物理和化学性能指标），特别是物理性能对液压系统的工作影响较大。因此，在研究液压系统时，必须深入了解所用液压油及其性能指标。

液压油的主要物理性能指标包括黏度、黏度指数、闪点、凝点与倾点、抗氧化性、抗乳化性与水解安定性、不可压缩性、抗泡沫性、抗磨性和极压抗磨性等。

液压油的主要化学性能指标包括总酸值、总碱值、防腐性、防锈性、剪切安定性、抗氧化性（氧化安定性）、水解安定性等。下面重点介绍液压油常用的性能指标。

（1）黏度。液体在外力作用下流动时，液体内部分子间的内聚力会阻碍分子相对运动，即分子间会产生一种内摩擦力，这一特性称为液体的黏性。

（2）黏度指数。黏度指数是指液压油的黏度变化程度与标准油液的黏度变化程度之比，黏度指数较直接地反映了油品黏度随温度变化而改变的性质。

（3）闪点。闪点是指液压油在规定条件下，加热到它的蒸汽与火焰接触发生瞬间闪火时的最低温度。

（4）凝点与倾点。凝点与倾点都是针对航空液压油而言的。凝点是指润滑油类物质冷却到停止流动时的温度。倾点是在测定容器中还能够流动的最低温度。

凝点和倾点的测试方法相反，倾点是凝固后能流动时的低温度，凝点是失去流动性的高温度。对于同一型号航空润滑油而言，其倾点比凝点较为稳定地高出 3~5 ℃，每个型号的航空润滑油都会同时采用倾点和凝点表示其低温流动性。但是总体而言，倾点表述流动性比凝点更为广泛。液压油的倾点和低温黏度应能适应油泵预计的最低操作温度。否则，温度降低时，黏度增加太大，摩擦损失增加，泵送速度受影响；温度升高时，黏度变得过小，影响使用性能。

（5）不可压缩性及抗泡沫性。液压油的不可压缩性用空气释放值来评价。液压油的空气释放值规定为：在 50 ℃时，油品中携带空气减少到规定量时所需的时间（min）。液压油的抗泡性也称为起泡性，它是指油品生成泡沫的倾向及生成泡沫的稳定性能。

（6）极压抗磨性。液压泵的发展趋势是小型化和高压力，这就要求液压油具有良好的极压抗磨性。极压抗磨性是指油品通过保持在运动部件表面间的油膜，防止金属相对直接接触而磨损的能力。评定液压油抗磨性通常采用四球机的长期磨损法，也可用齿轮试验机评定液压油的抗磨性。

（7）抗氧化性（氧化稳定性）。液压油在高温或与空气接触时会发生氧化反应，生成胶质和沉积物。这些物质会影响液压元件的正常工作，堵塞滤清器和阀口，降低油品的性能。此外，氧化反应还会产生酸性物质，使液压元件受到腐蚀。因此，要求液压油具有良好的抗氧化性，即能够抵抗氧化反应，延长油品的使用寿命。

（8）抗乳化性与水解安定性。油品和水形成乳化液的能力称为乳化性；油品与水形成的乳化液分为两层的能力是破乳化性。油品与水接触时抗水反应的能力是水解安定性。

（9）防锈性。防锈性是指油品阻止与其接触的金属生锈的能力。

五、液压元件使用注意事项

1. 应按随机使用说明书规定的牌号选择、更换、加注液压油，特殊情况下需要使用代用油时，应选择与原牌号性能相同的液压油。已变质的深褐色、乳白色、有异味的液压油不能使用，以免损坏液压元件。

2. 更换液压元件前，要使用与原液压系统同牌号的液压油反复清洗三次以上，防止颗粒异物混入液压系统，影响液压元件的使用功能。

3. 防止空气和水侵入液压系统。空气侵入液压系统，会使液压元件表面产生气蚀，损坏液压元件，液压油压缩性增大，导致工作不稳定。过量的水分会使液压元件锈蚀、油液乳化变质、润滑油膜强度降低，加速液压元件机械磨损。

4. 作业操作要柔和平顺，避免冲击负荷损坏液压元件、油封和高压油管接头而造成其失效。

5. 液压系统油温超过规定限值要停止工作。液压系统的油温过高会导致油液的黏度降低，润滑油膜强度降低，加速机械的磨损，在液压元件表面生成碳化物并使油封、高压胶管过早老化等。

6. 注意油箱压力要保持在随机使用说明书规定的范围内。压力过低，液压泵吸油不足易损坏；压力过高，会使液压系统漏油，容易造成低压油路爆管。

7. 防止掉落物体等砸伤液压油缸的活塞杆、液压油管等部件。

8. 整机使用前，要检查油位是否在规定范围内，如有不足，及时补充相同牌号液压油，避免液压泵因吸油不足而干磨损坏。

操作技能

描述液压系统组成元件及功能。

一、操作准备

办公桌、椅子若干，纸张若干，铅笔、橡皮等。

二、操作步骤

1. 准备办公用具等。

2. 描述液压系统组成元件及功能

步骤一：在纸张上书写液压系统组成元件（5 种以上）及功能。

步骤二：学员相互评价描述的正确性。

步骤三：教师评价学员描述的正确性。

培训课程 4

钳工基础知识

学习单元　钳工基础知识

一、钳工常用设备的使用

钳工是一种使用钳工类的工具或设备并按照技术要求对工件进行加工、修整、装配的工种。钳工常用的相关设备主要有钳台、台虎钳、钻床、砂轮机等。

1. 钳台（钳桌）

钳台是用来安装台虎钳、放置工具和工件等的工作平台。钳台上安装台虎钳后，钳口高度应以和人的手肘平齐为宜，高度 800 ~ 900 mm，如图 2-105b 所示，长度和宽度随工作需要设定。钳台正面非工作一侧安装有防护网，防止錾削等加工时产生的铁屑等飞溅产生安全隐患。

钳台使用要求：

（1）使用钳台前，要检查钳台安装的稳固性，光线照明要满足工作要求，照明电压 36 V 以下，保证安全。

（2）在钳台上工作时，毛坯和加工零件应放置在规定位置，排列整齐，应便于取放，并避免碰伤已加工零件表面。

（3）在钳台上工作时，右手取用的工量具应放置在右手边，左手取用的工量具应放置在左手边，并各自排列整齐，且不能使其伸出钳台边缘以外。

（4）在钳台上进行錾削等加工后，要用刷子清除切屑，不要直接用手清除或用嘴吹，避免伤害和污染。

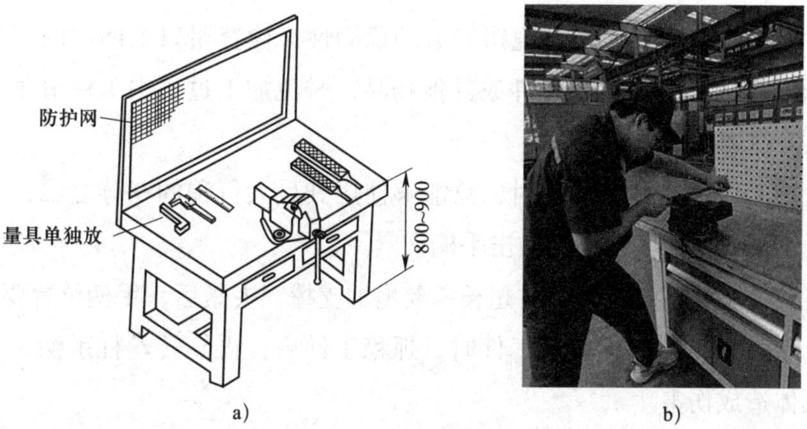

图 2–105 钳台

a）钳台 b）钳台使用（高度）

2. 台虎钳

台虎钳是用来夹持工件的通用夹具，有固定式和回转式两种结构类型，回转式的能够适应不同的工件加工位置，使用得较多。

如图 2–106 所示，回转式台虎钳构造和工作原理如下：活动钳身 5 通过导轨与固定钳身 2 的导轨孔作滑动配合。丝杠 6 装在活动钳身上，当摇动手柄使丝杠旋转，就可带动活动钳身相对于固定钳身作轴向移动，起夹紧或放松工件的作用。在固定钳身 4 和活动钳身 5 上，各装有钢质钳口，其工作面上制有交叉网纹，可以增加与工件的摩擦力，使工件夹紧后不易产生滑动。固定钳身装在转座 1 上，可以绕转座轴心线转动。当转到要求的方向时，扳动手柄 3 使夹紧螺钉旋紧，便可将固定钳身锁定在适当的位置。转座上有三个螺栓孔，用以与钳台固定。台虎钳的规格以钳口的宽度表示，有 100 mm、125 mm、150 mm 等。

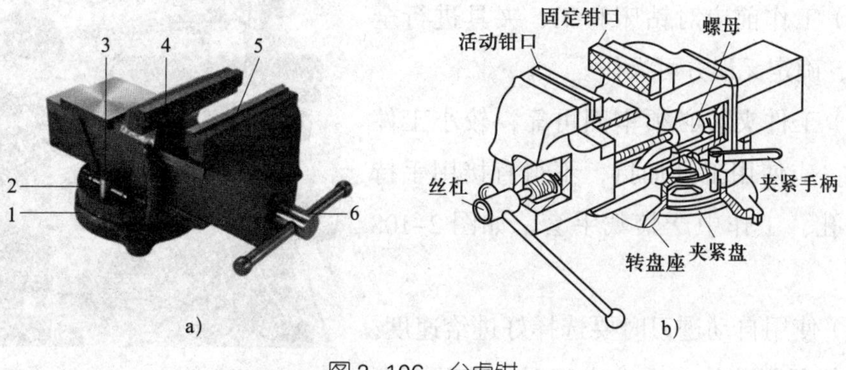

图 2–106 台虎钳

a）台虎钳实物图 b）台虎钳结构图

台虎钳使用要求：

（1）在使用前，要检查台虎钳安装的稳固性，检查钳口上网纹的有效性，台虎钳表面不应放置工量具、工件或其他物品，避免加工过程中工件滑脱、物品滑落等对人身造成伤害。

（2）使用台虎钳夹持工件时，只能够使用其最大行程的三分之二，不得使用套管延长手柄或使用其他物品敲击手柄夹紧。

（3）工件要放正夹紧，工件超长，要增加支撑，夹紧后，手柄位置要向下。

（4）工件加工完毕，取下工件时，抓稳工件后，再旋转丝杠手柄，避免工件滑落对人体造成伤害。

3. 钻床

钻床是加工工件上各类圆孔时使用的设备，有台式钻床、立式钻床和摇臂钻床等，如图 2–107 所示。

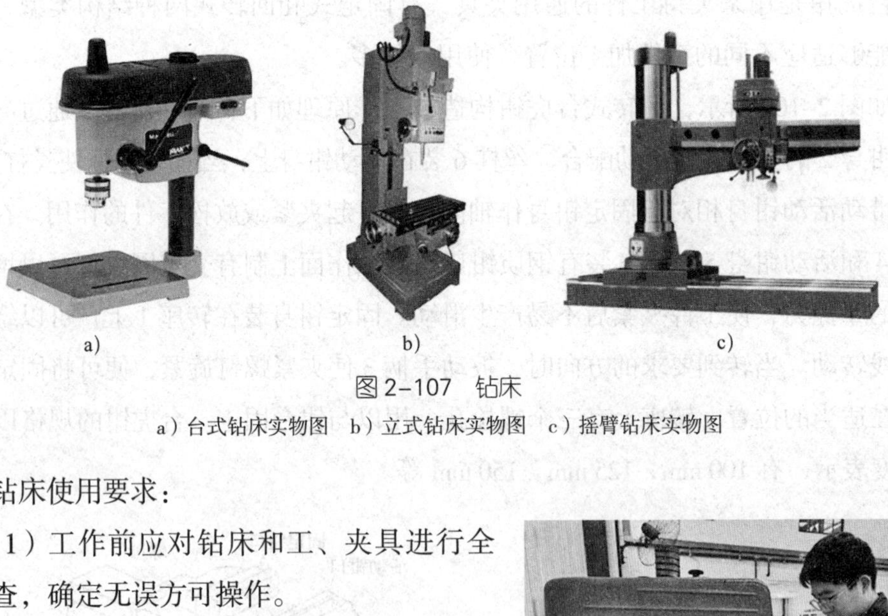

图 2–107　钻床

a）台式钻床实物图　b）立式钻床实物图　c）摇臂钻床实物图

钻床使用要求：

（1）工作前应对钻床和工、夹具进行全面检查，确定无误方可操作。

（2）工件夹装必须牢固可靠，较小工件钻孔时，应使用工具加持，不得直接用手持工件钻孔，工作中严禁戴手套，如图 2–108 所示。

图 2–108　钻床的使用

（3）使用自动进刀时要选择好进给速度，调整好行程限位块，手动进刀时，按照逐渐增压和逐渐减压的原则进行，以免用力过猛造成事故。

（4）当钻头上缠绕较多铁屑时，要停车消除，禁止用嘴吹、用手拨，要用刷子或铁钩清除。

（5）严禁在旋转的刀具下翻转、卡压或测量工件，手不准触摸旋转的刀具。

（6）使用摇臂钻时，横臂回转范围内不准有障碍物，工作前要锁紧横臂，横臂和工作台上不准放置其他物品。

（7）工作时结束后，应将横臂降到最低位置，主轴箱靠近立柱后锁紧。

4. 砂轮机

砂轮机是刃磨钻头、錾子（凿子）等刀具或其他工具等的设备，由电动机、砂轮和机体组成，有台式砂轮机和立式砂轮机两种结构形式，如图 2–109 所示。

a）

b）

图 2–109　砂轮机

a）台式砂轮机实物图　b）立式砂轮机实物图

砂轮机使用要求：

（1）砂轮机启动前，检查防护罩和砂轮盘之间不得有杂物、附着、堵塞，否则，需要清理后方能开机。

（2）检查工件托架及护目罩板完好无损，安装牢固，砂轮和托架之间的距离保持在 1 ~ 3 mm。

（3）砂轮机启动后，应在砂轮旋转平稳后再进行磨削操作，若砂轮跳动明显，应停机修整。

（4）磨削操作时，操作者必须站在砂轮机的侧面，不得站在砂轮机的正面，防止砂轮崩裂而造成事故。

（5）磨削操作时，持稳工件，使工件缓慢轻轻接触砂轮的圆周面并进行磨削，用力均匀，不宜过大、过猛，更不准撞击砂轮片。

（6）过分细小、握拿不稳的工件，不得在砂轮机上磨削，以防被卷入砂轮机，打碎砂轮片，造成事故。

（7）更换新砂轮片，要认真检查，有裂纹或破损的砂轮片禁止装机，砂轮片轴孔与砂轮机不匹配的，也不得装机使用。

（8）更换新砂轮片后，首次开机要空转 2～3 min，待砂轮机运转正常后方能使用。

（9）同一个砂轮片上，禁止两人或两人以上同时操作，操作时注意力要集中，不得一边操作，一边交谈聊天，更不准打闹。

二、钳工常用工具和量具的使用

1. 钳工常用工具

钳工常用工具主要有划线用的划针、划规（圆规）、中心冲（样冲）、平板等，以及划线时支撑、夹持工件的 V 形架、方箱等；錾削用的手锤和各种錾子；锉削用的各种锉刀；锯削用的锯弓和锯条；孔加工用的各类钻头、锪钻和铰刀等；攻、套螺纹用的各种丝锥、板牙等；刮削用的平面刮刀和曲面刮刀，以及各种扳手和旋具等，如图 2–110 所示。

（1）划线平台。划线平台（又称划线平板）是由铸铁毛坯精刨或刮削制成，作用是用来放置工件和划线工具，并在平台工作面上完成划线过程。

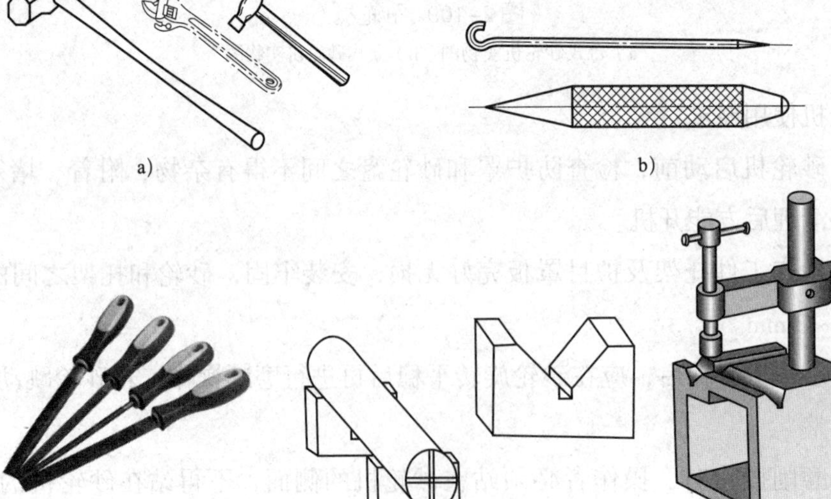

图 2–110　钳工常用工具

a）锤子、扳手　b）划线工具（划针、样冲）　c）锉刀　d）V 形架、方箱

（2）划针。划针是直接在毛坯或工件上划线的工具。由于划针尖端处单边有 10°的斜角，因此划线时垂直板边方向紧贴工件边缘部位要有 15°～20°的倾斜角度，平行板边方向（沿划线前进方向）要有 45°～75°倾斜角度为宜，如图 2–111 所示。

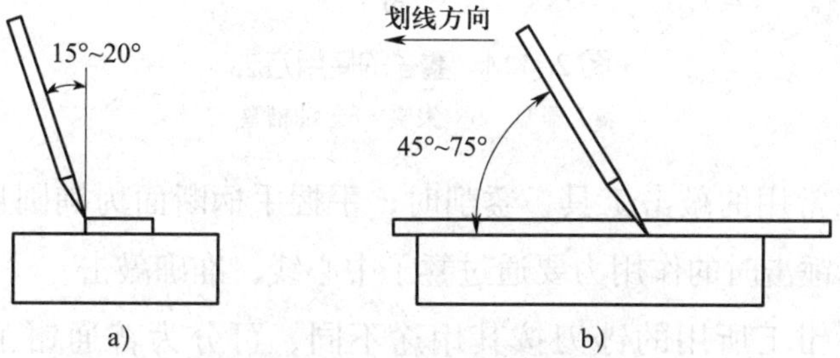

图 2–111　划针的使用方法

a）垂直板边方向划线角度　b）平行板边方向划线角度

（3）划规。划规是用来画圆和圆弧、等分线段、等分角度和量取尺寸的工具，按照不同的结构形式，划规分为普通划规、扇形划规、弹簧划规、长划规，如图 2–112 所示。

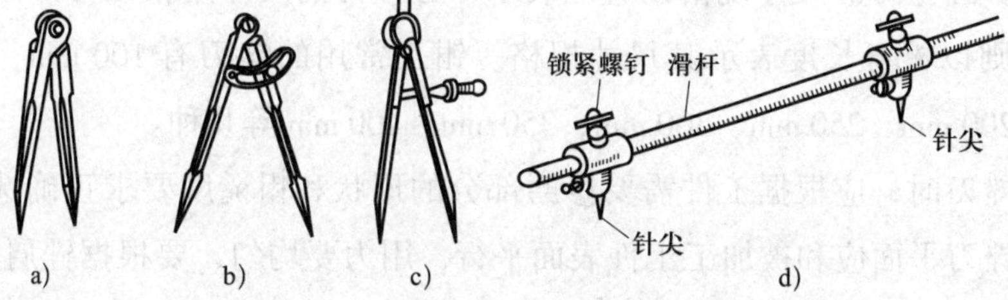

图 2–112　划规

a）普通划规　b）扇形划规　c）弹簧划规　d）长划规

使用划规时，划规的两脚长度要磨得稍有不等，短脚作为回转中心，长脚回转划线，划圆弧时应将力作用到作为圆心的一脚，以防止中心滑移。

（4）样冲。样冲用于在工件所划的加工线条上打样冲眼，作为加工界限的标志，还用于在圆弧中心或钻孔时的定位中心打眼（称中心样冲眼）。

使用样冲时，首先将样冲顶尖对准划线中心，样冲垂直于工件表面，拿稳后，使用锤子垂直轻击，以免样冲震动移位。当样冲眼已有痕迹后，再锤击加深，如图 2–113 所示。

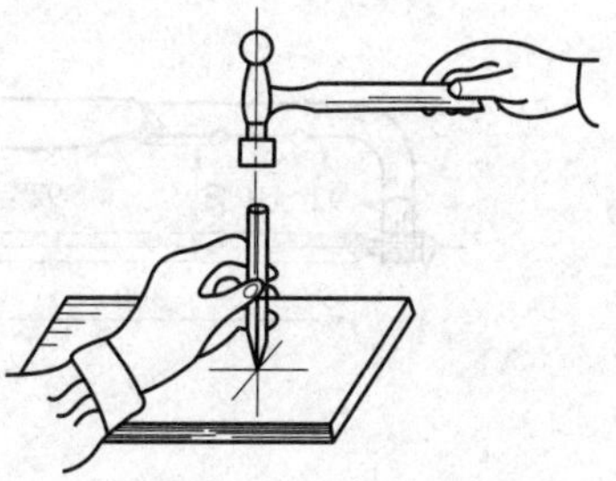

图 2–113　样冲的使用方法

（5）錾子和手锤。用手锤打击錾子对金属工件进行切削加工的方法叫錾削。常用錾子有扁錾、尖錾和油槽錾三种，如图 2–114 所示。

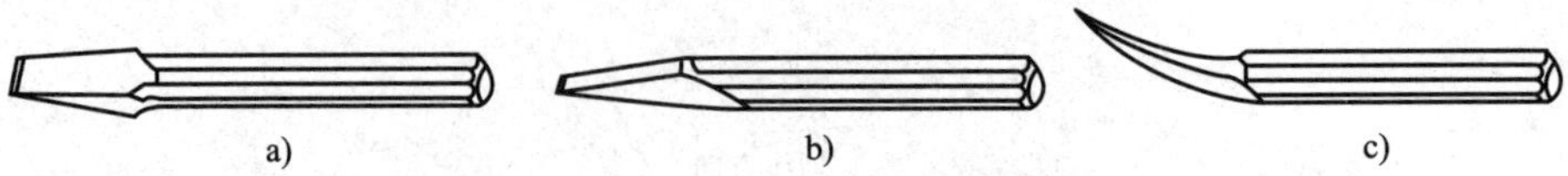

图 2–114　錾子的使用方法

a）扁錾　b）尖錾　c）油槽錾

手锤是钳工常用的敲击工具，錾削时，手握手柄断面为椭圆形的位置，以便使用锤头定向，锤击时的作用力要通过錾子中心线，准确敲击。

（6）锉刀。钳工所用的锉刀按其用途不同，可分为普通钳工锉、异形锉和整形锉三类。普通钳工锉按其断面形状不同，分为平锉（板锉）、方锉、三角锉、半圆锉和圆锉五种。异形锉用来锉削工件特殊表面，有刀口锉、菱形锉、扁三角锉、椭圆锉、圆肚锉等。整形锉又叫什锦锉或组锉，主要用于修整工件上的细小部分。

锉刀的规格分尺寸规格和齿纹的粗细规格。不同锉刀的尺寸规格用不同的参数表示。圆锉刀的尺寸规格以直径表示，方锉刀的尺寸规格以方形尺寸表示，其他锉刀则以锉身长度表示其尺寸规格。钳工常用的锉刀有 100 mm、125 mm、150 mm、200 mm、250 mm、300 mm、350 mm、400 mm 等几种。

使用锉刀时，应根据工件需要修磨部分的形状和粗糙度要求正确选择锉刀，工作时，锉刀平面应和被加工工件表面平行，用力要均匀，要根据锉屑余量，分工步，选择不同粗细规格齿纹的锉刀。

（7）手锯。手锯由锯弓和锯条两部分组成。

1）锯弓。锯弓用于安装和张紧锯条，有可调节式和固定式两种，如图 2–115 所示。固定式锯弓只能安装一种长度的锯条；可调节式锯弓的安装距离可以调节，能安装几种长度的锯条。

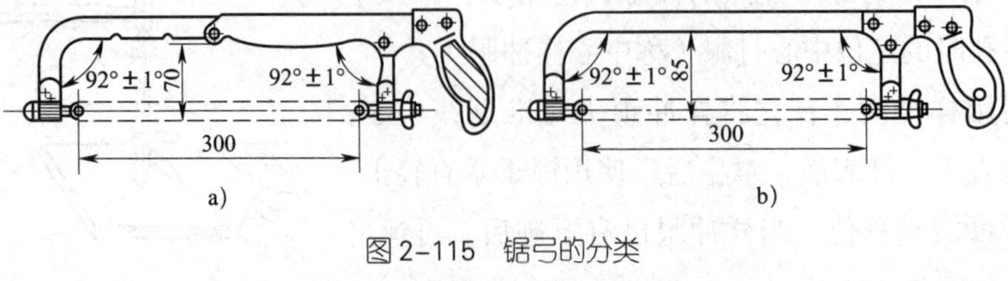

图 2–115　锯弓的分类

a）可调节式锯弓　b）固定式锯弓

锯弓两端都装有夹头，一端是固定的，另一端为活动的。当锯条装在两端夹头的销子上后，旋紧活动夹头上的翼形螺母就可以把锯条拉紧。

2）锯条。锯条一般用渗碳软钢冷轧而成，经热处理淬硬。锯条的长度以两端安装孔的中心距来表示，常用的为 300 mm。锯齿的粗细是以锯条每 25 mm 长度内的齿数来表示的，一般分粗、中、细三种。

在使用手锯时，锯削软材料或较大切面的工件时，每锯一次的切屑较多，只有大容屑槽才不致发生堵塞而影响锯削效率，因此，应选择容屑槽较大的粗齿锯条。

在锯削硬材料或切面较小的工件时，由于硬材料不易锯入，每锯一次切屑较少，不易堵塞容屑槽。同时，细齿锯参加切削的齿数增多，可使每齿担负的锯削量小，锯削阻力小，因此，应选择细齿锯条，材料易于切除，推锯省力，锯齿也不易磨损。

在锯削管子和薄板时，必须用细齿锯条，否则会因齿距大于板厚，使锯齿被钩住而崩断。因此，锯削工件时，截面上至少要有两个以上的锯齿同时参加锯削，才能避免锯齿被钩住而崩断的现象。

（8）丝锥和板牙

1）丝锥

①丝锥是加工内螺纹的工具，如图 2-116 所示，丝锥由工作部分和柄部组成，柄部有方榫，用以夹持。

②丝锥工作部分包括切削部分和校准部分。丝锥切削部分沿轴向开有几条容屑槽，以形成切削部分锋利的切削刃，起主切削作用，一般丝锥的容屑槽为 3～4 个。

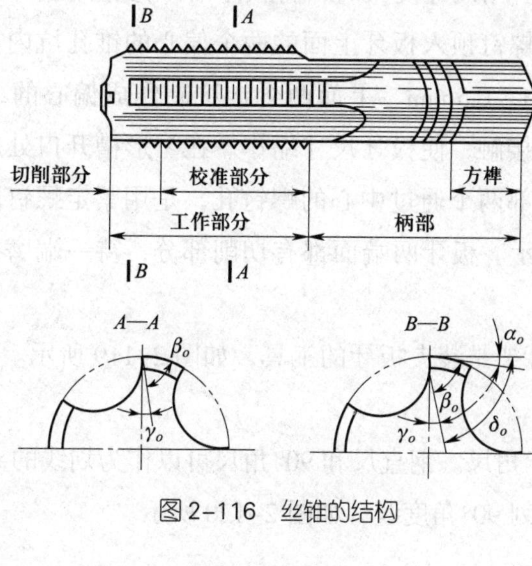

图 2-116 丝锥的结构

丝锥校准部分有完整的牙型，用来修光和校准已切出的螺纹，并引导丝锥沿轴向前进。

丝锥沿轴向开有几条容屑槽排屑，在加工不通孔螺纹时，为使切屑向上排出，应选择右旋容屑槽；在加工通孔螺纹时，为使切屑向下排出，应选择左旋容屑槽，如图 2–117 所示。

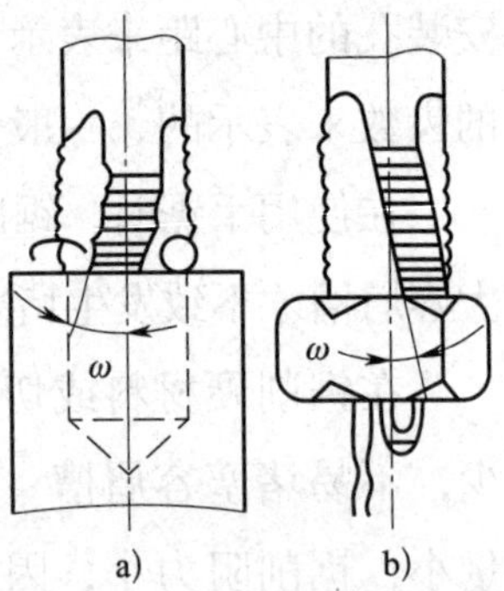

图 2–117　丝锥的容屑槽

a）右旋容屑槽　b）左旋容屑槽

ω—螺旋角

③丝锥的标志。每一种丝锥都有相应的标志，只有明确其所代表的内容，才能正确选择和使用丝锥。

丝锥标志含有以下内容：制造厂商标、螺纹代号、丝锥公差带代号（H4 允许不标）、材料代号（用高速钢制造的丝锥标志为 HSS，用碳素工具钢或合金工具钢制造的丝锥可不标志）、不等径成组丝锥的粗锥代号（第一粗锥 1 条圆环，第二粗锥 2 条圆环，或顺序号Ⅰ、Ⅱ）。

2）板牙

①板牙是加工外螺纹的工具。

②板牙的结构。板牙由切削部分、校准部分和排屑槽组成。切削部分是板牙两端有切削锥角的部分。板牙的中间一段是校准部分，也是套螺纹时的导向部分。板牙本身就像一个圆螺母，在它上面钻有几个排屑孔而形成刀刃并起到排屑作用。

③板牙的调整。板牙的校准部分因磨损会使螺纹尺寸变大而超出公差范围。为延长板牙的使用寿命，M3.5 以上的圆板牙的外圆上都加工一条 V 形槽，起到调节板牙尺寸的作用。当尺寸变大时，将板牙沿 V 形槽用锯片砂轮切割出一条通槽，将铰杠上的两个螺钉顶入板牙上面的两个偏心的锥孔坑内，使圆板牙尺寸缩小，其调节范围为 0.1 ~ 0.5 mm。上面两个锥坑制作成偏心的，是为了使紧定螺钉挤紧时与锥坑单边接触，使板牙尺寸缩小。在 V 形槽开口处旋入螺钉还能使板牙尺寸增大。板牙下部两个通过中心的螺钉孔，是用紧定螺钉固定板牙并传递扭矩的，如图 2–118 所示。板牙两端面都有切削部分，待一端磨损后，可换另一端使用。

3）板牙架。板牙架是装夹板牙的工具，如图 2–119 所示。板牙放入后，用螺钉紧固。

（9）钢直尺、90° 角尺。钢直尺和 90° 角尺可以作为划线的导向工具，90° 角尺还可用来找正工件或划 90° 角度线，如图 2–120 所示。

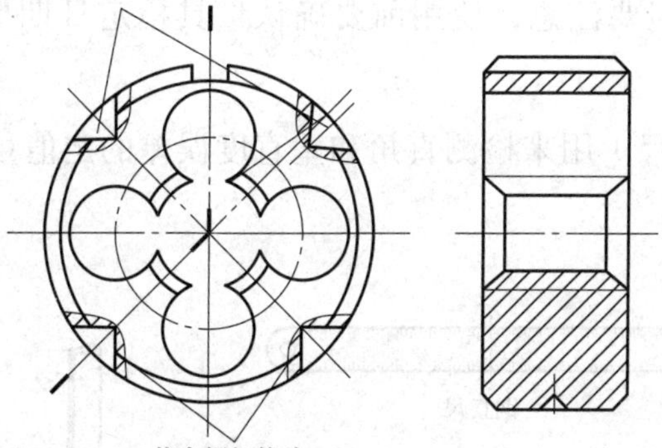

图 2–118　板牙调整锥孔的结构

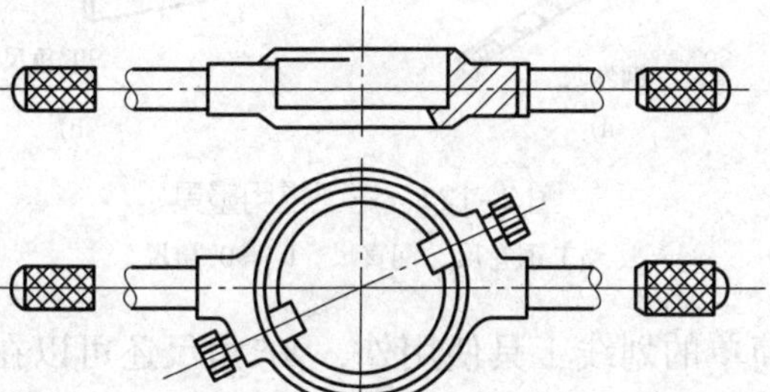

图 2–119　板牙架的结构

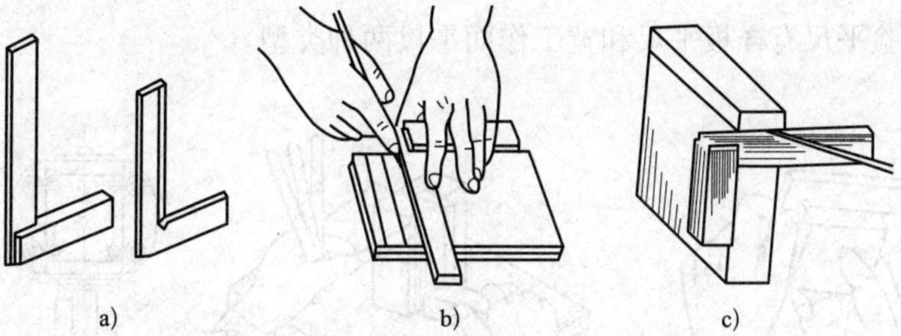

图 2–120　使用 90°角尺划线的方法

a）90°角尺　b）平面划线　c）立面划线

使用角尺时，非导向面要和工件基准面贴紧后再划线。

2. 钳工常用量具

钳工常用量具有钢卷尺、钢直尺、90°角尺、检验平尺、游标卡尺、千分尺、塞尺、角度尺、量块、量规、百分表、水平仪等，游标卡尺、千分尺已在前面章节讲述，这里仅介绍其他量具的使用方法。

（1）钢卷尺、钢直尺、90° 角尺。钢卷尺、钢直尺是长度测量量具，在日常生活中经常使用，但要注意，使用前要确认量具检定日期要在检定周期范围之内。

90° 角尺（直角尺）用来检测直角和垂直度误差的定值量具，如图 2-121b 所示。

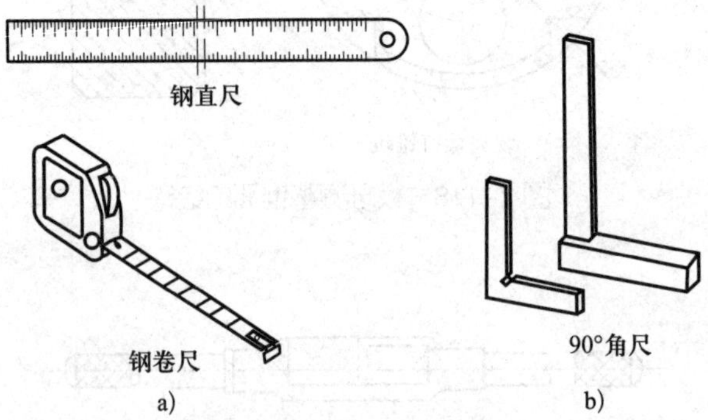

图 2-121　钳工常用量具

a）钢卷尺、钢直尺　b）90° 角尺

除了作为一种简单的划线工具使用外，90° 角尺还可以在划线平板上的垂直位置检验工件两平面的垂直度、单个平面的平面度等，如图 2-122 所示。

（2）检验平尺

1）检验平尺是用来检验工件的直线度和平面度的量具。

2）检验平尺有样板平尺和宽工作面平尺两种类型。

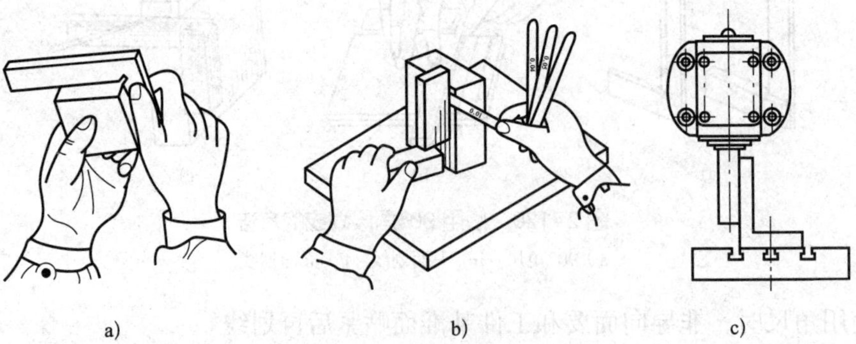

图 2-122　使用 90° 角尺的测量方法

a）检测直角　b）检测垂直度　c）校正基准

样板平尺：按形状不同分为三类，分别为刀口尺（刀型样板平尺）、三棱样板平尺和四棱样板平尺，如图 2-123 所示。

a) b) c)

图 2–123 样板平尺

a）刀口尺 b）三棱样板平尺 c）四棱样板平尺

宽工作面平尺：按形状不同分为三类，分别为矩形平尺、工字形平尺和桥形平尺，如图 2–124 所示。

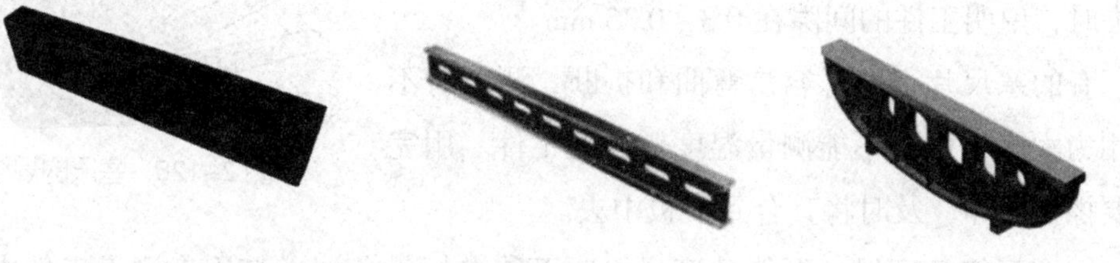

a) b) c)

图 2–124 宽工作面平尺

a）矩形平尺 b）工字形平尺 c）桥形平尺

3）平尺的使用。平尺常用的正确使用方法一共有三种，包括打表法、垫塞法、互检法。

打表法：用带指示的测量装置测量出被测直线相对于平尺的偏离量，进而评定直线度误差值的方法称为打表法。

垫塞法：垫塞法也称为间隙法。它是用平尺作为理想直线测量被测件直线度误差的一种方法。平尺架在被测表面两量块上，用量块或塞尺测出各处被测直线和平尺制件的间隙，得到各点被测面至平尺工作面之间的距离，也就是被测面上各点到两支承点连线的高度值，从而求得直线度误差值。

互检法：当平尺精度不高而不能作为测量基准进行比较测量时，或者采用平尺为测量基准但测量基准的误差影响测量精度时，可采用互检法测量。互检法可称互比法或组合法，这种方法组合测量各种被测件，利用其间关系求得各被测件直线度误差。

使用平尺的注意事项：

①使用前必须将平尺工作面和被测表面擦拭干净，不应有锈蚀、斑痕、鳞片、凹坑、裂缝以及其他缺陷，否则将会直接影响测量的准确度甚至划伤平尺和被

测工件的工作面。

②使用平尺时，应按被测件的不同要求选用不同精度等级的平尺。

（3）塞尺。塞尺又叫厚薄规，是用来检验两个结合面之间间隙大小的片状量规。

塞尺有两个平行的测值平面，其长度制成 50 mm、100 mm 或 200 mm，由若干片叠合在夹板里。厚度为 0.02 ~ 0.1 mm 组的，中间每片相隔 0.01 mm；厚度为 0.1 ~ 1 mm 组的，中间每片相隔 0.05 mm，如图 2–125 所示。

使用塞尺时，根据间隙的大小，可将一片或数片塞尺重叠在一起并插入间隙内。例如，0.3 mm 的塞尺可以插入工件的间隙，而 0.35 mm 的塞尺插不进去时，说明工件的间隙在 0.3 ~ 0.35 mm。

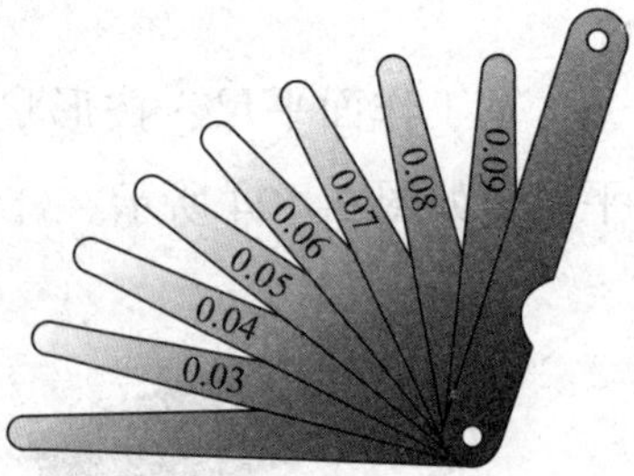

图 2–125　塞尺的规格

有的塞尺片很薄，容易弯曲和折断，测量时不能用力太大，以及不能测量温度较高的工件。用完后要擦拭干净，及时将其合到夹板中去。

（4）万能角度尺。万能角度尺也叫万能游标量角器，是用来测量工件内外角度的量具。

按游标的测量精度分为 2′ 和 5′ 两种，其示值误差分别为 ±2′ 和 ±5′。测量范围是 0 ~ 320°。现在仅介绍测量精度为 2′ 的万能游标量角器的结构、刻线原理和读数方法。

1）万能游标量角器的结构。如图 2–126 所示，万能游标量角器由刻有角度刻线的主标尺和固定在扇形板上的游标尺组成。扇形板可以带动游标尺沿主标尺尺身做回转移动，形成与游标卡尺相似的结构。90° 角尺可将卡块固定在扇形板上，直尺也可以使用卡块固定在直角尺上。

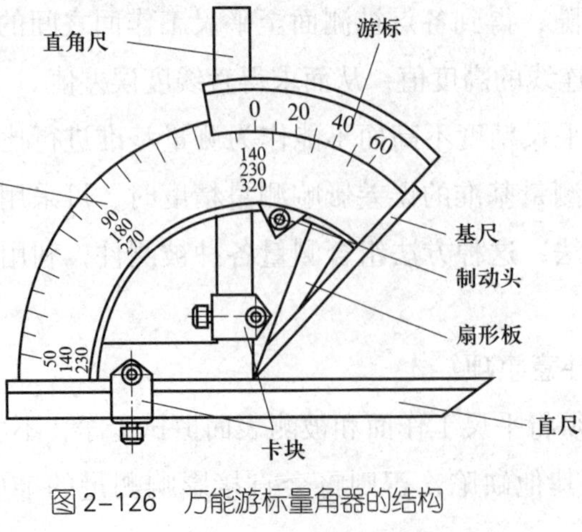

图 2–126　万能游标量角器的结构

2）万能游标量角器的刻线原理及读数方法。尺身刻线每格 1°，游标刻线是将尺身上 29°所占的弧长等分为 30 格，即每格所对应的角度为 29°/30，此游标 1 格与尺身 1 格相差：

$$1° -29°/30=1°/30=2'$$

即万能游标量角器的测量精度为 2′。

万能游标量角器的读数方法和游标卡尺相似，先从主标尺上读出游标零线前的整度数，再判断游标尺上的第几格的刻线与主标尺上的刻线对齐，确定角度“分”的数值，再将两者相加就是被测的角度数值。

3）万能游标量角器的测量范围。由于直尺和 90°角尺可以移动和拆换，因此，万能游标量角器可以测量 0～320°的任何角度，如图 2–127 所示。

4）测量零件的实际角度。工件图样如图 2–128 所示。

如图 2–129 所示为使用万能游标量角器测量上述工件各角度的测量方法。

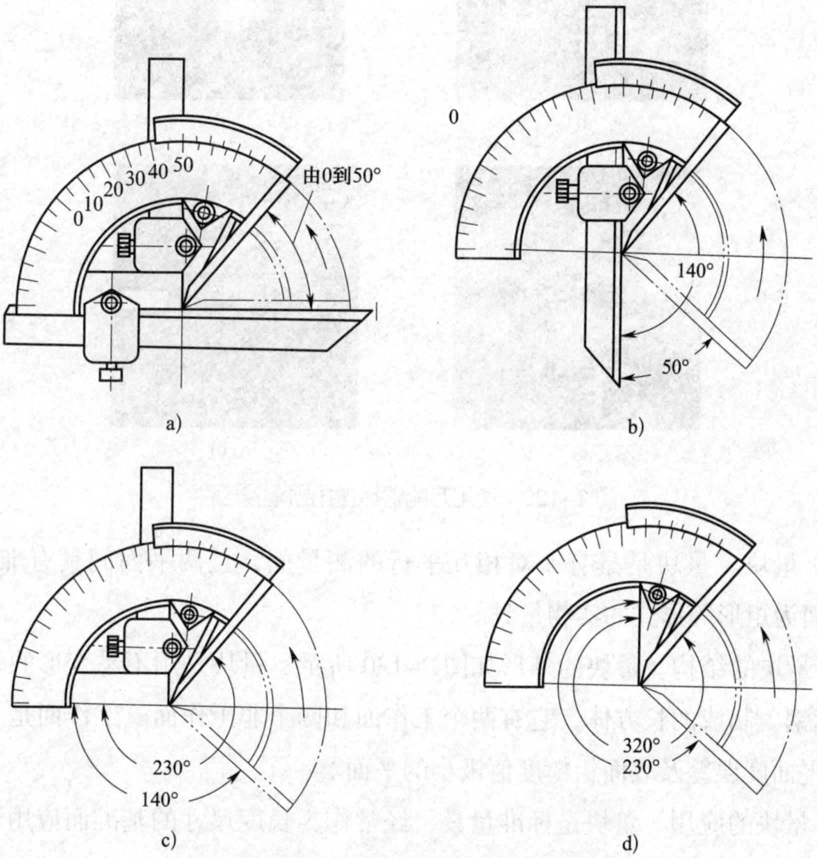

图 2–127　万能游标量角器的测量范围

a）0～50°组合　b）0～140°组合　c）0～230°组合　d）0～320°组合

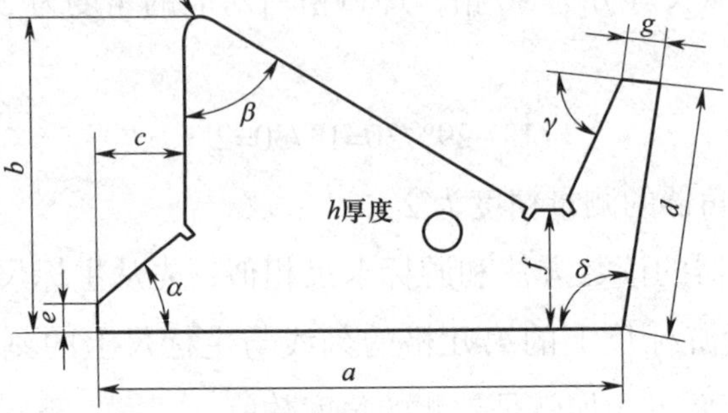

图 2–128　工件

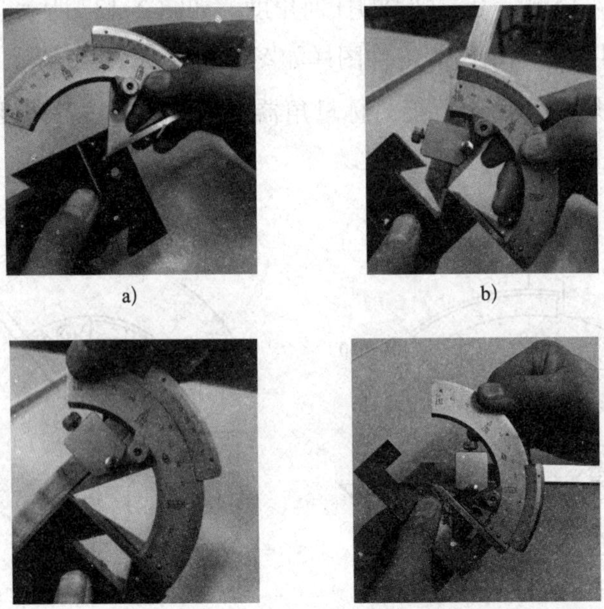

a)　b)　c)　d)

图 2–129　使用万能游标量角器测量工件

（5）量块。量块是具有一对相互平行的测量面，且两平面间具有准确尺寸，其横截面为矩形等形式的实物量具。

1）量块的结构。量块的外形如图 2–130 所示。量块是用不易变形的耐磨材料（如铬锰钢）制成的长方体，它有两个工作面和四个非工作面。工作面是一对相互平行且平面度误差及表面粗糙度值极小的平面。

2）量块的应用。量块是标准量具，经常作为长度尺寸的基准而应用于机械制造业中，它可以用于测量器具和测量仪器的检验校验、精密划线和精密机床的调整，还可用于精度要求较高工件尺寸的测量。

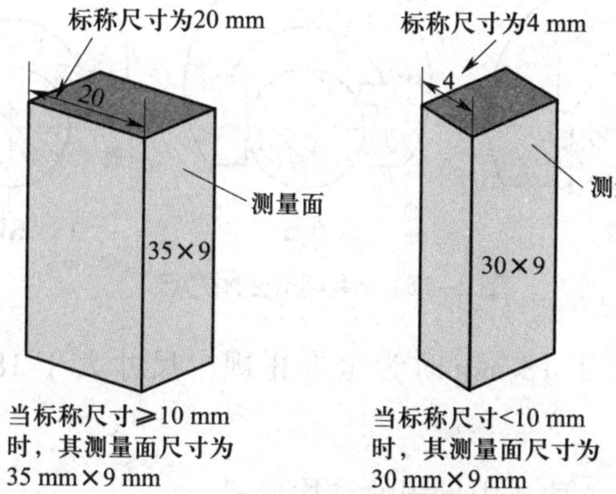

图 2–130　量块

量块一般成套使用，可把不同标准尺寸的量块进行组合得到所需要的尺寸。为了减少累积误差，选用量块时，应尽可能选用最少的块数，一般情况下块数不超过 5 块。具体使用时，应根据所需组合的尺寸，从最后一位数字开始选择，每选一块，应使尺寸数字的位数减少一位，以此类推，直至组合成完整的尺寸。

使用量块的注意事项：

①量块属精密量具，应轻拿轻放，放置量块时只允许非工作表面与桌面接触。

②测量时应注意灰尘和温度对测量精度的影响。

③测量完毕，应及时擦净，涂上凡士林后，放入盒中。

④为了保持量块的精度，一般不允许用量块直接测量工件。

（6）量规。量规是一种没有刻度的专用计量器具。按照测量对象分为光滑极限量规（轴用量规和孔用量规）、直线尺寸量规（高度量规、深度量规）、圆锥量规、综合量规（同轴度量规、位置度量规等）、螺纹量规和花键量规等。

1）轴用量规（卡规）

工作原理：如通规能够通过，表示轴径小于最大极限尺寸。止规不能通过，则表示轴径大于最小极限尺寸。

卡规的使用方法：检验工件时，只有通规能通过工件而止规过不去才表示被检工件合格，否则就不合格，如图 2–131 所示。

2）孔用量规（塞规与止规）。尺寸小于或等于 100 mm 时，通规应为全形塞规。尺寸大于 100 mm 时，通规可为不全形塞规。

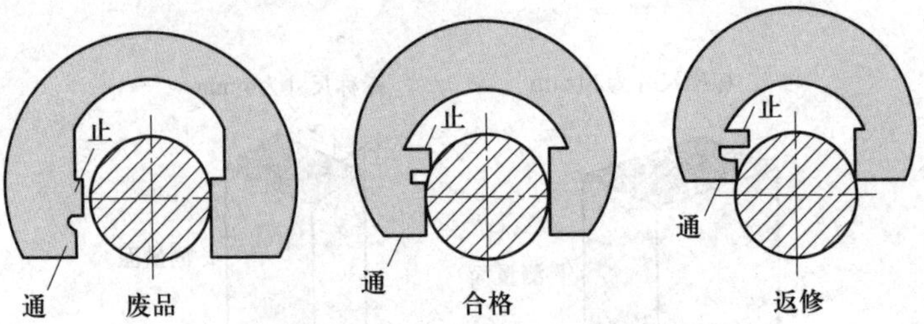

图 2–131　卡规的使用方法

止规类型：尺寸小于 18 mm 时为全形止规，尺寸大于 18 mm 时为不全形止规。

如图 2–132 所示为各种孔用量规的结构形式。

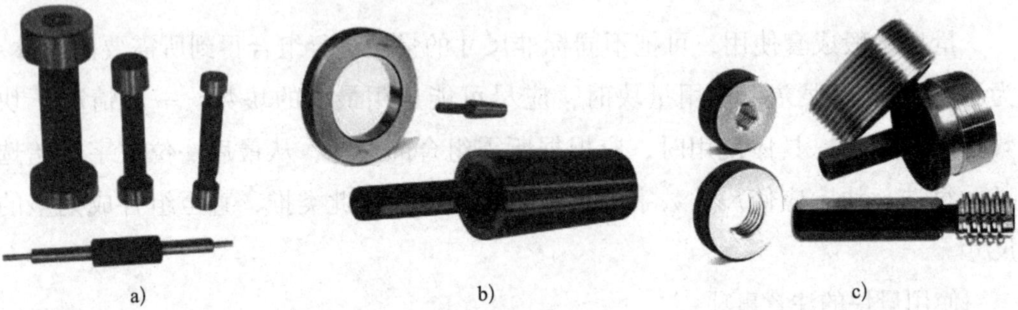

图 2–132　孔用量规
a）普通量规　b）锥度量规　c）螺纹量规

孔用量规的工作原理：如通规能够通过，表示孔径大于最小极限尺寸。止规不能通过，则表示孔径小于最大极限尺寸，如图 2–133 所示。

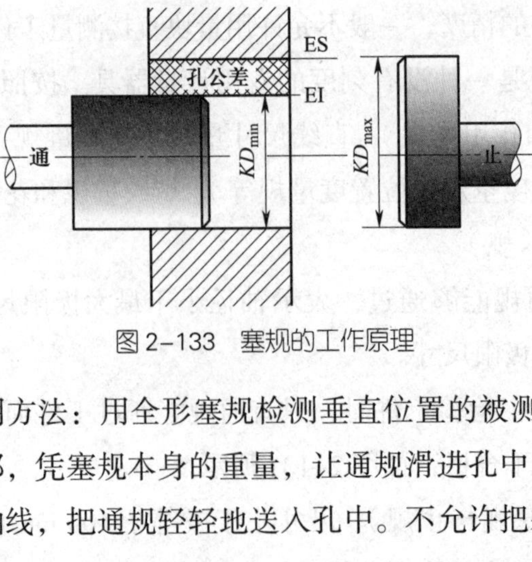

图 2–133　塞规的工作原理

孔用量规的使用方法：用全形塞规检测垂直位置的被测孔，应从上面检验。用手拿住塞规的柄部，凭塞规本身的重量，让通规滑进孔中。对于水平位置的被测孔，要顺着孔的轴线，把通规轻轻地送入孔中。不允许把塞规用力往孔里推或一边旋转一边往里推。

（7）百分表。百分表可用来检验机床精度和测量工件的尺寸、形状和位置误差。百分表的结构如图 2-134 所示。

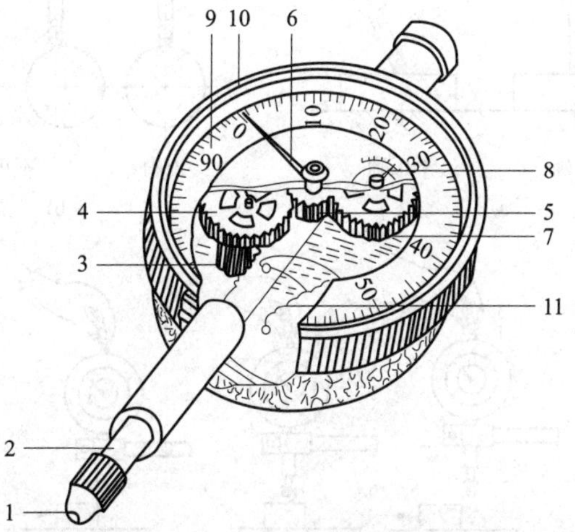

图 2-134　百分表的结构

1—测头　2—齿杆　3—小齿轮 1　4—大齿轮 1　5—小齿轮 2　6—长指针

7—大齿轮 2　8—短指针　9—表盘　10—表圈　11—拉簧

1）百分表的刻线原理。百分表内的齿杆和齿轮的节距是 0.625 mm。当齿杆上升 16 齿时（上升 $0.625\times16=10$ mm），16 齿小齿轮转一周，同时齿数为 100 齿的大齿轮也转一周，就带动齿数为 10 的小齿轮和长指针转 10 周，即齿杆移动 1 mm 时，长指针转一周。由于表盘上共刻 100 格，所以长指针每转一格表示齿杆移动 0.01 mm。

2）百分表的使用方法（见图 2-135）

①测量前应检查百分表、测量头、测量杆等是否有碰伤或锈蚀、松动现象，百分表指针的转动是否平稳等。

②测量时应轻提测量杆，使测头垂直于被测零件表面。测量圆柱面的直径时，测头的中心线要通过被测圆柱面的轴线。

③测量头开始与被测零件表面接触时，活动测头应先压缩 0.3 ~ 1 mm（百分表指针向右旋转 0.3 ~ 1 圈），以保持一定的初始测量力。

④测量时应轻提测量杆，缓慢移动工件至测量头下面或将测量头移至工件表面上，再缓慢放下测头并使其与被测表面接触。不能急速放下测头，否则易造成测量误差。不准将工件强行推入测量头下，以免损坏量仪。

3）内径百分表

①内径百分表结构及测量范围。内径百分表由百分表和专用表架组成，用于测量孔的直径和孔的形状误差，特别适宜于深孔的测量。

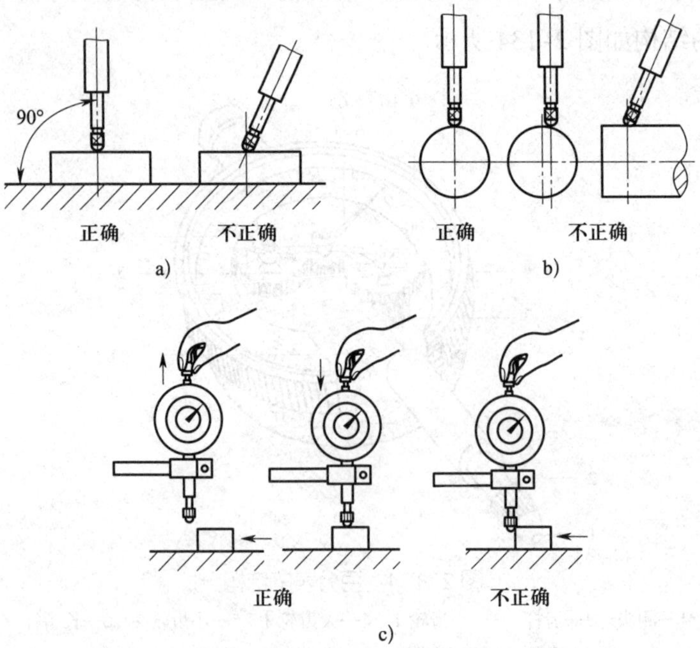

图 2–135　百分表的使用方法

a）测量角度　b）测量位置　c）放置工件

内径百分表的结构如图 2–136 所示。在测量头端部有活动测头 1 和可换测头 2。测量内孔时，孔壁使活动测头 1 向上移动而推动摆杆 8，摆杆 8 使传动杆 5 向右推动百分表触头 7，使百分表指针转动而指出读数。测量完毕时，在复位弹簧 6 的作用下，传动杆 5 回复原位。

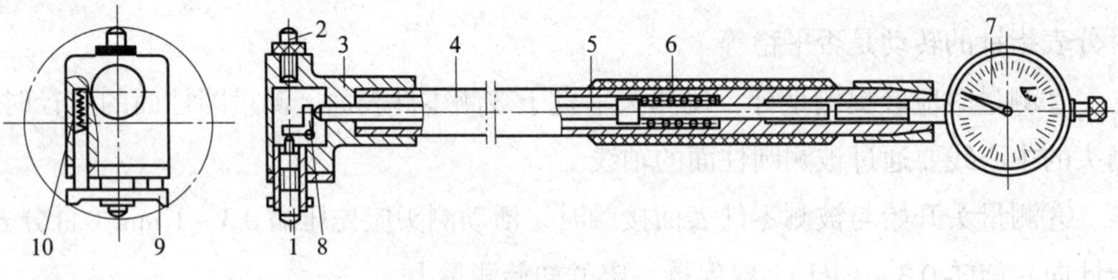

图 2–136　内径百分表的结构

1—活动测头　2—可换测头　3—表架头　4—表架套杆　5—传动杆　6—复位弹簧

7—百分表　8—摆杆　9—定位装置　10—定位弹簧

通过更换可换测头 2，可改变内径百分表的测量范围。内径百分表的测量范围有 6 ~ 10 mm、10 ~ 18 mm、18 ~ 35 mm、35 ~ 50 mm、50 ~ 100 mm、100 ~ 160 mm、160 ~ 250 mm 等。

内径百分表的示值误差较大，一般为 ± 0.015 mm。

②内径百分表的使用方法。用内径百分表测量孔径属于相对测量法。使用内径百分表测量孔径前，首先使用游标卡尺等测量孔径的大概尺寸，作为内径百分表调整的标准尺寸。根据测得标准尺寸，选择合适的可换测头和调整垫圈，再使用千分尺或其他量具将内径百分表调整至标准尺寸，对零后才能使用。使用内径百分表测量时，先将活动测头压入孔的内壁被测位置，再将可换测头一端放入孔内，在测量头的轴线所在平面内轻微摆动表架套杆，百分表会随之摆动。百分表顺时针方向离开“0”位，表示孔径小于标准尺寸；表针逆时针方向离开“0”位，表示孔径增大。

在摆动过程中读取最小读数，即为孔径的实际偏差。

（8）水平仪。水平仪是一种用来测量被测平面相对水平面微小角度的精密量仪，主要用来测量平面对水平面或竖直面的位置偏差，是机械设备安装、调试和精度检验的常用量仪之一。生产中常用的水平仪有电子式水平仪和水准式水平仪。

水准式水平仪有条式水平仪、方框式水平仪和合像式水平仪三种，如图 2-137 所示。条式水平仪使用简单，精度较低。

a)

b)

c)

图 2-137 水准式水平仪

a）条式水平仪 b）方框式水平仪 c）合像式水平仪

1）电子式水平仪。电子式水平仪可以直接通过指针或数显屏读数，使用简单，如图 2-138 所示。电子式水平仪按照设备制作原理分为电感式和电容式等两种。

①电子式水平仪测量原理。它们的工作原理的区别为：电感式水平仪的原理是利用内部摆锤在倾斜时引起感应线圈电压变化的原理，将电压变化转换为倾斜角度的指示或显示。电容式水平仪的原理是将一个圆形摆锤悬挂在细线上，并受地心重力保持垂直的原理，将摆锤两侧与基座上的电极形成的两个电容器的电容差转换为倾斜角度的指示或显示。

图 2-138 电子式水平仪

②电子式水平仪结构。电子式水平仪具有一个基座测量面，测量被测面相对水平面的微小倾角。其中，以指针式指示装置指示测量值的仪器称为指针式电子水平仪，以数显式指示装置指示测量值的仪器称为数显式电子水平仪。

2）方框式水平仪

①方框式水平仪的结构。方框式水平仪如图 2–139 所示。方框式水平仪的上下及两侧面均为工作面，其中底部和一个侧面开有 V 形槽，其作用是用来测量圆形工件或置于工艺圆棒上进行测量。

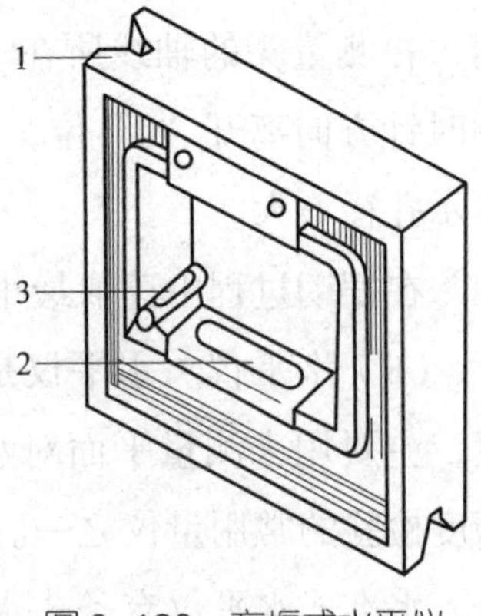

图 2–139　方框式水平仪
1—框架　2—水准器　3—调整水准器

水准器是一个封闭的玻璃管，管内装有酒精或乙醚，并留有一定长度的气泡。玻璃管内表面制成一定曲率半径的圆弧面，外表面刻有与曲率半径相对的刻线。水准器内的液面始终保持在水平位置，气泡总是停留在玻璃管内最高处。因此，当水平仪倾斜一个角度时，气泡将相对于刻线移动一段距离。

②方框式水平仪的精度与刻线原理。方框式水平仪的精度是以气泡偏移一格时，被测平面在 1 m 长度内的高度差来表示的。如水平仪偏移一格，平面在 1 m 长度内的高度差为 0.02 mm，则水平仪的精度就是 0.02/1 000。

③方框式水平仪的读数方法。使用水平仪时，要清理水平仪的工作面和工件表面。测量水平面时，同一个位置，应将水平仪调整至相反方向再进行测量。移动水平仪时，水平仪工作面与工件表面不得发生摩擦。

绝对读数法：水准器气泡在中间位置时读作 0。以零线为基准，气泡向任意一端偏离零线的格数，就是实际偏差的格数。一般将偏离起端向上的格数作为“+”，而把偏离起端向下的格数作为“–”。在测量中，习惯把气泡向右移动作为“+”，向左移动作为“–”。如图 2–140 所示，读数为 +3 格。

平均值读数法：当水准器的气泡静止时，读出气泡两端各自偏离零线的格数，然后将两格数相加除以 2，取其平均值作为读数。如图 2–140 所示，气泡右端偏离零线为 +3 格，气泡左端偏离零线为 +2 格，平均值读数为 +2.5 格，即右端比左端高 2.5 格。平均值读数方法不受环境温度的影响，读数值

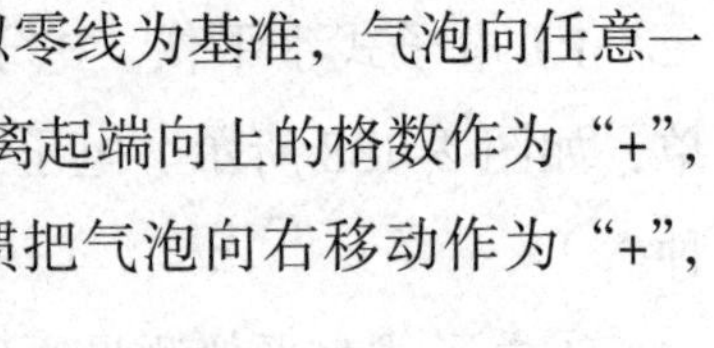

图 2–140　方框式水平仪的绝对读数方法

准确，精度高。

3）合像式水平仪。当被测工件平面度误差较大或因工件倾斜度较大且难以调整时，使用方框式水平仪会因水准器气泡偏移到极限位置而无法测量，而合像式水平仪水平位置可以重新调整，因此，能比较方便地进行测量。合像式水平仪比方框式水平仪有更高的测量精度，并能直接读出测量结果。

合像式水平仪的结构及工作原理如图 2–141 所示。

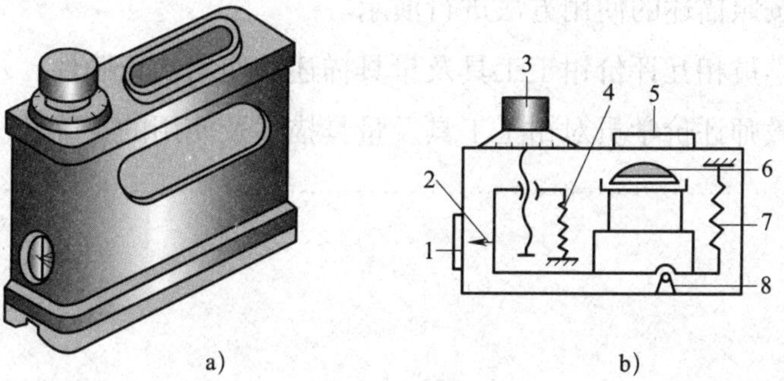

图 2–141　合像式水平仪

a）外形示意图　b）工作原理示意图

1—指针观察窗口　2—指针　3—调节旋钮　4、7—弹簧

5—目镜　6—水准器　8—杠杆

合像式水平仪的水准器安装在水平仪内带有杠杆的特制底板上，其水平位置可用旋钮通过丝杆、螺母调整获得。水准器内气泡两端圆弧分别由三个不同方位的棱镜反射至窗口里的圆形镜框内，并分成 A、B 两半成像。测量时，若水平仪底面不在水平位置，两端有高度差时，如图 2–141b 所示在目镜中气泡 A、B 的像就不重合。这时应转动调节旋钮进行调节，使水准器处于水平位置。此时，在目镜中气泡 A、B 的像就会重合，从窗口处读出高度差的毫米数和在旋钮处读出刻线的百分之毫米数（每格代表在 1 m 长度内差 0.01 mm），将两个数值相加，即可得到在 1 m 长度内高度差的实际数值。

例如，在窗口内的读数为 0 mm，旋钮刻线为 17 格，高度差就是 $0+0.01\times17=0.17$ mm，即在 1 m 长度内测量面两端高度差为 0.17 mm。

操作技能

描述钳工工具及量具的使用方法并演示。

一、操作准备

办公桌、椅子若干，纸张、签字笔、铅笔、橡皮若干，钳工工具及量具若干。

二、操作步骤

1. 准备办公用具、钳工工具及量具若干。

2. 描述钳工工具及量具的使用方法并进行演示。

步骤一：在纸张上书写钳工工具及量具（3 种以上）的使用方法。

步骤二：按照描述的使用方法进行演示。

步骤三：学员相互评价钳工工具及量具描述及使用的正确性。

步骤四：教师评价学员对钳工工具及量具描述及使用的正确性。

职业模块 3 起重机基础知识

培训课程 1 起重机结构

学习单元 1 认知起重机

一、起重机分类

起重机是指在一定范围内垂直提升和水平搬运重物的多动作起重机械，属于物料搬运机械。

按结构形式，起重机主要分为轻小型起重设备、桥架式（桥式、门式）起重设备、臂架式（自行式、塔式、门座式、铁路式、浮船式、桅杆式）起重设备、缆索式起重设备。

按起重性质，起重机主要分为流动式起重机、塔式起重机、桅杆式起重机。流动式起重机一般可分为汽车起重机（汽车吊）、轮胎起重机（轮胎吊）、越野轮胎起重机、全地面起重机、履带起重机（履带吊）、正面吊运起重机等。

1. 汽车起重机

汽车起重机是在经过改装的通用或专用汽车底盘上安装用于起重作业部分的专用车辆，车桥多数采用弹性悬挂，如图 3-1 所示，具有载重汽车的行驶性能。

汽车起重机在行驶状态时和起重作业状态时分别使用不同的驾驶室。它具有行驶速度快、机动性强的特点，适用于长距离迅速转换作业场地。汽车起重机不能吊载行驶，且车身长，转弯半径大，因此，通过性能较差。

汽车起重机主要在亚洲、非洲等地区使用，我国起重机主要以汽车起重机为主。

2. 越野轮胎起重机

越野轮胎起重机是指起重作业部分安装在特制的轮胎式底盘上的起重机，车桥为刚性悬挂，具有较强的越野性能，轮胎支撑吊载，具备吊重行驶功能，上下车采用同一个驾驶室，如图 3–2 所示。越野轮胎起重机行驶速度比汽车起重机慢。但它的越野能力强，可全轮转向，具有良好的通过性，还可以在 360° 的范围内进行全周作业，作业适应性大，特别适用于狭窄作业场所的作业。

图 3–1　汽车起重机

图 3–2　越野轮胎起重机

由于受城市环境和地方交通法规的影响，其发展受到限制，在日本主要使用轮胎起重机。随着技术的进步，轮胎起重机的发展速度也得到了提升，目前在欧洲市场得到了越来越广泛的应用。

3. 全地面起重机

全地面起重机是指起重作业部分安装在特制的底盘上，悬挂为油气控制，具有高度可调性，具有汽车起重机和越野轮胎起重机的主要功能的起重机，如图 3–3 所示。它综合了汽车起重机高速行驶和越野轮胎起重机吊重行走及高通过性的特点，特

图 3–3　全地面起重机

别能适应高原、油田、半沙漠等复杂地形地区的使用。由于该机种科技含量更高、价格偏高，其生产场地及使用地主要集中在较发达的欧洲市场，近年来国内用户在大吨位级别上逐步接受了这种产品。

4. 正面吊运起重机

正面吊运起重机是指起重机作业部分安装在特制的铰接式底盘上的起重机，如图 3–4 所示。作业时不用支腿，依靠轮胎支撑；转向由转向油缸和转向器控制，可绕车架前后段铰点在左右 40° 范围内转向；操纵系统及按钮开关等均布置在驾驶室内，驾驶室集成了驾驶和起重作业操纵功能。该车具有带载行驶、带载伸缩的功能。适用于厂矿、企业内部的设备吊运、安装与维修，并可用于港口、仓库等场所的重物起吊与货物转运。该类产品在大洋洲的岛屿国家及印度广泛使用，具有稳定的客户群。

5. 履带起重机

履带起重机是以履带及其支承驱动装置为运行部分的流动式起重机，如图 3–5 所示。与前两种起重机比较，除行走部分用履带代替轮胎外，其余各机构的工作原理基本相同。履带接地面积大，其又能在松软的路面上行走，因此履带起重机具有地面附着力大、爬坡能力强、转弯半径小（甚至可在原地转弯）、作业时不需要支腿支承、可以吊载行驶等特点。

图 3–4 正面吊运起重机

图 3–5 履带起重机

二、起重机结构形式

流动式起重机中汽车起重机使用最为广泛，下面以汽车起重机为例介绍起重机结构形式。

汽车起重机结构组成及主要部件如图 3–6 所示。

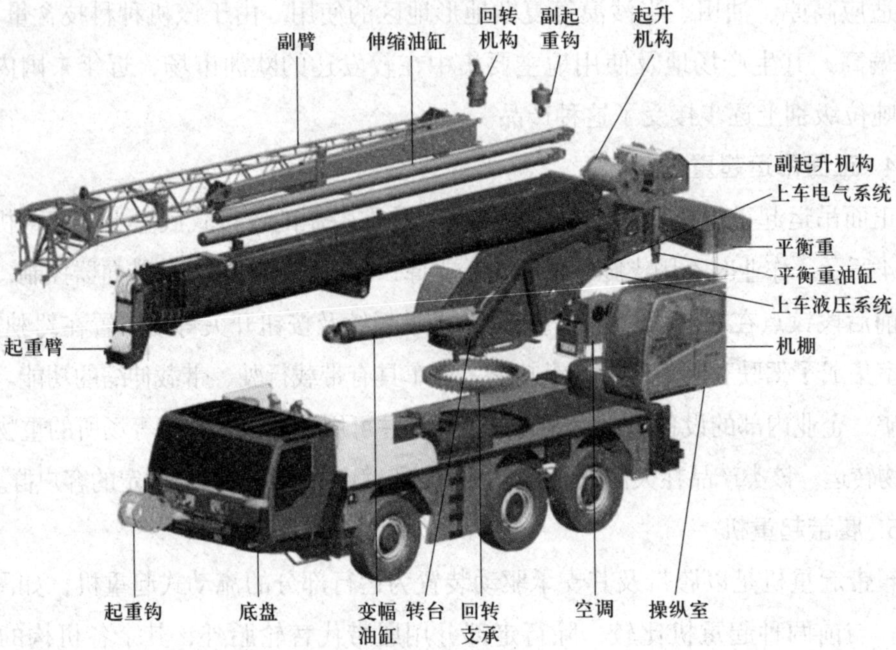

图 3–6　起重机结构

1. 起重臂

起重臂是起重机起重作业时的主要承力部件之一，采用多节箱形臂伸缩结构。起重臂通过伸缩油缸的作用实现伸缩，达到不同臂长，如图 3–7 所示。

2. 转台

转台是起重机的三大主要承载结构之一，主要承受起重臂、变幅机构、起升机构、配重等起重机上车所有载荷，如图 3–8 所示。转台连接起重臂与车架，起到上车回转作用，并且为液压元件、电气元件、油箱、卷扬、回转减速机、配重等部件提供安装空间。

3. 桁架臂

桁架臂主体为无缝钢管组成的桁架式结构，其中中小吨位起重机副臂还包括用钢板焊接的箱形变截面结构，如图 3–9 所示。桁架臂使用时安装在起重臂头部，增加臂架长度，扩大臂架系统作业范围，主要有力传递性好、结构抗弯抗扭能力强、自重轻、风阻小、臂架组合形式多样等优点。

4. 平衡重

起重机性能随臂长和幅度变化衰减很快。平衡重主要靠自重提供整机力矩，从而提升整机起重性能。平衡重形式如图 3–10 所示，分为组合式和固定式两种。

图 3-7　起重臂作业状态

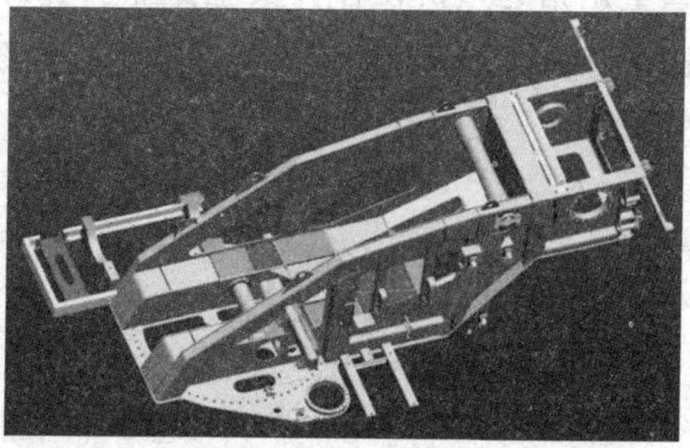

图 3-8　转台部件

a）　　　b）

图 3-9　桁架臂部件

a）箱形变截面结构桁架臂　b）无缝钢管组成的桁架臂

a）　　　b）

图 3-10　平衡重结构形式

a）组合式平衡重　b）固定式平衡重

三、起重机主要技术参数

1. 汽车起重机主要技术参数

（1）起重量 Q。起重量是起重机起吊重物的质量，以额定起重量表示。额定起重量是指起重机在各种安全作业所容许的起吊重物的最大起重量，包括吊具、吊钩、臂头到吊钩间的钢丝绳的质量，如图 3–11 所示。

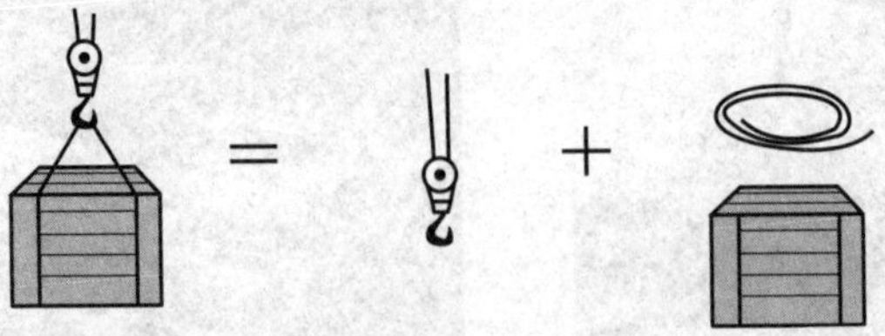

图 3–11　最大起重量

（2）幅度 R。幅度是起重机回转中心线至吊钩中心线的距离，也称工作幅度。

（3）起升高度 H。起升高度是支承面到吊钩钩口中心的距离，如图 3–12 所示。

（4）起重力矩 M。起重力矩是起重机的工作幅度与此幅度下相应的起重量载荷的乘积。

$$M=R\times Q$$

（5）起重机工作区域。回转中心和四个支承点的连线将起重机划分为后方、侧方、前方，如图 3–13 所示。

（6）支腿跨距。支腿跨距是两支脚盘间的距离。起重机工作区域划分如图 3–13 所示。

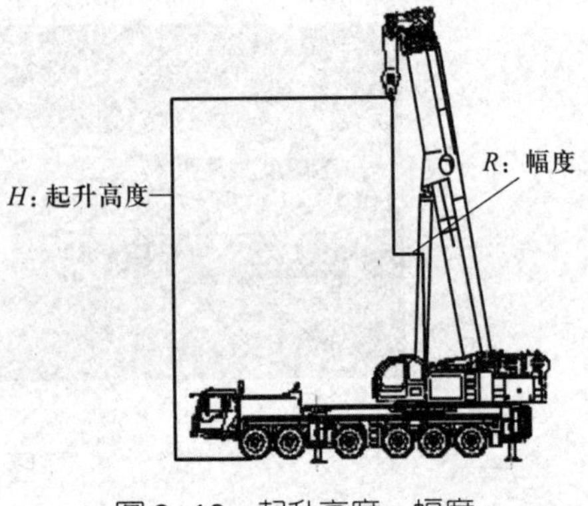

图 3–12　起升高度、幅度

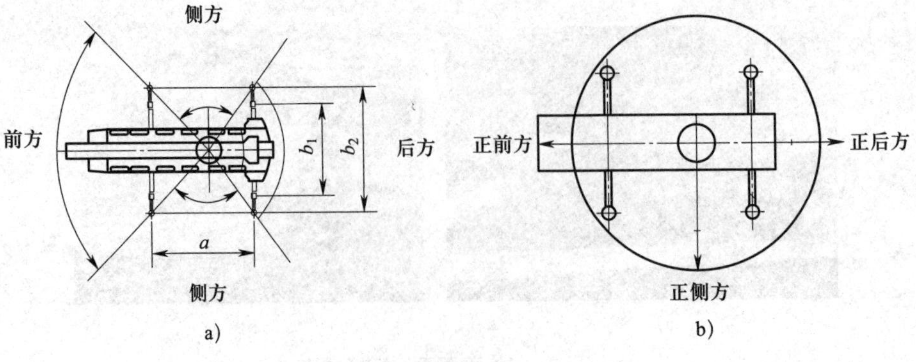

图 3–13　起重机工作区域划分

a）起重机区域方位　b）起重机 360° 工作区域

a—支腿纵向跨距　b_1—半伸支腿横向跨距　b_2—全伸支腿横向跨距

（7）主臂长度 L 和主臂仰角 α 如图 3–14 所示。

主臂长度 L：主臂后铰点到主臂臂头滑轮中心的距离。

主臂仰角 α：车辆水平线与吊臂中心线之间的夹角。

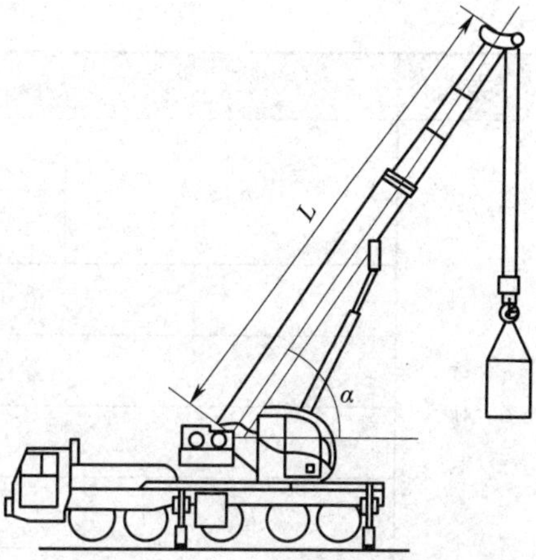

图 3–14　起重机臂长及仰角

2. 汽车起重机不同状态的主要技术参数

汽车起重机主要技术参数分为行驶状态和起重作业状态。

（1）行驶状态主要技术参数见表 3–1。

表 3–1　行驶状态主要技术参数表

类别	项目		单位
尺寸参数	整机全长		mm
	整机全宽		mm
	整机全高		mm
	轴距	第一、第二	mm
		第二、第三	mm
		第三、第四	mm
		第四、第五	mm
		第五、第六	mm
	轮距		mm
重量参数	行驶状态整机自重		kg
	轴荷	一轴 / 二轴	kg
		三轴	kg
		四轴 / 五轴	kg
		六轴	kg
	下车发动机	型号	—
		额定功率	kW
		额定扭矩	N · m
		额定转速	r/min

续表

类别	项目		单位
行驶参数	行驶速度	最高行驶速度	km/h
		最低稳定行驶速度	km/h
	最小转弯直径		m
	最小离地间隙		mm
	接近角		°
	离去角		°
	制动距离（车速为 30 km/h）		m
	最大爬坡度		%
	百千米油耗		L

（2）起重作业状态主要技术参数见表 3–2。

表 3–2　起重作业状态主要技术参数表

类别	项目		单位
主要性能参数	最大额定总起重量		t
	最小额定工作幅度		m
	转台尾部回转半径（平衡重）		mm
	最大起重力矩	基本臂	kN · m
		最长主臂	kN · m
	支腿距离	纵向	m
		横向	m
	起升高度	基本臂	m
		最长主臂	m
		最长主臂 + 副臂	m
	起重臂长度	基本臂	m
		最长主臂	m
		最长主臂 + 副臂	m
	副臂安装角		°

续表

类别	项目			单位
工作速度参数	起重臂变幅时间	起臂		s
	起重臂伸缩时间	全伸		s
		全缩		s
	最大回转速度			r/min
	支腿伸缩时间	水平支腿	同时伸	s
			同时缩	s
		垂直支腿	同时伸	s
			同时缩	s
	起升速度（单绳、第四层）	主起升机构	空载	m/min
		副起升机构	空载	m/min
	机外辐射			dB（A）
	司机位置处			dB（A）

学习单元 2　认知起重机动力系统

一、动力系统组成及功能

汽车起重机底盘动力传动系统主要配置如图 3-15 所示。

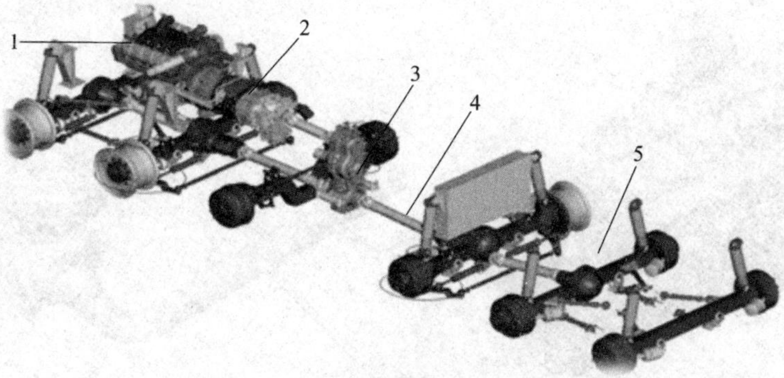

图 3-15　汽车起重机底盘动力传动系统

1—发动机　2—变速箱　3—分动箱　4—传动轴　5—车桥

（1）目前均采用高功率电喷发动机，带有排气制动和压缩制动两种辅助制动功能，满足国家最高排放要求。

（2）手动 / 自动操纵变速箱，具有多个前进挡和 2 个倒挡，带有缓速制动功能，可以与分动箱配合使用，既可满足低速（3 km/h）行驶和爬坡（最大爬坡度 43%）性能要求，又可满足高速（80 km/h）行驶工况。

（3）采用重型车辆分动箱，具有高低两挡、差速功能。

（4）采用端面齿大扭矩传动轴。

（5）专用重型转向驱动车桥。

二、动力系统关键零部件功能

1. 发动机

（1）发动机多采用直列 6 缸增压中冷多点电子喷射电控柴油发动机，如图 3–16 所示。

（2）国内 / 国际品牌发动机的动力强劲、可靠性高，生产企业一般具有一流的生产、制造水平，服务网络遍及各地，售后服务及时。

（3）主要功能

1）为整车提供强有力的动力，满足车辆的行驶要求；

2）带后取力装置，为整车液压系统提供动力。

2. 空气滤清器

（1）空气滤清器系统一般由防雨帽、空气滤清器、压差传感器组成，如图 3–17 所示。空气滤清器外壳及防雨帽均为工程塑料压铸而成，抗冲击，重量轻。

图 3–16　发动机总成

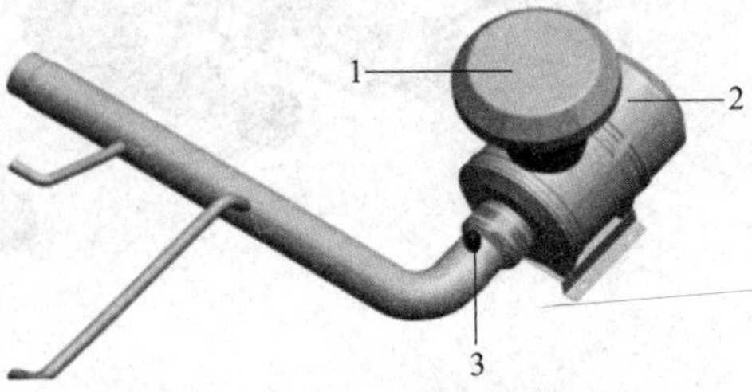

图 3–17　空气滤清器系统组成

1—防雨帽　2—空气滤清器　3—压差传感器

（2）空气滤清器多采用双级空气滤清器，带主滤芯和安全滤芯，全寿命过滤效率≥ 99.9%。

（3）主要功能是过滤空气中的颗粒物和杂质，有效满足发动机的进气需求。

3. 散热器

（1）散热系统主要由膨胀水箱、中冷器、散热器组成，如图 3–18 所示。

（2）散热器一般采用铝制材料、板片式结构。总成为复合冷却器，将水冷、中冷、变速箱冷却做成一体（串联式）。

（3）主要功能。降低涡轮增压后的进气温度、降低冷却水温度、降低变速箱油温。

在整个动力系统中，共有以下几部分介质需要散热：增压空气、发动机冷却水、变速箱及缓速器用油。其中：增压空气及发动机冷却水直接用散热片进行散热；变速箱及缓速器用油采用热交换器进行散热，此热交换器的进、出水口分别接到发动机的旁通出水口、旁通回水口上并保证水流方向与油流方向相反，以达到散热的目的。

4. 消音器

（1）排气系统由消音器管、消音器、消音器罩组成，如图 3–19 所示。

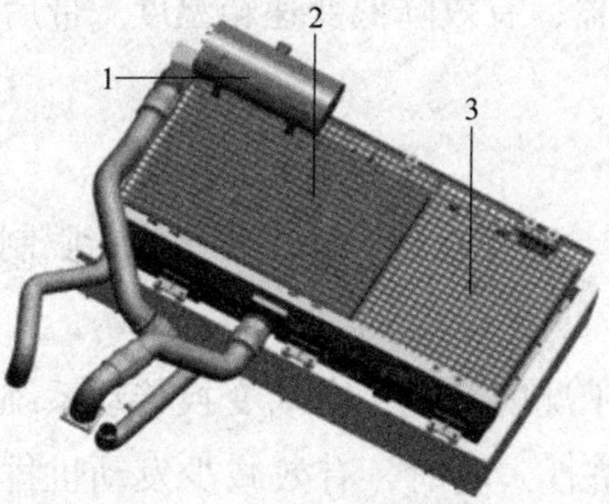

图 3–18　散热系统组成

1—膨胀水箱　2—中冷器　3—散热器

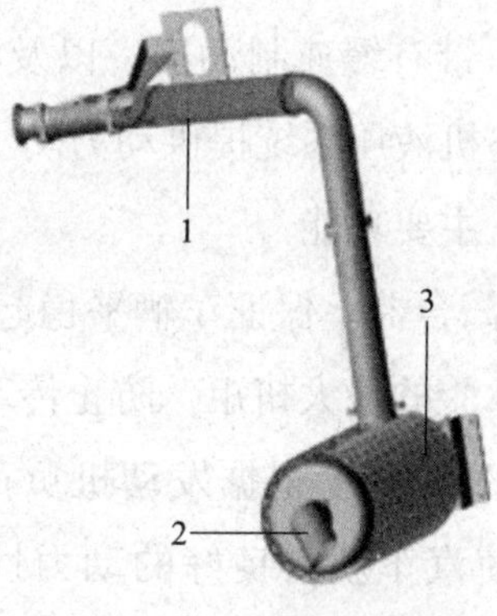

图 3–19　排气系统组成

1—消音器管　2—消音器　3—消音器罩

（2）为了美观，消音器一般采用不锈钢制作，耐腐蚀，经久耐用。

（3）主要功能。处理从发动机排出的废气，有效降低废气温度，同时降低发动机的噪声。

5. 变速箱（带离合器）

（1）变速系统一般由离合器、变速箱、后取力器、热交换器组成，如图 3–20

所示。变速箱一般分为两种，一种是机械式手动变速箱，一般由多个前进挡、2个倒退挡组成；另一种是自动变速箱，可手动或自动换挡。自动变速箱能够实现无级变速。

图 3-20　变速箱系统组成

1—离合器　2—变速箱　3—后取力器　4—热交换器

（2）带离合器的变速箱换挡轻便、安全、燃油经济性好；承载扭矩大，速比范围宽，能够最大限度提高整车行驶的舒适性和安全性，并为整车提供足够的爬坡能力；带有缓速制动器，以及集成热交换器，有效降低变速箱温度。带后取力器，为整机液压系统提供动力。

（3）主要功能

1）离合器。保证车辆平稳起步；保证传动系统换挡时的工作平顺；限制传动系统所承受的最大扭矩，防止传动系统过载。

2）变速箱。根据发动机负荷和车速等工况的变化，自动变换传动系统的传动比，使汽车获得良好的动力性和燃油经济性，同时，有效减少发动机排放污染。

6. 传动轴

（1）传动轴系统一般由多级组成，如图 3-21 所示为某公司全地面起重机的传动轴系统，采用了端面齿接盘式，更加安全可靠、拆装方便。

（2）所有传动轴内外花键均采用尼龙涂敷技术，提高可靠性及使用寿命，优化传动轴布置，保证传动平稳、可靠。

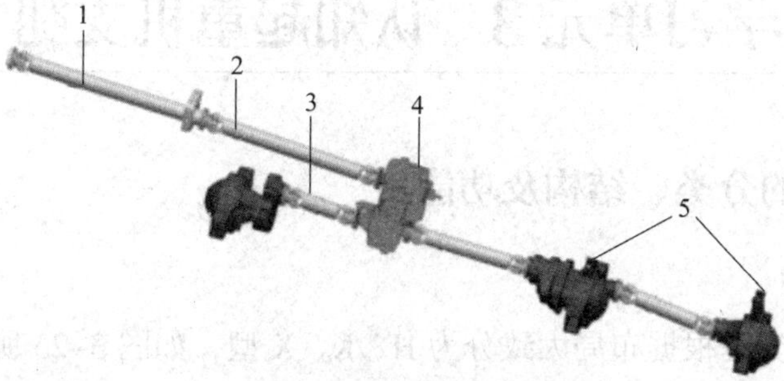

图 3–21 传动轴系统组成

1—第一传动轴 2—第二传动轴 3—第三传动轴

4—分动箱 5—车桥

（3）主要功能。将变速箱上的扭矩传递至分动箱和驱动桥，并保证整个传动系统的平顺性。

7. 分动箱

（1）分动箱组成如图 3–22 所示，一般都带有高低挡输出，并带有差速锁气缸，以及独立散热器。

（2）汽车起重机专用分动箱，能够传递大输入扭矩，具有高轴降、差速功能。

图 3–22 分动箱结构

1—前输出端 2—输入端 3—分动箱散热器 4—后输出端

（3）主要功能。可以将变速箱输出的动力通过传动轴分配到各个驱动桥，同时分动箱有高低两个挡，兼起副变速箱的作用。

学习单元 3　认知起重机支腿

一、支腿的分类、结构及功能

1. 支腿分类

汽车起重机支腿根据布局大致分为 H、K、X 型，如图 3–23 所示。

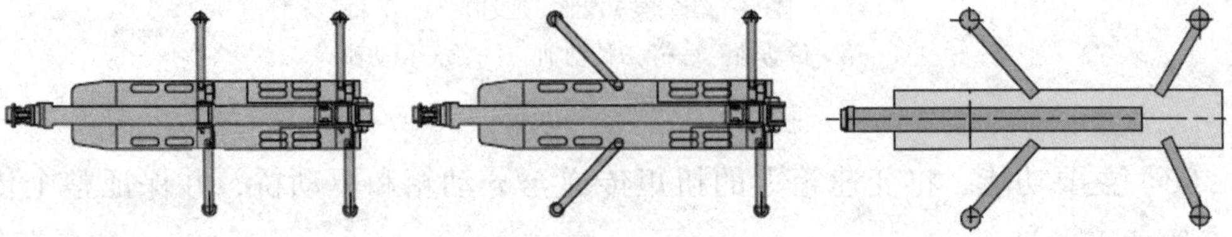

a）　　　　b）　　　　c）

图 3–23　起重机支腿布局

a）H 型支腿　b）K 型支腿　c）X 型支腿

2. 支腿的结构型式及功能

（1）H 型活动支腿结构型式及功能。H 型活动支腿结构如图 3–24 所示。大吨位汽车起重机活动支腿（一般 80 t 及以上）主要由Ⅰ级活动支腿、Ⅱ级活动支腿、垂直油缸、水平油缸、支脚盘、支腿定位销、绳排等部分组成。H 型活动支腿在起重机起重作业时外伸，承受整车重量和吊重物重量，保证起重作业时整车的稳定性。H 型活动支腿一般分为全伸和半伸两种状态。绳排和水平油缸的作用是保证Ⅰ级和Ⅱ级活动支腿的水平伸缩。垂直油缸和支脚盘在起重作业状态下具有支撑作用，Ⅰ级和Ⅱ级活动支腿在起重作业状态下具有很好的抗弯、抗扭能力。支腿定位销分别固定Ⅰ级和Ⅱ级活动支腿和固定支腿，防止它们之间的相对滑动。中小吨位汽车起重机只有Ⅰ级活动支腿，其利用水平油缸实现伸缩功能。

（2）K 型活动支腿结构型式及功能。K 型支腿结构是一种新型的支腿结构，它采用了 K 型的布置方式，如图 3–25 所示，使得前后支腿的跨距都很大，提高了起重机的稳定性和工作范围。它的后活动支腿由两个水平油缸控制，前活动支腿由一个水平缸和一个摆缸控制，实现了支腿的伸缩和摆动功能，增加了支腿的灵活性和适应性。它的前大活动支腿的铰点处采用了半封闭形式，上下插销缸都安装在支腿结构上，保证了支腿的稳定性和可靠性，也方便了维修和更换。K 型支腿结构适用于中、大型轮式起重机。

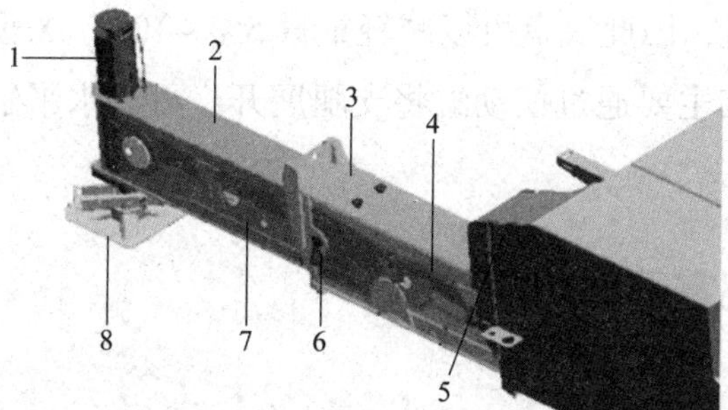

图 3-24　H 型活动支腿结构

1—垂直油缸　2—Ⅱ级活动支腿　3—Ⅰ级活动支腿　4—水平油缸
5—固定支腿　6—支腿定位销　7—绳排　8—支脚盘

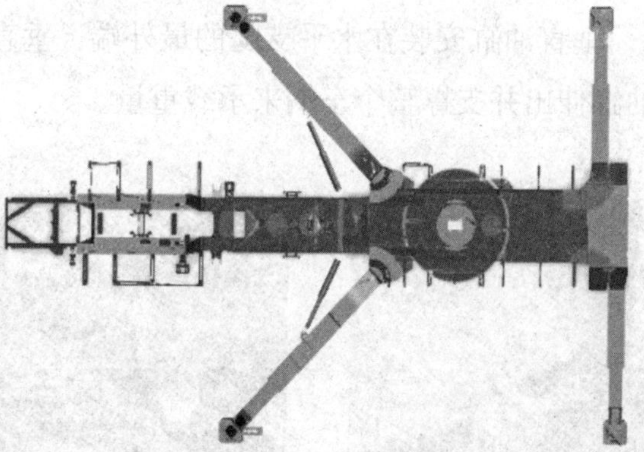

图 3-25　K 型活动支腿结构

（3）X 型活动支腿结构型式及功能。X 型活动支腿结构如图 3-26 所示。X 型活动支腿直接安装在回转支承装置的底座上，起重机上车所受的全部载荷直接经

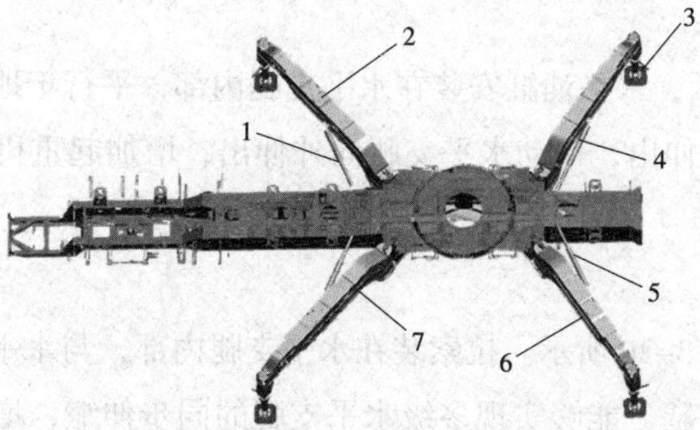

图 3-26　X 型活动支腿结构

1—前摆动油缸　2—右前活动支腿　3—支脚盘　4—右后活动支腿
5—后摆动油缸　6—左后活动支腿　7—左前活动支腿

过回转支承传递到支腿上。这种结构可以避免由于支腿反力过大，从而要求车架加大断面、增加自重，因此底盘可以减轻重量 5%～10%。X 型活动支腿一般用于大型轮式起重机，其主要通过摆动缸将支腿展开，再将水平缸延伸，并使用垂直缸将起重机支撑起来。

二、支腿关键零部件功能

1. 支脚盘

支脚盘如图 3–27 所示。支脚盘安装在垂直油缸的底部，是起重机作业时与地面接触的装置。为了保证起重机作业时的安全性及对地面的保护，需要提供能够承载足够的压力来保证起重机的工作需要。

2. 垂直油缸

如图 3–28 所示，垂直油缸安装在水平支腿的最外端，垂直于地面。在起重机起重作业时，垂直油缸伸出并支撑整个车辆来承载重量。

图 3–27　支脚盘结构

图 3–28　垂直油缸结构

3. 水平油缸

如图 3–29 所示，水平油缸安装在水平支腿内部，平行于地面。在起重机起重作业时，水平油缸伸出，带动水平支腿向外伸出，增加起重机作业时的跨距，提高起重机的稳定性。

4. 拉索

拉索结构如图 3–30 所示。拉索装在水平支腿内部，与水平油缸配合使用。拉索用于延伸水平支腿，能够实现多级水平支腿的同步伸缩，增加起重机作业时的跨距，提高起重机稳定性。

a）

b）

图 3–29　水平油缸

a）水平油缸安装位置　b）水平油缸存放

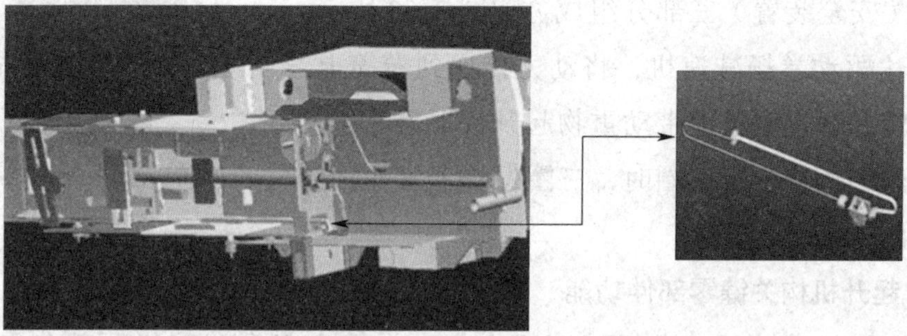

图 3–30　拉索结构

5. 液压双向锁

液压双向锁一般安装在垂直缸上方或侧面，如图 3-31 所示，为某公司产品普遍采用的两种安装位置。双向锁与垂直缸连接，在起重作业状态时，保障起重机不会因为垂直支腿油缸突然失去控制，出现“软腿”现象而造成事故。起重机在行驶或停放时，控制垂直支腿油缸不会向外自动伸出，避免垂直支腿油缸自然下落。

a）

b）

图 3–31　液压双向锁位置

a）安装在垂直缸上方　b）安装在垂直缸侧面

学习单元 4　认知起重机工作装置

一、起升机构认知

1. 起升机构组成及功能

起升机构分为主起升机构、副起升机构。其中，主起升机构适用于主臂工况，副起升机构适用于副臂工况。起升机构由卷扬减速机、液压马达和三圈保护器（安全装置）三部分组成，如图 3–32 所示。液压马达驱动卷扬减速机，将动力传递到卷筒上，卷筒旋转并通过钢丝绳带动重物起升或下落。当卷筒上钢丝绳缠绕少于三圈时，三圈保护器工作，使卷筒停止转动。

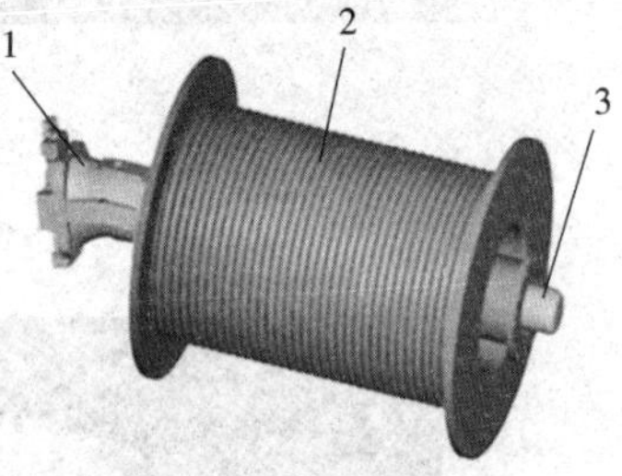

图 3–32　起升机构组成

1—液压马达　2—卷扬减速机　3—三圈保护器

2. 起升机构关键零部件功能

（1）卷扬减速机。卷扬减速机由起升卷筒和起升减速机两部分组成，如图 3–33 所示。减速机为二级行星齿轮减速机构，减速机输出轴通过螺栓连接卷筒，输入轴端安装有多片湿式制动器，制动器处于常闭状态。当压力油进入制动器时，制动器打开，卷扬减速机可以正常工作。

减速机中所有支承用高承载能力的滚动轴承，卷筒端部设置加油、放油口以及油位观察孔，如图 3–34 所示，实现卷筒内部轴承润滑。

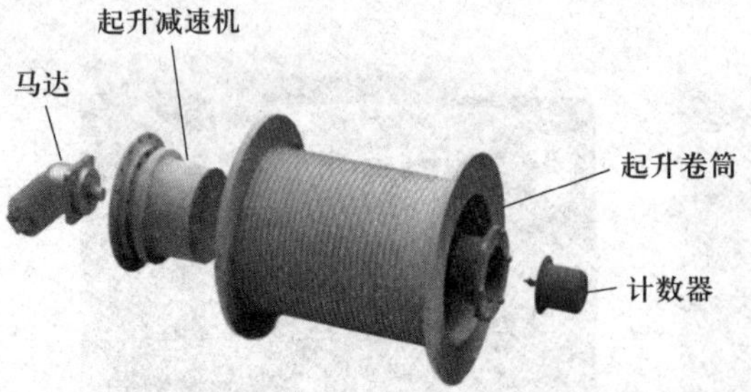

图 3–33　卷扬减速机组成

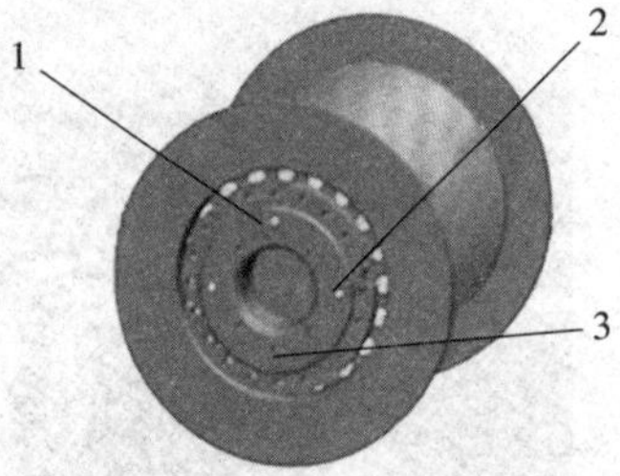

图 3–34　起升机构润滑

1—加油螺塞　2—油位螺塞　3—放油螺塞

（2）液压马达。液压马达是产生连续旋转运动的执行元件，液压马达主要应用在起升机构、回转机构、超起等位置，如图 3–35 所示。常用马达分为轴向柱塞定量马达和轴向柱塞变量马达，起升机构使用的是轴向柱塞变量马达，回转机构使用的是轴向柱塞定量马达。

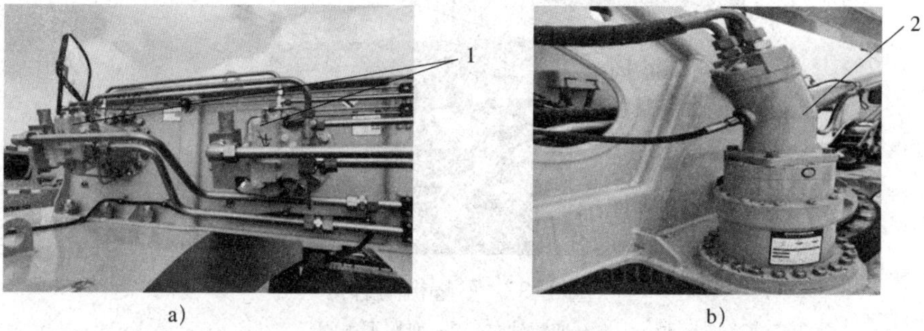

图 3-35　液压马达的应用

a）起升机构起升马达　b）回转机构回转马达

1—起升马达　2—回转马达

（3）三圈保护器（安全装置）。三圈保护器安装位置如图 3-36 所示，主要起到安全保护作用，防止卷扬钢丝绳过放。当卷扬钢丝绳剩下三圈时，触发电位计，系统报警的同时停止卷扬下落的动作。

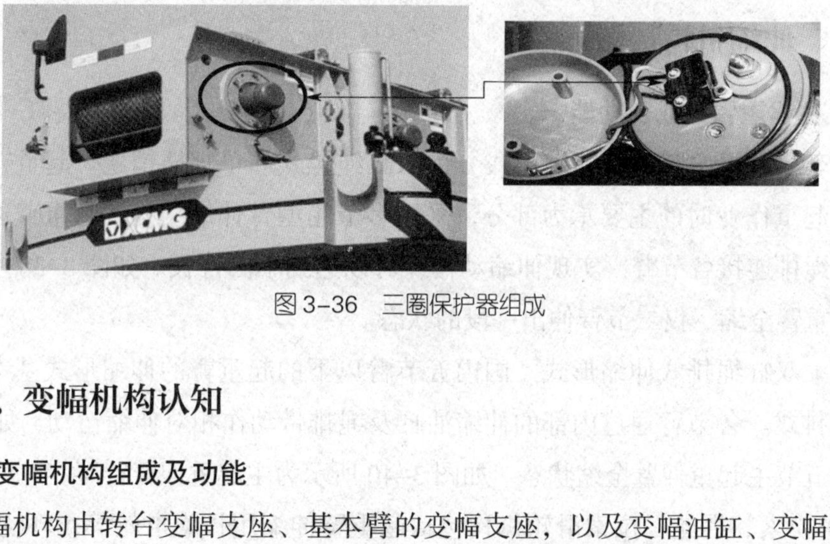

图 3-36　三圈保护器组成

二、变幅机构认知

1. 变幅机构组成及功能

变幅机构由转台变幅支座、基本臂的变幅支座，以及变幅油缸、变幅平衡阀等组成，如图 3-37 所示。变幅油缸尾部同转台变幅支座连接，头部同基本臂的变幅支座连接，通过变幅油缸的伸缩来实现起重臂仰角的变化，从而改变起重作业幅度和高度。

2. 变幅机构关键零部件功能

（1）变幅油缸。变幅油缸是变幅机构中的主体，通过变幅油缸的伸缩改变起重作业幅度大小。

图 3–37　变幅机构组成

1—变幅油缸　2—变幅平衡阀

（2）变幅平衡阀

1）节流限速。在伸缩油缸收缩过程中，此时负载力方向与伸缩油缸运动方向相同，平衡阀控制油缸的运动速度，不会出现重物失速下滑的现象，保证伸缩油缸平稳下降运行。

2）平衡阀零泄漏。在伸缩油缸起重作业过程中，保障变幅油缸不能回缩。

三、伸缩机构认知

1. 主起重臂组成及功能

汽车起重机主起重臂伸缩形式分为双缸绳排式和单缸插销式。起重臂是汽车起重机起重作业时的主要承力部分，采用多节箱型臂伸缩结构。起重臂通过伸缩油缸或绳排连接各节臂，实现伸缩动作，可以达到不同臂长。如图 3–38 所示，分别为起重臂全缩、仅二节臂伸出一段的状态。

（1）双缸绳排式伸缩形式。国内五节臂以下的起重臂的伸缩形式基本采用油缸加绳排式。各节臂通过内部的伸缩油缸及绳排带动作相对伸缩运动。如图 3–39 所示为五节主起重伸臂全缩状态。如图 3–40 所示为主起重伸臂臂尾。

1）拉索、滑轮。拉索滑轮机构包括起重臂伸缩用拉索滑轮等，环绕着拉索，完成伸缩动作。

2）拉索、绳排。起重臂伸缩起重作业主要承力部分即各节臂之间的力通过拉索、绳排传递。

3）臂尾滑块、调整垫片。臂尾滑块、调整垫片与臂头滑块功能相近，调整垫片用于调整臂与臂之间的间隙。滑块用于伸臂伸缩导向。

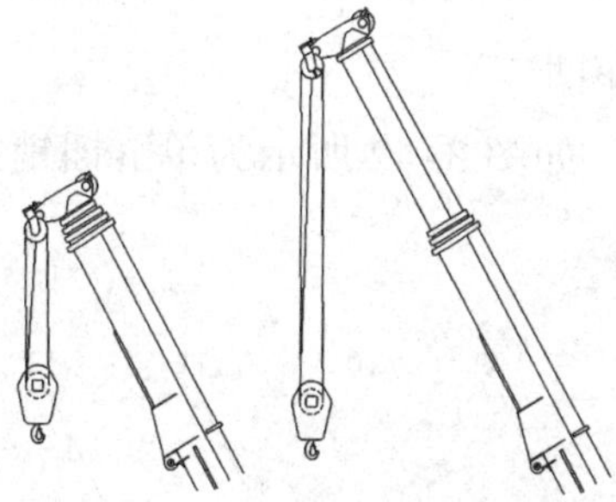

图 3–38　主起重伸臂不同状态

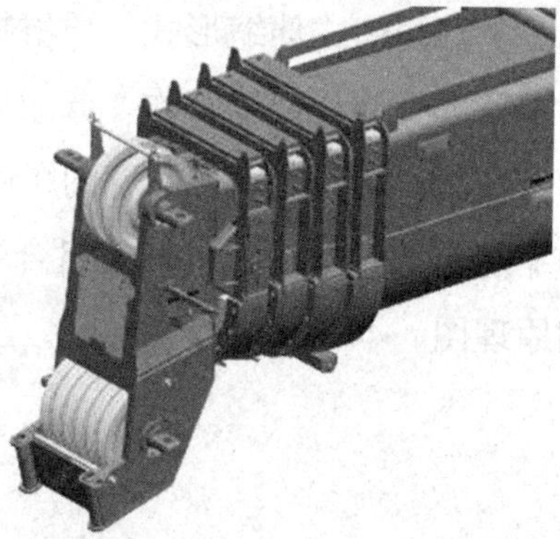

图 3–39　五节主起重伸臂全缩状态

图 3–40　主起重伸臂臂尾

1—调整垫片　2—臂尾上滑块　3—拉索、绳排　4—二节臂尾　5—滑轮

4）双缸绳排式伸缩原理。双缸绳排式起重臂的伸缩通过伸缩油缸及粗、细拉索配合，实现起重臂的外伸与回缩动作。起重臂内部有两个伸缩油缸，即一级伸缩油缸和二级伸缩油缸。一级伸缩油缸负责二节臂伸缩动作，二级伸缩油缸配合钢丝绳排负责三四五节臂伸缩动作，相对伸缩速度相同。即三四五节臂整体为同步伸缩，二节臂与三四五节臂两部分相对为顺序伸缩方式。伸缩起重臂时要按一定顺序进行伸缩。如图 3–41 所示为带有两级伸缩油缸的起重臂伸缩原理图。

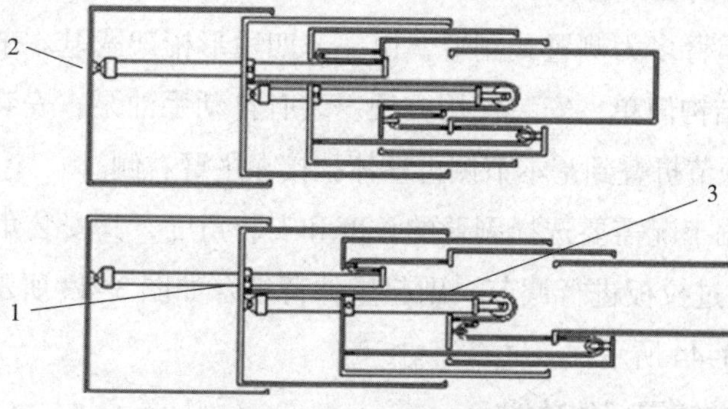

图 3–41　起重臂伸缩原理图

1— 一节臂及一级伸缩油缸　2—二节臂及二级伸缩油缸　3—滑轮及拉索

（2）单缸插销式伸缩形式。单缸插销式起重臂的伸缩通过伸缩油缸往复伸缩，实现起重臂的外伸与回缩动作。起重臂内部只有一个伸缩油缸，通过机械、电气、液压配合控制，从而实现各节臂的顺序伸出及缩回。

伸缩起重臂时要按一定臂长组合进行伸缩。如图 3–42 所示为单缸插销式起重臂伸缩原理图。

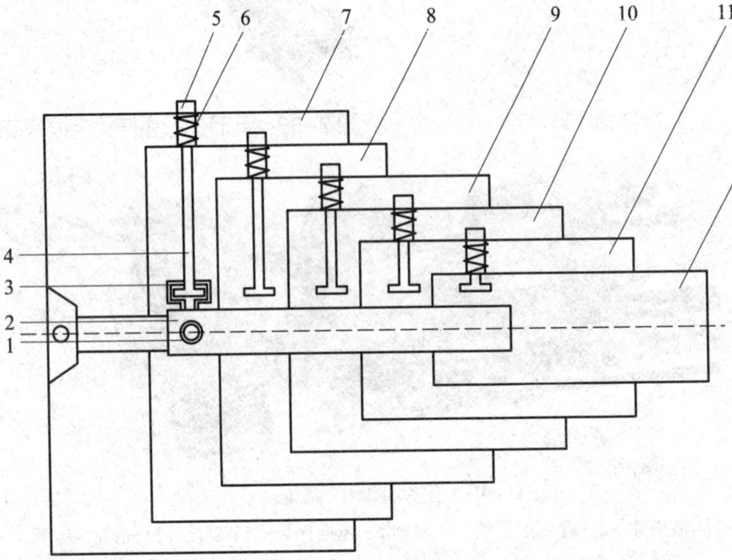

图3–42　单缸插销式起重臂伸缩原理图

1—缸销　2—液压缸　3—燕尾槽　4—臂销螺栓　5—臂销　6—回位弹簧　7—基本臂
8—二节臂　9—三节臂　10—四节臂　11—五节臂　12—六节臂

2. 副起重臂组成及功能

副起重臂是轮式起重机的三大结构件之一，相比主臂的尺寸和自重较小，使用时安装在主臂臂头，可以增加臂长，从而增加起重机整机的起升高度。副起重臂主要用于大起升高度作业的工况。

常见的副起重臂多为侧置式副臂，由一节四边形桁架式基本节、一节四边形箱形顶节组成，结构简单，安装使用方便。装有自动手油泵，安装使用方便。行驶状态下，箱形顶节折叠到基本节侧再整体挂接在主臂右侧。

使用时，根据工况需要选择副臂的长度和安装角度，其安装角度有 0°、15°、30°，安装角度通过拉板进行调节。副起重伸臂组合如图 3–43 所示，副起重臂安装角示意图如图 3–44 所示。

3. 伸缩机构关键零部件功能

（1）伸缩油缸。如图 3–45 所示，通过油缸的伸缩运动，带动起重臂的伸出或缩回。

图 3-43 副起重伸臂组合示意图

a）

b）

c）

图 3-44 副起重臂安装角示意图

a）安装角 0° b）安装角 15° c）安装角 30°

（2）伸缩拉索。将拉索绕过伸缩油缸头部滑轮，固定在需要伸缩的起重臂尾部，如图 3-46 所示，通过油缸带动拉索，实现起重臂同步伸出。

图 3-45 伸缩拉索与伸缩油缸安装角示意图

图 3-46 伸缩拉索与吊臂安装示意图

（3）回收拉索。将回收拉索绕过其中一节起重臂尾部滑轮，同时将回收拉索绕过最内节起重臂尾部滑轮，同时将其固定在最外节起重臂尾部，通过油缸带动拉索，实现起重臂同步回收。

四、回转机构认知

1. 回转机构组成及功能

回转机构是起重机上车实现回转动作的驱动装置。回转机构安装在转台上，如图 3–47 所示，由回转减速机、液压马达、回转支承三部分组成。

由回转马达带动回转减速机运转，回转减速机端部安装齿轮，通过回转减速机输出齿轮与回转支承外齿圈啮合，带动转台及起重臂实现回转运动，并通过回转缓冲阀在回转时控制（锁住）回转速度，防止转台发生自由滑转现象。

2. 回转机构关键零部件功能

（1）回转减速机。回转减速机采用行星齿轮式减速机构，这种减速机的特点是结构紧凑，便于安装与维修，在轮式起重机上广泛使用，如图 3–48 所示。

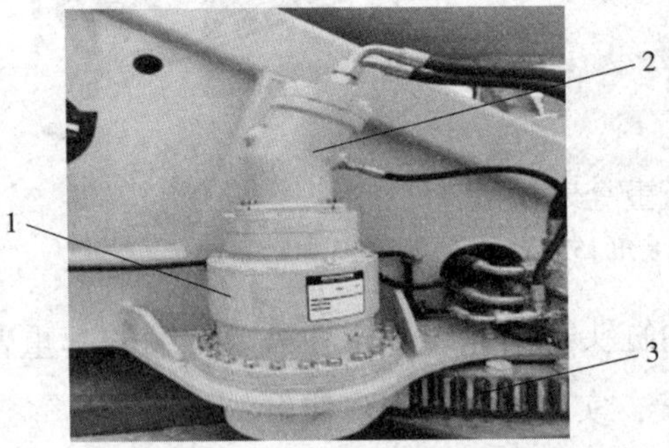

图 3–47　回转机构安装位置示意图

1—回转减速机　2—液压马达　3—回转支承

图 3–48　回转减速机

1—制动装置　2—减速装置　3—执行装置

回转减速机由制动装置（内置制动器）、减速装置（行星减速器）、执行装置（输出齿轮）三部分组成。

高速液压马达的扭矩传递到回转减速机的输入轴上，驱动 3 级行星减速机，经过回转减速机三级行星齿轮传动后，由回转减速机输出齿轮输出，输出齿轮与固定在车架上的回转支承外齿圈啮合，从而带动起重机上车实现回转运动。

1）制动装置。如图 3-49 所示，回转机构制动器为多片湿式制动器，制动器处于常闭状态，当压力油进入制动器时，制动器处于打开状态，机构可以自由滑转。

图 3-49 回转机构制动器

2）减速装置。减速装置为三级行星齿轮传动机构。

3）执行装置（输出齿轮）。回转减速机的输出齿轮是回转减速机的执行装置，与回转支承外齿轮啮合，带动转台结构回转。

（2）液压马达。如图 3-50 所示为液压马达与回转减速机，回转液压马达一般采用定量马达。它是回转机构的动力源，它将经回转缓冲阀调节的压力油转换成扭矩，并传递给回转减速机，实现液压能向机械能的转换。

图 3-50 液压马达与回转减速机

1—液压马达 2—回转减速机

（3）回转支承。回转支承结构一般为三排滚柱式，如图 3-51 所示。回转支承内圈与转台连接，外齿圈与车架连接，在内外圈之间装有滚柱，能同时承受轴向力、径向力和倾翻力矩。回转支承是上下车连接处的支承装置，能够承受上车回转部分及载荷的重量、作用力矩。啮合方式包括内啮合、外啮合两种方式。

a）

b）

图 3-51　回转支承

a）回转支承安装位置　b）回转支承

学习单元 5　认知起重机液压系统

一、液压控制系统组成与功能

起重机液压控制系统按照在起重机上的位置和作用的不同可分为底盘液压控制系统和起重部分液压控制系统。

1. 底盘液压控制系统的组成及功能

底盘液压控制系统主要由高压油泵、支腿操作系统、液压油箱、中心回转接头及液压附件等组成。

起重机底盘液压控制系统主要为起重机底盘支腿系统供给压力油源，完成支腿支撑作用，同时为上车其他执行机构等提供驱动液压能。

（1）高压油泵。液压泵是起重机液压系统的动力源元件，它将机械能转换为液压能，并输送到起重机工作装置等，以实现起重机的正常作业。

一般来讲，国内 50 吨以下汽车起重机的液压系统采用的液压泵为外啮合齿轮式液压泵（齿轮泵），并将多个齿轮泵组合在一起进行工作，也称为多联齿轮泵，如图 3-52a 所示。

60 ~ 70 吨汽车起重机主泵采用的是柱塞式变量油泵，它以调整斜盘角度来改变油泵的排量。它与其他齿轮油泵组成多联油泵，如图 3-52b 所示。

高压油泵从变速箱取力器取力，通过传动轴连接实现动力输入，高压油泵从油箱吸进低压油，输出高压油，其中一联齿轮泵供下车多路阀控制支腿操纵和上车回转，其他齿轮泵通过中心回转体，把高压油输送至上车，实现上车变幅、伸缩、起升、回转和先导控制等功能。

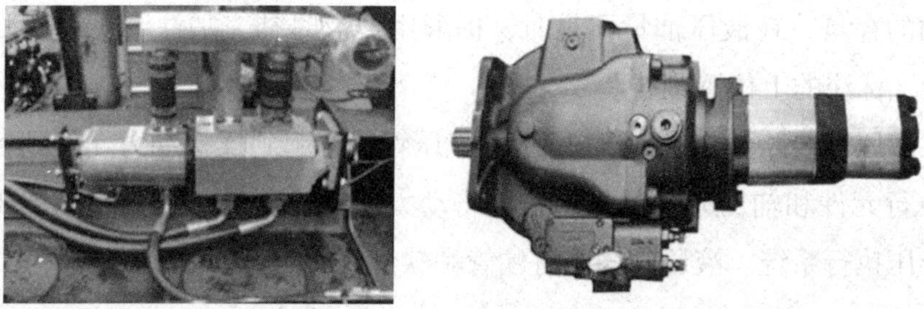

a)　　　　　　　　b)

图 3–52　高压油泵组

a）四联齿轮泵　b）柱塞式多联油泵

（2）支腿操作系统

1）组成：支腿操作系统由下车多路阀、水平支腿液压缸、垂直支腿液压缸和液压双向锁等主要部件组成，控制水平支腿液压缸和垂直支腿液压缸的伸出和回缩。

2）功用：支腿操作系统主要控制水平和垂直支腿伸缩动作。起重作业前，伸出水平支腿和垂直支腿，加大支承面跨距并支平起重机呈作业状态，增加起重机的稳定性。在垂直支腿油缸伸出和回缩后，锁住垂直支腿油缸内的液压油，使其保持住一定的压力值，防止垂直油缸在作业状态时自动回缩和在行驶状态时自动向外伸出。

（3）液压油箱。如图 3–53 所示，液压油箱是起重机用来储存液压系统工作介质（液压油）的容器。液压油箱同液压系统的进、回油管路连接，并在进、回油管路上安装液压油滤清器（滤芯），过滤液压油，保持液压系统内工作介质的清洁度。

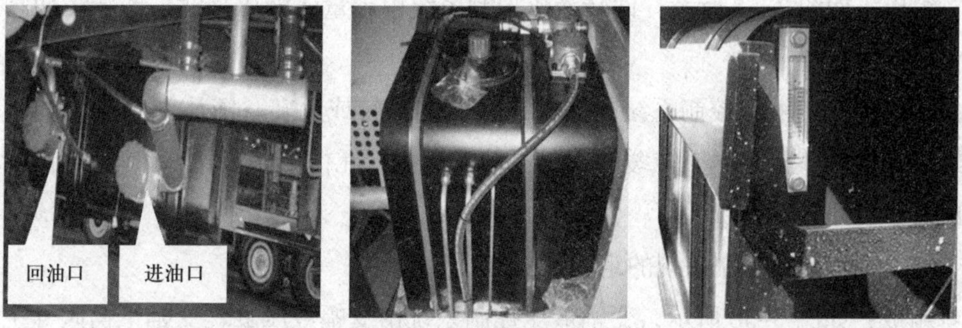

a)　　　　　　　　b)　　　　　　　　c)

图 3–53　液压油箱

a）进回油口　b）连接管路　c）液位计

液压油箱上还安装有液位计，液位计上标识上、下位置刻线，显示液压油箱内液压油的存量，在液压油量不足时，提醒用户及时补充加注液压油，并不要超过液位计上标注的上位置刻线。

（4）液压管线路。如图 3–54 所示，液压管线路起到连接动力元件到各个控制系统的执行元件和辅助元件的作用，并将动力元件输出的工作介质（液压油）输送到各液压执行系统。液压管线路有硬管和软管两种类型。

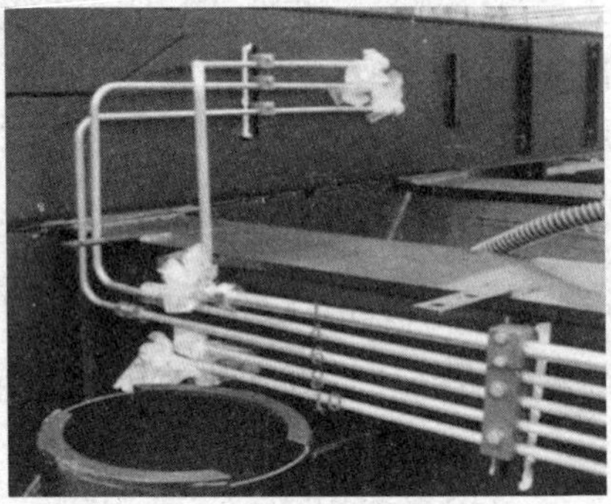

a）

b）

图 3–54　液压管线路

a）无缝管连接　b）胶管连接

2. 起重部分液压控制系统组成与功能

起重部分液压控制系统主要由回转液压控制系统、变幅液压控制系统、伸缩液压控制系统、起升液压控制系统等组成。

起重部分液压控制系统主要控制上车工作装置，实现各种单一或复合动作，完成各项起重作业任务。

（1）回转液压控制系统的组成及功能

组成：如图 3–55 所示，回转液压控制系统由定量式液压马达、回转缓冲阀等主要部件组成。

功能：回转液压控制系统主要控制转台的正转或反转。液压油泵排出的液压油经中心回转体接头、回转缓冲阀，驱动液压执行元件回转马达，带动转台运动，完成左、右回转动作。

（2）变幅液压控制系统的组成及功能

组成：如图 3–56 所示，变幅液压控制系统由变幅液压缸、变幅平衡阀等主要部件组成。

a) b)

图 3–55 回转液压控制系统主要组成元件

a）液压马达 b）回转缓冲阀

a) b) c)

图 3–56 变幅液压控制系统主要组成元件

a）变幅油缸全缩状态 b）变幅油缸全伸状态 c）变幅平衡阀

功能：变幅液压控制系统主要控制起重臂的仰起和降臂。从上车多路阀变幅联油口流出的液压油，通过平衡阀后进入变幅油缸的无杆腔（大腔），推动油缸活塞杆向外伸出，使起重臂仰起。降臂时，液压油通过先导或手动控制上车多路阀变幅联换向至另一油口，进入变幅油缸的有杆腔（小腔），并推动变幅平衡阀内的控制活塞，打开油道，使变幅油缸无杆腔（大腔）回油，带动起重臂落下。

（3）伸缩液压控制系统的组成及功能

组成：如图 3–57 所示，伸缩液压控制系统由伸缩油缸、伸缩平衡阀等主要部件组成。

功能：伸缩液压控制系统主要控制起重臂的伸缩。来自上车多路阀伸缩联油口的液压油，通过伸缩平衡阀后，进入伸缩油缸的无杆腔（大腔），推动伸缩油缸活塞杆向外伸出，带动起重臂外伸。

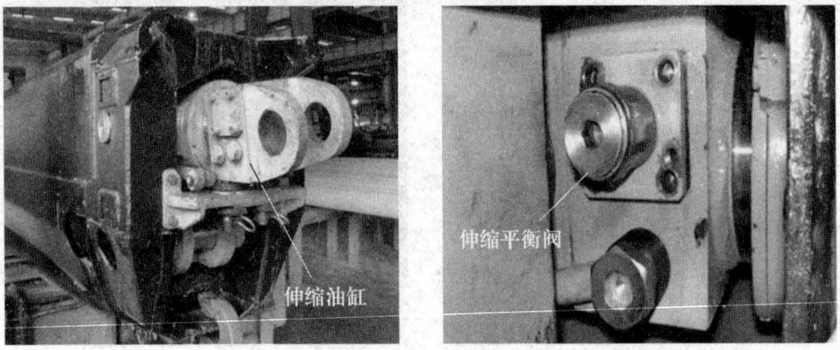

a) b)

图 3–57　伸缩液压控制系统主要组成元件

a）伸缩油缸　b）伸缩平衡阀

缩臂时，液压油通过先导或手动控制上车多路阀伸缩联换向至另一油口，进入伸缩油缸的有杆腔（小腔），并推动伸缩平衡阀内的控制活塞，打开油道，使伸缩油缸无杆腔（大腔）回油，带动起重臂回缩。

（4）起升液压控制系统的组成及功能

组成：如图 3–58 所示，起升液压控制系统主要由起升液压马达和起升平衡阀等部件组成。

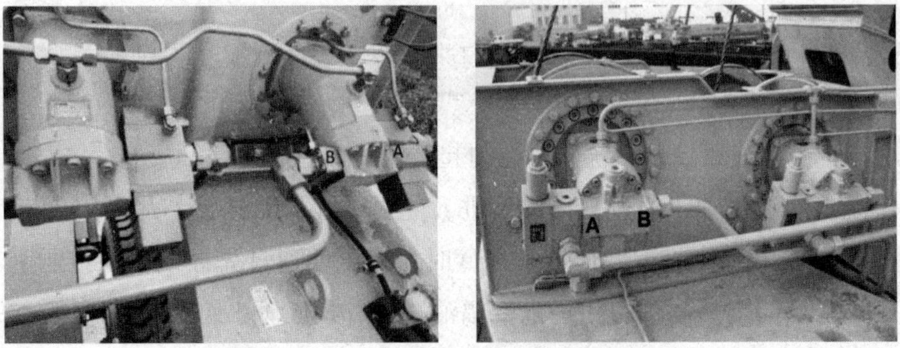

a) b)

图 3–58　起升液压控制系统主要组成元件

a）起升液压马达　b）起升平衡阀

功能：起升液压控制系统主要控制卷扬马达的正转或反转。起升液压马达由来自多路阀卷扬联提供液压油驱动，液压油通过起升平衡阀控制液压油进入起升液压马达的 A 油口或 B 油口，实现卷扬的提升或下降动作。当来自多路阀卷扬联提供的液压油，通过起升平衡阀给起升液压马达 B 口提供液压油的同时，平衡阀先导油口供油打开，平衡阀保障卷扬完成稳定下降的动作。

二、液压控制系统关键零部件功能

起重机液压控制系统的关键零部件主要有为系统提供压力油液的液压泵、把液压能转化为机械能的液压马达及液压油缸、系统安全控制的溢流阀、系统稳定性控制元件平衡阀及液压双向锁、流量控制元件节流阀、方向控制元件多路阀、中心回转接头、辅助装置等。

1. 下车多路阀

组成：如图 3–59 所示，某公司下车多路阀主要由控制右前支腿的操纵杆 1、控制左前支腿的操纵杆 2、控制右后支腿的操纵杆 3、控制左后支腿的操纵杆 4、第五支腿油缸操纵杆 5、执行以上各支腿的伸缩动作的操纵杆 6，以及主溢流阀 7、水平支腿伸出溢流阀 8 组成。

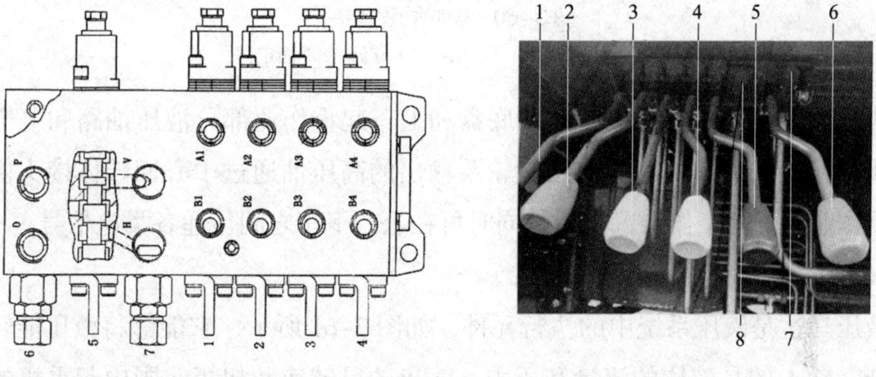

a)　　　　b)

图 3–59　多路阀

a）多路阀结构图　b）多路阀操纵手柄

1—控制右前支腿的操纵杆　2—控制左前支腿的操纵杆

3—控制右后支腿的操纵杆　4—控制左后支腿的操纵杆　5—第五支腿油缸操纵杆

6—执行以上各支腿的伸缩动作的操纵杆　7—主溢流阀　8—水平支腿伸出溢流阀

功能：下车多路阀是控制起重机水平支腿与垂直支腿动作的换向阀。下车多路阀通过手动换向向支腿水平油缸、支腿垂直油缸供油，实现支腿油缸的伸出和缩回，并限制支腿系统的最大压力和水平支腿伸出的最大压力。如图 3–59 所示，当操纵杆 1–4 置于上方位置时，控制 4 个水平支腿动作，置于中位时锁止不动，置于下方位置时，控制垂直支腿动作。当操纵杆 6 置于上方位置时，支腿回缩，置于下方位置时，支腿伸出。主溢流阀 7、水平支腿伸出溢流阀 8 限制支腿系统的最大压力和水平支腿伸出的最大压力，保护系统不受高压冲击。

2. 中心回转体接头

组成：中心回转体接头由中心回转体套筒和固定体通过密封圈等组合而成，如图 3–60 所示。

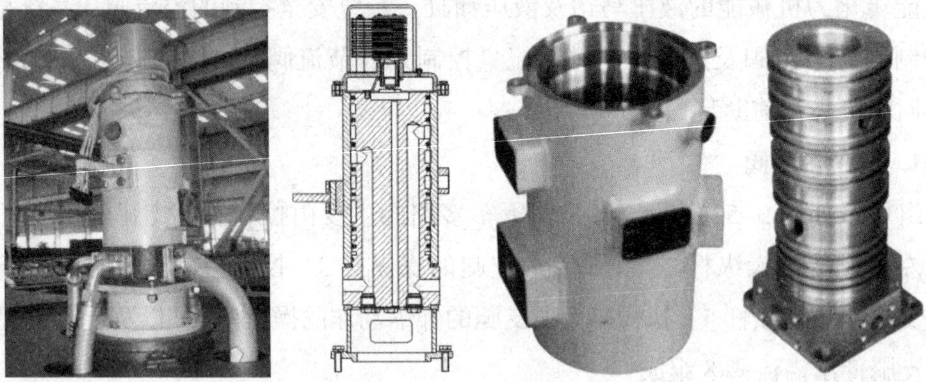

a)　b)　c)　d)

图 3–60　中心回转体接头

a）实物图　b）原理图　c）套筒　d）固定体

功能：中心回转体接头是连接底盘和上车起重作业部分液压油路和电气回路的过渡连接接头，它将底盘高压齿轮泵输出的高压油通过中心回转体接头供给上车起重作业部分的工作装置使用，同时可在上、下车之间传递各类电信号。

3. 液压马达

液压马达是液压系统中的执行元件，如图 3–61 所示，它能够将液压能转换为机械能，输入的是液体的流量和压力，输出的是转速和扭矩。国内起重机的液压马达以轴向柱塞式液压马达为主，是对速度和负载要求较高的工装装置，一般用于回转和起升液压系统中。

a)　b)

图 3–61　液压马达

a）起升马达　b）回转马达

4. 液压缸

液压缸是液压系统中的执行元件，主要用于底盘支腿系统、起重部分的变幅系统和伸缩系统。如图 3-62 所示为某起重臂伸缩油缸。它输入的是液体的流量和压力，输出的是直线速度和力，液压缸的活塞能完成往复直线运动，输出有限的直线位移。

图 3-62　伸缩油缸

5. 液压控制阀

汽车起重机各工作机构工作时，需要经常启动、制动和换向。液压系统中设置了各种控制阀，用来控制液压油的压力、流量及方向，保证汽车起重机各工作机构具有完善的性能和准确的动作。

（1）溢流阀。溢流阀用于控制液压系统的最高压力，防止系统过载，一般情况下安装在多路阀的阀体上，如图 3-63a 所示。溢流阀内部一般由控制阀芯、压力设定弹簧、锥度阀芯、油封等元件组成，如图 3-63b 所示。在正常工作情况下，溢流阀关闭。当外负载增大时，泵的出口压力升高，当超过规定值时，泵排出的液压油通过溢流阀回到油箱，系统压力不会继续升高，从而保护泵和其他液压控制系统元件不致损坏，起到安全作用，故又称安全阀。

（2）平衡阀。平衡阀是汽车起重机使用较多的一种阀。以起升机构为例，当起重机带负载下降时，若无平衡阀，机构可能在负载的作用下产生超速下降的危险。为防止此种情况发生，在下降的回路中安装一个限制负载下降速度的阀——平衡阀（也称限速锁），实现卷扬下降的微动和平稳，如图 3-64 所示。

a）

b）

图 3-63　溢流阀

a）主阀安装位置　b）溢流阀拆检图

（3）流量控制阀。液压系统中执行机构运动速度的大小，由输入执行机构油液流量的多少来确定。如图 3-65 所示，流量控制阀连接在起重机卷扬起升系统的制动器油源上，保持系统流量的稳定性，防止系统开启的压力波动。

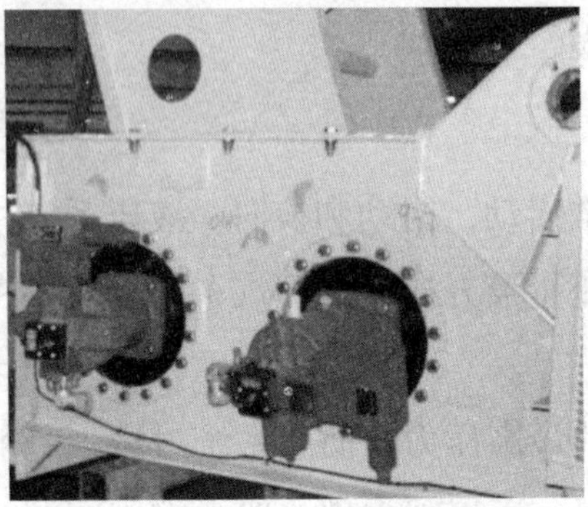

图 3-64　平衡阀

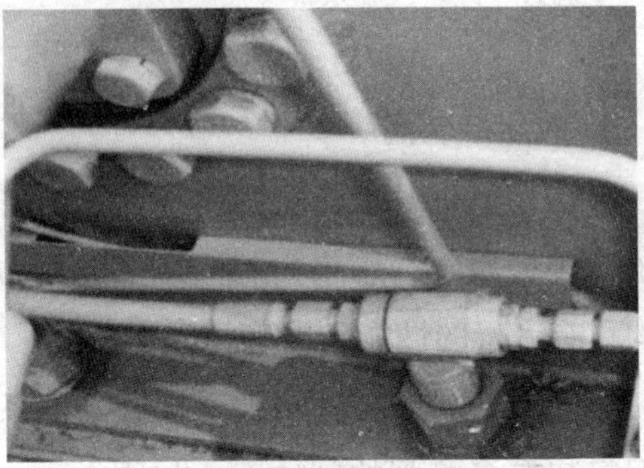

图 3-65　流量控制阀

流量控制阀是通过改变通流面积的大小来调节流量的，通常在定量泵系统中作调速阀使用。

（4）方向控制阀

1）单向阀。如图 3-66 所示为某起重机伸缩系统的执行油路中连接的单向阀，保证多路换向阀油源进入伸缩系统后不能反向流动，确保伸缩系统维持一定的压力，防止系统再次启动时的压力波动。

2）多路换向阀。在起重机的液压系统中，有时需要用多个换向滑阀来控制不同的工作机构。为了便于布置并减小阀体尺寸，将各换向阀组合在一个阀体内，称为多路换向阀或组合式换向阀。

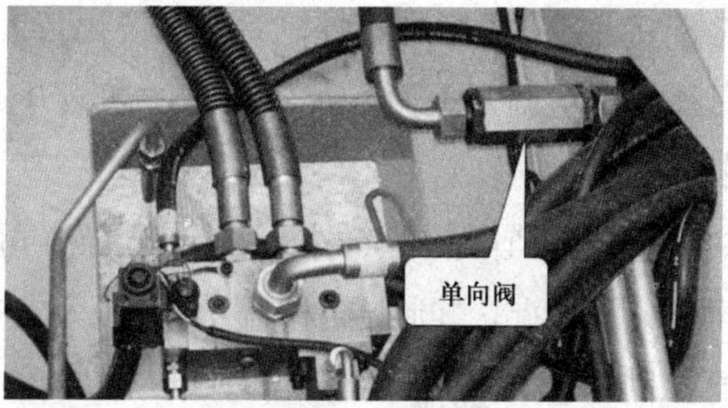

图3-66 单向阀

如图3-67所示为某16吨汽车起重机上使用的DL25多路换向阀。底盘齿轮式液压泵的高压油源经中心回转体接头后，同多路阀换向阀的进油口相连接，并通过多路阀换向阀卷扬、伸缩、变幅、回转联的换向阀杆换向，给各工作装置提供压力油源，带动起重机各工作装置改变运动方向。同时，多路换向阀上还安装了溢流阀以限制该系统的最大压力，保证各液压系统的安全运行。

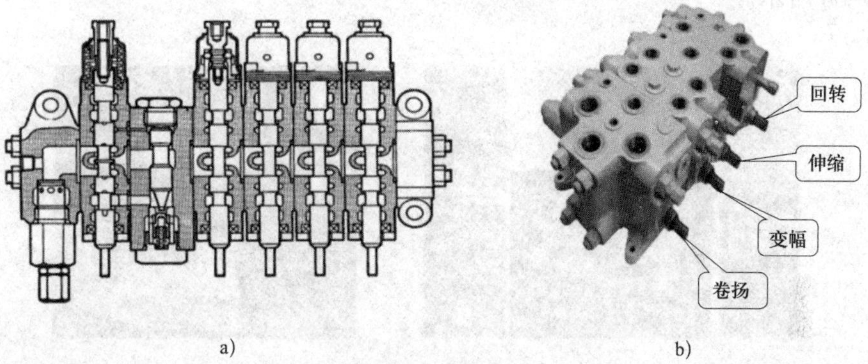

图3-67 多路换向阀

a）结构图 b）实物图

学习单元6 认知起重机电气控制系统

一、电气控制系统分类、组成及功能

起重机电气控制系统一般可分为底盘电气控制系统和起重部分电气控制系统两大部分。

1. 底盘电气控制系统的组成及功能

底盘电气控制系统主要由驾驶室电气控制系统和连接各执行元件的大梁线束

及照明指示灯光系统等组成。驾驶室电气控制系统主要由仪表台、组合操纵开关、启动开关、电子油门踏板、空调开关面板及各功能的翘板开关面板、继电器熔断器控制台等电气元件组成。

底盘电气控制系统是司机与车辆本身、外界沟通的桥梁，司机通过驾驶室内各种仪表、指示器获得车辆的运行状况，并通过各种开关、踏板完成对车辆的操作。

2. 起重部分电气控制系统的组成及功能

起重部分电气控制系统主要包括操纵室电气控制系统、转台电气控制系统、起重臂电气控制系统等，主要用来控制起重部分电气控制元件的工作，从而带动上车工作装置动作。

（1）操纵室电气控制系统。操纵室电气控制系统包括电气控制箱、各功能开关、电子油门踏板、力矩限制器的显示器等。主要实现上车部分的电液联合控制和转台、起重臂灯光控制，同时监控车辆的幅度、实际起重量等各种起重作业工况等，如图 3–68 所示。

a)　　　　　　b)

图 3–68　操纵室电气

a）电气控制箱、各功能开关、继电器熔断器　b）计算机显示器

（2）转台电气控制系统。如图 3–69 所示，转台电气控制系统是起重部分电气控制系统的神经中枢，主要包括三圈保护器、工作照明灯、控制器、电气线束等。三圈保护器通过内部开关将信号传递给载荷限制器控制器，实现对钢丝绳过放的保护。工作照明灯由操纵室内的翘板开关控制，主要为起重作业环境视线不好时提供照明。控制器内写入起重机动作的逻辑关系，当相关联的信号输入时，控制器会依据其控制的逻辑关系输出信号给相关电气执行元件，并带动工作装置动作。电气线束连接各相关的电气元件，将操纵室内开关、手柄发出的电信号，通过电气线束传递给各电气执行元件。随着电子产品技术的不断发展，转台电气控制系统中的电气控制元件越来越多，如各种电气的传感器、检测器等。

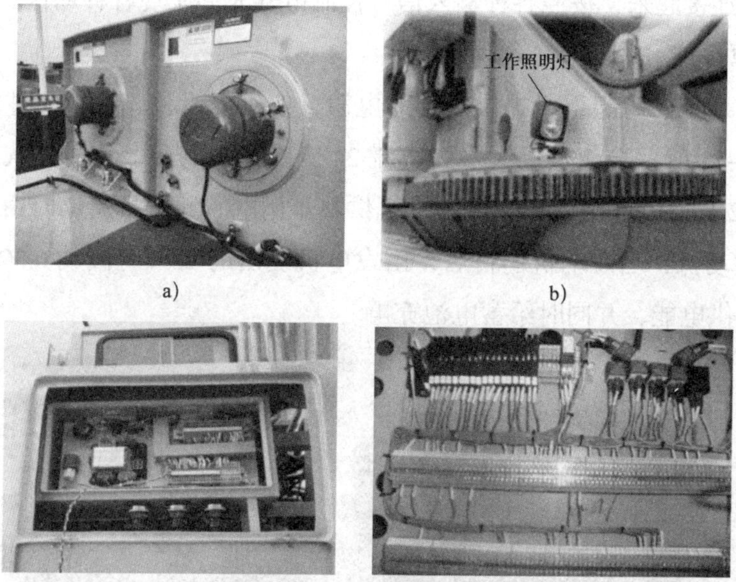

a)　b)　c)　d)

图 3-69　转台电气

a）三圈保护器　b）工作照明灯　c）控制器　d）电气线束

（3）起重臂电气控制系统。如图 3-70 所示，起重臂电气控制系统主要负责伸臂的长度、角度等信号的检测和传输，以及起重臂的照明供电。起重机施工时，操作工需要了解起重臂的伸出长度，其信号数据通过起重臂电气控制系统的电缆卷筒长度传感器，将相关数据传递给力矩限制器的控制系统，相关数据在电脑显示器中显示，供操作人员参考。

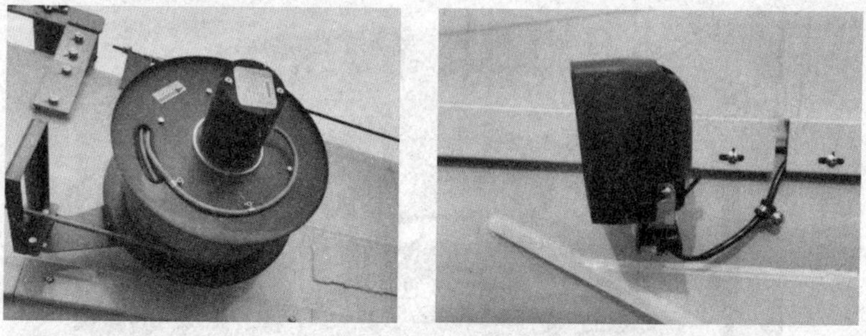

a)　b)

图 3-70　起重臂电气控制系统

a）长度、角度检测单元　b）起重臂照明灯

二、电气控制系统主要元器件功能

起重机的电气控制系统较为复杂，由电源及各类电气元件组成，经相关线束

按一定方式连接起来，按照各种输入信号控制电气元件实现各种动作。

1. 电源系统

电源系统主要为起重机提供足够的电源，使用电设备、执行元件能够正常工作。如图 3–71 所示，起重机大多为直流 24 V 单线制电源，负极搭铁，电源系统采用两只 12 V 蓄电池串联和一台发电机供整车用电。起重机启动时由蓄电池提供电能起动发动机，当发动机运行后，由发电机发出的 28 V（波动 0.3%V）直流电源为整车提供电能，并同时给蓄电池充电。

a)　　b)

图 3–71　电源系统

a）蓄电池　b）发电机

2. 仪表台

如图 3–72 所示，某品牌仪表台主要由发动机转速表、气压表、发动机控制监控、变速箱状态显示、发动机机油压力表、发动机水温表、车速里程表、燃油表、仪表指示灯显示等组成。

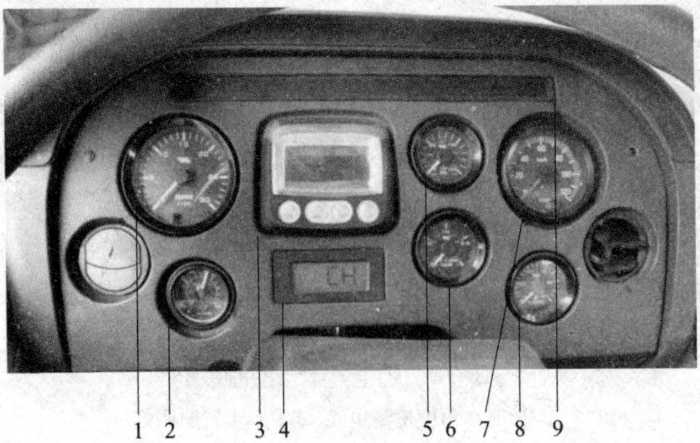

图 3–72　仪表台

1—发动机转速表　2—气压表　3—发动机控制监控　4—变速箱状态显示

5—发动机机油压力表　6—发动机水温表　7—车速里程表

8—燃油表　9—仪表指示灯显示

仪表台主要监控起重机底盘电气工作的状态及控制电气元件工作，为驾驶员提供车辆运行信息，也是驾驶员发现和排除故障的重要工具。例如：发动机控制监控，主要显示发动机的进气歧管空气温度、故障代码信息等主要参数信息，提醒驾驶人员发动机的运行状态，保障车辆的安全运行。

3. 组合操纵开关

如图 3–73 所示，组合操纵开关由雨刮电动机开关、排气制动开关、灯光开关等组成，主要用来操作雨刮电动机、操纵发动机排气制动、控制和变换远近光及转向灯等。例如：排气制动开关是制动系统的一个辅助功能开关，当车辆下陡坡时扳动开关，排气制动阀的电磁阀工作，控制发动机的输出动力，减缓降低车速，增加车辆的制动力。

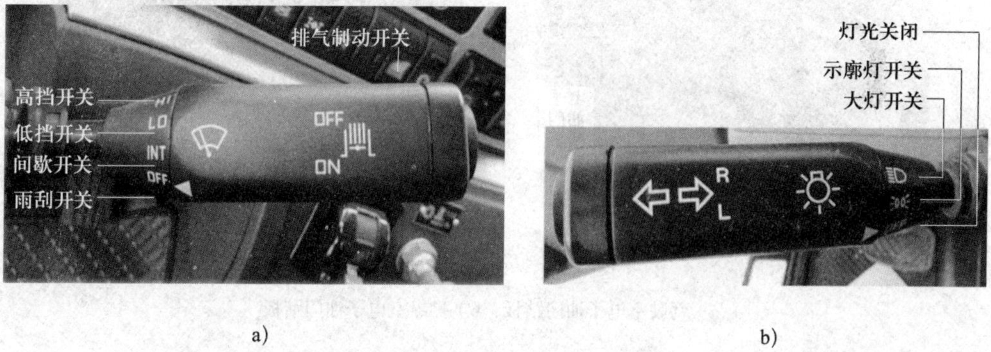

图 3–73　组合操纵开关

a）雨刮、排气制动开关　b）转向、灯光转换开关

4. 起动开关

如图 3–74 所示，起动开关主要功能是接通、断开起重机的整机电源，同时完成发动机的启动和熄火，分为空挡、电源挡、启动挡和熄火挡四个挡位。

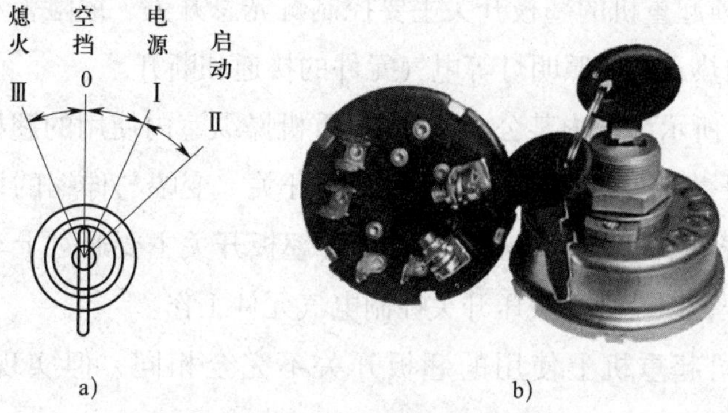

图 3–74　起动开关

a）挡位示意图　b）起动开关实物图

5. 电子油门踏板

如图 3–75a 所示，汽车吊司机在驾驶室内控制电子油门踏板的角度变化，电子油门踏板角度变化的电信号通过线束传递给发动机的控制器，实现对发动机转速的控制。

如图 3–75b 所示，汽车吊操作工在操纵室内依据所需动力来控制电子油门踏板的角度变化，电子油门踏板角度变化的电信号通过线束传递至底盘发动机的控制器，从而完成对发动机转速的控制。

a）

b）

图 3–75　电子油门踏板

a）驾驶室电子油门踏板　b）操纵室电子油门踏板

6. 空调开关面板及各功能的翘板开关

如图 3–76a 所示，空调开关面板主要包括空调鼓风机开关、内外循环模式开关、出风口模式开关、温控开关等，主要依据外部环境的变化，由汽车吊司机操作完成车辆驾驶室内的温度调节。

如图 3–76b 所示，驾驶室内的翘板开关主要控制车辆相关的电气元件工作。如某公司的 25 吨起重机的翘板开关主要控制灯光总开关、危险警示灯、雾灯、警灯、后视镜电加热、支腿照明灯等电气元件的接通和断开。

如图 3–76c 所示为国内某公司 25 吨起重机操纵室内使用的翘板开关，包括起重部分示廓灯开关、大灯开关、操纵室雨刷开关、变幅与伸缩的切换开关、散热器开关、喇叭开关、回转制动解除开关等。翘板开关主要通过上车电气控制箱传输过来的电信号，以及手动按压开关控制电气元件工作。

国内各公司起重机上使用的翘板开关不完全相同，但实现的功能基本一致。

a)　　b)　　c)

图 3-76　空调开关面板及各功能的翘板开关

a）空调开关面板　b）驾驶室翘板开关面板　c）操作室翘板开关

7. 继电器熔断器控制台

如图 3-77a 所示，继电器熔断器控制台由继电器及熔断器等组成。继电器是控制电气元件工作状态的执行元件，主要控制灯光、电磁阀、控制执行电气元件的逻辑关系等。熔断器主要起到保护电气线路、控制系统元件，避免系统过载或电气线路短路烧坏等作用。

有些起重机使用控制器代替继电器控制电气元件工作的逻辑关系，这样使车辆线路的布置更加简化。如图 3-77b 所示，某公司 25 吨起重机底盘，将发动机启动、各种灯光控制及各种电气执行元件的控制信号等编入控制器中集中控制，以完成相关的输入、输出信号来控制相关电气元件的动作。

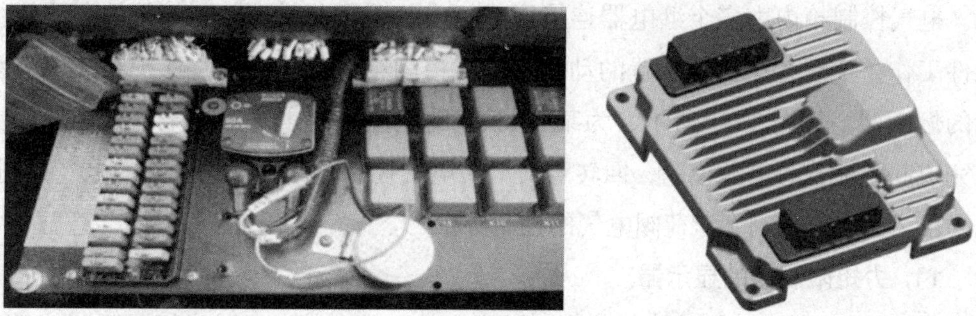

a)　　b)

图 3-77　继电器熔断器控制台

a）继电器熔断器控制台　b）控制器

8. 大梁线束

如图 3-78 所示，大梁线束主要由大梁线束、尾灯线束、通风罩线束、发动机线束等部分组成。大梁线束是起重机底盘电气系统信号传输的主要通道。各种控制信号通过大梁线束传递至各种电气元件，从而控制电气元件实现规定的各种功能或动作。

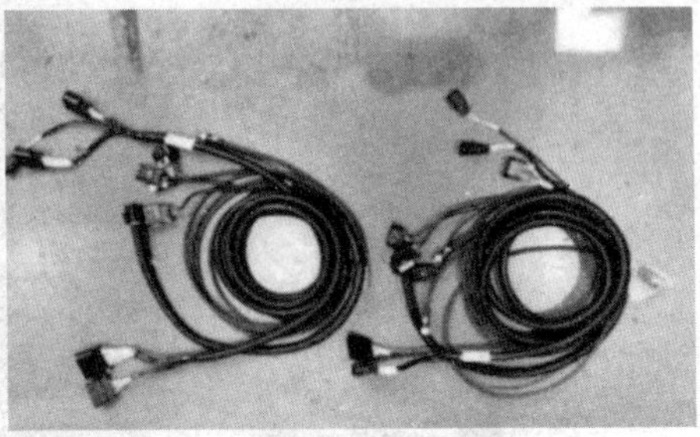

图 3–78　大梁线束

9. 照明指示灯光系统

照明指示灯光系统由驾驶室前方组合灯（见图 3–79）和车辆后方组合灯（见图 3–80）组成。前后组合灯主要作用是在车辆行驶过程中视线不好时，为车辆提供足够的照明，同时，给其他车辆、行人一个灯光信号提醒及指示。

图 3–79　照明指示灯前方组合灯

1—侧转向灯组成　2—转向灯　3—远光灯
4—前雾灯　5—近光灯　6—日间行车灯
7—示廓灯

图 3–80　照明指示灯后方组合灯

1—转向灯组成　2—倒车灯制动灯　3—后雾灯
4—牌照灯　5—示廓灯

10. 电气控制箱

电气控制箱内由多个继电器连接形成相应的逻辑关系，控制相关的电液执行元件工作，实现各类工作装置的动作，同时控制箱内部还设置有保护相关电气系统的熔断器。如图 3–81 所示，为某公司 25 吨起重机起重部分的电气控制箱，主要完成起重部分总电源控制、回转自由滑转电气控制、回转制动解除的电气控制、先导压力的电气控制、泄荷阀电气的控制等。

11. 力矩限制器的显示器

如图 3–82 所示，起重机起重作业过程中的相关参数，通过力矩限制器的显示器将其提供给操作人员用于起重作业参考，如工况设置情况、幅度数据、起重臂长度、额定重量、实际重量、倍率设置等参数。

12. 控制器

起重部分的电气控制元件主要控制液压系统的动作，现多采用控制器集成，可以实现变幅、回转、伸缩、起升等工作装置的电液控制信号的输入、输出等，

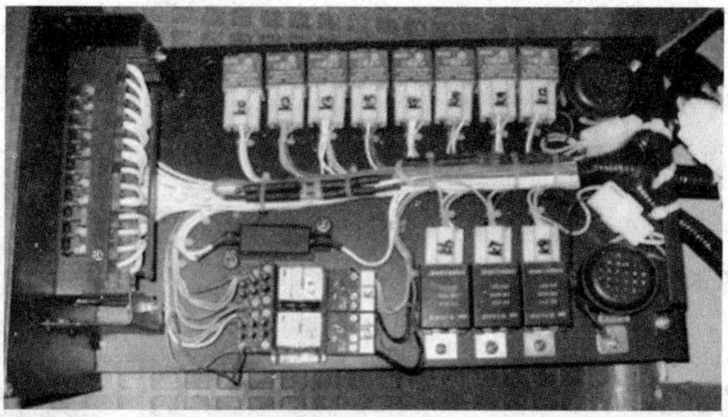

图 3-81 电气控制箱

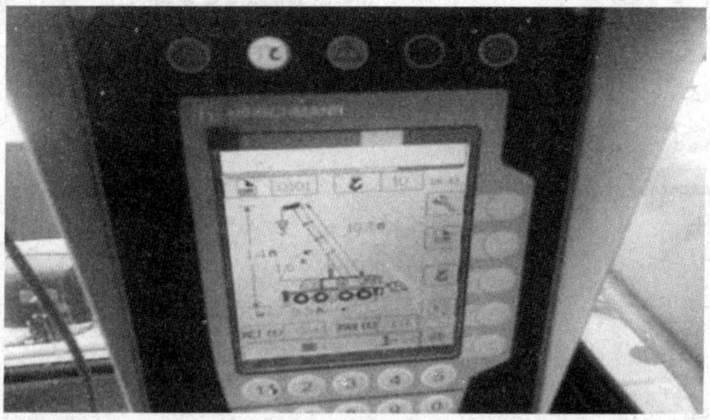

图 3-82 力矩限制器的显示器

使系统动作更稳定，控制更系统化。如图 3-83 所示，某公司 200 吨起重机变幅系统的起升动作就是由先导手柄的信号输出给控制器，控制器接到相关指令后，将控制信号输出给电气元件来控制液压元件工作的。

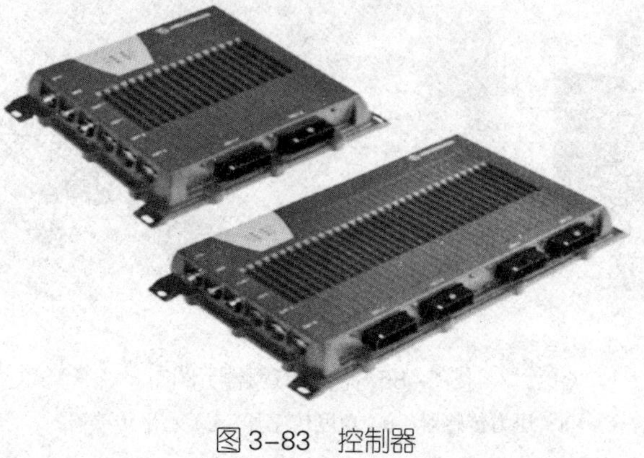

图 3-83 控制器

13. 力矩限制器控制系统

如图 3-84 所示，力矩限制器控制系统借助多种信号传感器，并按实际力矩与额定力矩比较的原则进行控制。微处理器根据各传感器输入的起重臂长度、角度信号，计算出起重机的作业半径，根据压力传感器输入的信号计算出变幅缸的受力，然后计算出起重力矩。起重机的性能结构参数存储在中心处理器中，用这些参数来计算操作状况的相关数据。

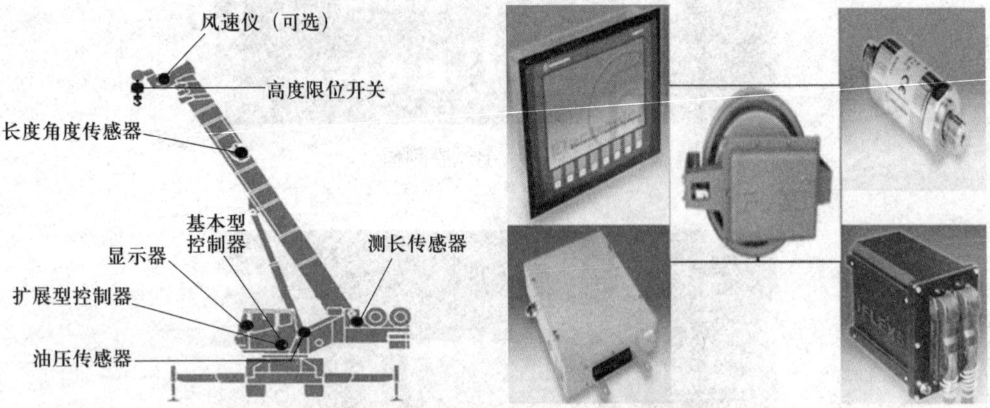

a）　　b）

图 3-84　力矩限制器控制系统

a）力矩限制器系统组成　b）力矩限制器主要元件

14. 各类传感器元件

如图 3-85 所示，电气系统和液压系统的信号，通过传感器输出电信号至控制器，控制器根据接收到的电信号，按照规定的逻辑关系控制电气元件的动作。

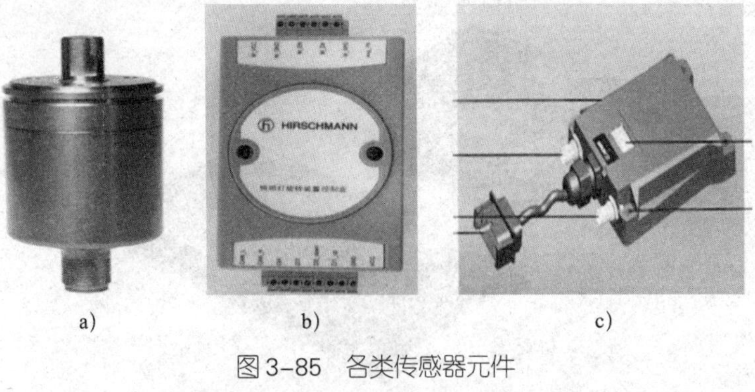

a）　　b）　　c）

图 3-85　各类传感器元件

a）压力传感器　b）角度传感器　c）水平传感器

学习单元 7　认知起重机安全保护装置

一、力矩限制器的功能

如图 3–86 所示，力矩限制器主要由主机和 CAN 盒、显示器、长度及角度传感器、压力传感器、高度限位器及重锤，以及连接电缆等组成。

a)　b)　c)　d)　e)

图 3–86　力矩限制器组成

a）高度限位器及重锤　b）长度及角度传感器　c）压力传感器

d）显示器　e）主机和 CAN 盒

力矩限制器主要为起重机操作者提供有效的作业信息，使起重机在其设计参数范围内正常工作。当起重机操作超出允许的安全范围时，力矩限制器将发出报警信号，提醒操作者停止违规操作，并控制起重机向危险方向（变幅落、伸臂伸、起重钩起）的动作，保证了起重机的安全使用。

1. 长度及角度传感器的功能

长度及角度传感器安装在起重臂上，如图 3–87 所示。长度传感器、角度传感器分别检测起重臂伸出的长度和起重臂的起升、下降角度，然后通过传输电缆将相关检测信号传输到力矩限制器的主机内，经过数据处理的相关起重臂长度和角度以数字的形式在操纵室的显示屏上显示，以提醒操作人员进行起重机的安全操作。

a)　b)　c)

图 3–87　长度及角度传感器

a）传感器安装位置　b）传感器外部结构　c）传感器内部结构

2. 显示器的安全报警提示功能

如图 3-88 所示，黄色警示灯具有预提示功能。当起重机实际承载力矩达到起重机额定承载力矩的 90%～100% 时，显示器面板“黄色预警灯”亮，表明这时已接近过载状态，操作者在继续操作时应注意起重的安全性。红色警示灯具有报警提示功能，当起重机承载力矩达到起重机额定力矩的 100% 或卷扬出现过卷等工况时，红色警告“STOP”灯亮，同时蜂鸣器鸣响，该指示灯点亮，起重机电气系统将控制吊钩的起升、起重臂伸出、变幅下降等危险方向动作，保证起重机的安全运行。

a)　　b)　　c)

图 3-88　显示器及警示灯

a）显示器　b）预警告灯　c）警告灯

二、三圈保护器的功能及使用方法

如图 3-89 所示，三圈保护器安装在起重机起升系统主、副减速机上。通过内部的行程开关控制，当卷扬减速机下降到钢丝绳在卷筒绳槽上还有三圈的时候，行程开关闭合，将电信号传递给力矩限制器，控制器发出信号传递给相关的卸荷控制阀，使减速机停止下降回转动作，从而防止钢丝绳从卷筒中脱落，避免发生事故。

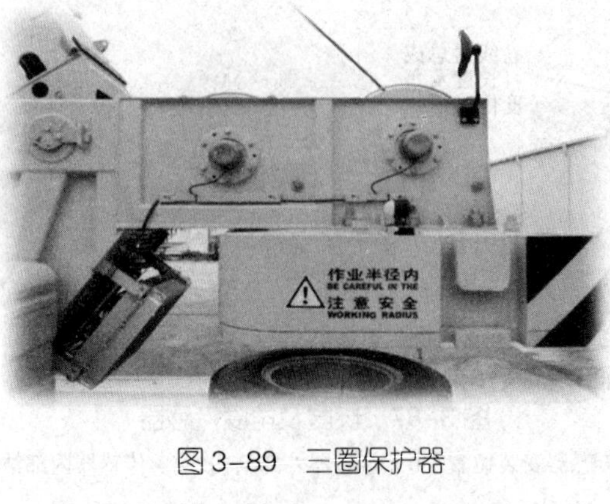

图 3-89　三圈保护器

三、高度限位器的功能及使用方法

高度限位器又称高度限位开关，如图 3–90 所示，高度限位开关的电气元件完全封装在由抗腐蚀的金属合金制造的壳体内，壳体外表有特殊工艺涂层，可以有效抵抗外界恶劣环境的影响。

a)　　b)　　c)

图 3–90　高度限位器安装位置

a）高度限位器　b）吊钩落下相对位置　c）吊钩收起相对位置

当起重钩起升并接近起重臂臂头滑轮组时，起重钩托起高度限位器，此时高度限位开关内部开关触点闭合，将电信号传递给力矩限制器控制器，引起电气系统报警，同时，控制器给出信号，停止吊钩起升和起重臂的伸出动作，避免起重钩过卷事故的发生。

四、急停、熄火装置认知

在起重机施工过程中，当车辆出现不安全因素或出现故障时，需紧急关闭发动机的控制开关，停止起重机的动作执行，起重机设置了急停开关实现紧急停止功能，如图 3–91 所示，从而避免车辆出现损坏或事故的发生。

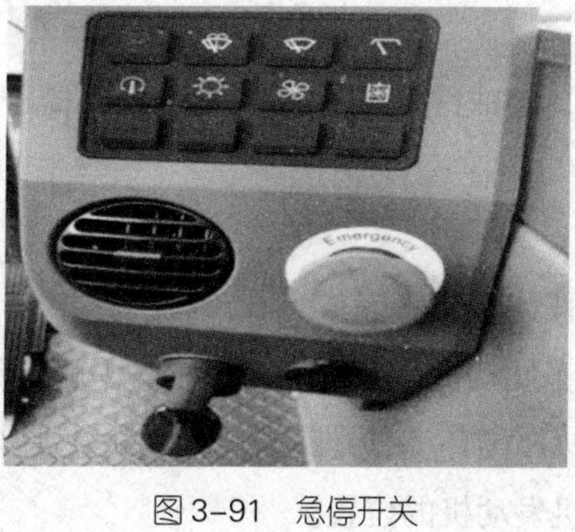

图 3–91　急停开关

操作技能

认知起重机变幅、伸缩、回转、卷扬的组成，并能指出相应工作元件位置及描述出工作原理。

一、操作准备

绳排式起重机一台，警戒线若干，办公桌1张，椅子1把，签字笔1支，白纸若干。

二、操作步骤

1. 准备起重机、警戒线、纸张等。

2. 分别指出起重机变幅、伸缩、回转、卷扬组成元件及位置。

步骤一：观察起重机周围环境，排除影响起重机正常工作的危险源。

步骤二：指出变幅机构中的变幅油缸、平衡阀、控制阀的位置。

步骤三：指出回转机构中的马达、制动器、回转减速机、控制阀的位置。

步骤四：指出卷扬机构中的马达、平衡阀、三圈保护器、控制阀的位置。

3. 描述出起重机上车主要结构部件及工作原理。

步骤一：变幅系统的工作原理。

步骤二：绳排式起重机的伸臂工作原理。

步骤三：卷扬减速机的工作原理。

步骤四：回转机构的工作原理。

认知起重机底盘的组成，并能指出相应工作元件的作用。

一、操作准备

绳排式起重机一台，警戒线若干，办公桌1张，椅子1把，签字笔1支，白纸若干。

二、操作步骤

1. 准备起重机、警戒线、纸张等。

2. 识别出起重机下车发动机、变速箱、车桥、支腿工作机构。

步骤一：观察起重机周围环境，排除影响起重机正常工作的危险源。

步骤二：指出起重机发动机的位置。

步骤三：指出变速箱的位置。

步骤四：指出车桥的位置。

步骤五：指出支腿机构、水平支腿、垂直支腿及控制阀的位置。

3. 描述出起重机下车主要结构部件及工作元件的作用。

步骤一：动力系统的工作元件及作用。

步骤二：传动系统的工作元件及作用。

步骤三：分动箱的位置及工作原理。

步骤四：支腿机构的相关部件及工作原理。

4. 识别出起重机驾驶室仪表元件位置和作用。

5. 识别出起重机上车电气元件（包括力矩限制器、高度限位器）位置和作用。

培训课程 2 起重机维护与保养

学习单元 常规维护保养

一、常规维护保养的内容及意义

1. 起重机常规维护保养的意义

起重机使用环境较为恶劣，工作时设备经常高负荷运行，各运动部件不可避免会产生磨损、连接件松动、油液变质、金属结构腐蚀等，从而引起起重机的技术性能、经济性能和安全性能不同程度的降低。在起重机零件磨损尚未达到产生故障的程度之前，为预防和消除隐患，需及时做好起重机的维护和保养工作，如检查润滑运动部件、紧固松动部件、更换相关系统的工作介质等，以保证起重机处于良好的使用状态。

（1）维持良好的技术性能，提高各工作机构运行的完好率、利用率等管理指标。

（2）维持良好的使用性能，加强结构件的保护，保持连接牢靠、电气元器件动作与功能正常，避免因机电因素产生异常运动，满足起重机正常使用要求。

（3）保证起重机安全作业。安全作业是起重机的重要性能指标，日常维护保养能够保证起重机的安全使用，减少事故的发生。

（4）符合国家规定的相关环保标准。通过发动机定期检查维护，能够使发动机排放指标等符合国家环保指标要求。

（5）延长起重机使用寿命。通过对起重机的维护保养，能够有效延长起重机或机构的修理间隔时间，包括大修周期，从而延长起重机的使用寿命。

2. 起重机常规维护保养的内容

（1）发动机的维护保养。发动机是起重机的动力来源，发动机的高速运转需要燃油、润滑、冷却。只有对发动机按照使用环境要求，并使用不同的润滑脂、冷却液等正确进行定期维护保养，才能保证发动机的性能。

（2）变速箱的维护保养。由于变速箱内部齿轮啮合间的运动，轴的动力传输等，更需要定期按照维护保养要求对变速箱实施保养，才能确保变速箱及零部件使用寿命。

（3）驱动轴的维护保养。桥也称车轴，通过悬架和车架相连接，车轴两端安装车轮。桥承载车身与车轮之间各方向的作用力。桥需要定期更换规定型号的齿轮油，才能保证车辆正常运行。

（4）液压系统的维护保养。由于液压油的黏温特性的要求，液压油应满足不同用途、不同工况的各种需求，液压系统才能正常工作，因此，需要定期对液压系统进行维护保养。

（5）转向机的维护保养。如转向机油变质或缺少将直接影响转向系统的助力并使元件受到损害，因此，需要定期对转向机进行维护保养。

（6）制动系统的维护保养。制动液主要为车辆离合器操纵使用，缺少或变质会造成离合踏板沉重，严重时可造成离合摩擦片磨损或分离不彻底、损坏变速箱等故障。

（7）减速机的维护保养。回转和卷扬减速机是起重作业过程中必须安全运行的部件，操作者应按照保养周期严格执行保养，同时，应日常检查减速机齿轮油是否有外漏现象，发现漏油等问题要及时维修，以防防止缺少齿轮油造成齿轮磨损、车辆停机等故障。

（8）起重部分关键摩擦副。起重机的轴承、滑块、回转支承、吊臂铰点、变幅铰点、钢丝绳等，如不定期保养，会不可避免地产生磨损、连接件松动等，从而引起起重机的技术性能、经济性能和安全性能不同程度的降低。

（9）底盘紧固件。转向机、摇臂拉杆、螺栓及螺母的锁固需要检查和调整；各件与车架连接螺栓、前后骑马螺栓、轮胎螺母、传动轴中间轴承、万向节螺栓、前后钢板销、后悬架平衡梁推力杆螺栓、转向摇臂轴承，以及其他连接部分轴承、销轴、球头等需要定期进行检查和紧固。

二、润滑油、润滑脂的规格、性能与应用

1. 起重机润滑油

起重机润滑油主要用于发动机、驱动桥、减速机、变速箱部分，起到机械相互运动的表面间的润滑作用，防止零件的磨损，提高设备的工作效率。

（1）发动机润滑油规格及适用范围。发动机要选择合适的润滑油并按照生产厂家规定的周期进行保养。柴油机油规格及适用范围见表 3–3。

表 3–3　柴油机油规格及适用范围

名称	常用牌号	标准代号	适用范围	
柴油机油	CD5W–30	GB 11122—2006	用于 –30 ~ 35 ℃	用于非增压、低增压及增压柴油机及国外要求使用 API CD 级油的柴油机
	CD15W–30		用于 –10 ~ 40 ℃	
	CF5W–30		用于 –30 ~ 35 ℃	用于高速、重负荷、长周期运行的直喷式柴油机
	CF15W–30		用于 –10 ~ 40 ℃	
	CH15W–30	—	用于 –10 ~ 40 ℃	适用于高压直喷四冲程柴油机。允许用高低硫柴油

（2）驱动桥润滑油规格及适用范围。桥也称车轴，承载了车身与车轮之间各方向的作用力，只有定期更换规定型号的齿轮油，才能保证车辆正常运行。驱动轴润滑油规格及适用范围见表 3–4。

表 3–4　驱动轴润滑油规格及适用范围

名称	常用牌号	适用范围
驱动轴润滑油	GL–4　85W/90	用于环境温度 –12 ℃以上
	GL–4　80W/90	用于环境温度 –26 ~ 38 ℃
	GL–4　75W	用于环境温度 –40 ~ 38 ℃

（3）减速机齿轮油规格及适用范围。减速机包括起升机构减速机和回转机构减速机，减速机齿轮油油品规格及适用范围见表 3–5。

（4）变速箱润滑油规格及适用范围。变速箱内部齿轮的啮合、轴的动力传输对润滑油要求比较苛刻。变速箱润滑油规格及适用范围见表 3–6。

表 3-5 减速机齿轮油规格及适用范围

名称	常用牌号	适用范围	
减速机齿轮油	L-CKC 220	在正常或中等恒定油温和重负荷下运行的齿轮	
	L-CKD 220	冬季	在高的恒定温度和重负荷下运行的齿轮

表 3-6 变速箱润滑油规格及适用范围

名称	常用牌号	适用范围
变速箱润滑油	GL-4 85W/90	用于环境温度 -12 ℃以上
	GL-4 80W/90	用于环境温度 -26～38 ℃
	GL-4 75W	用于环境温度 -40～38 ℃

2. 关键摩擦副使用润滑脂的规格及适用范围

关键摩擦副润滑主要使用润滑脂进行润滑。在起重机上需要润滑的关键零部件有轴承、滑块、回转支承、起重臂铰点、变幅机构铰点、钢丝绳等。极压锂基润滑脂规格及适用范围见表 3-7。

表 3-7 极压锂基润滑脂规格及适用范围

名称	类别	适用范围	
极压锂基润滑脂	L-XBCHB0	冬季集中润滑用	适用于温度 -20～120 ℃范围的高负荷机械设备轴承及齿轮润滑。推荐集中润滑用
	L-XBCHB1	夏季集中润滑用	
	L-XBCHB2	用于涂抹和油嘴加注	

三、工作介质的检查与更换

起重机工作装置的运行工作介质为液压油。如果未按周期保养，液压油会出现乳化、颜色异常变化、杂质较多的现象。液压油变质后，如果未及时更换油品，将造成液压系统元件的损害。

1. 液压油规格及适用范围

液压油油品的规格及适用范围见表 3-8。

2. 液压油更换周期

新设备 6 个月应该过滤或更换液压油，以后每 6 个月应更换或过滤液压油，液压油使用不应超过 24 个月，超过 24 个月即使经过过滤也不允许使用。

表 3–8　液压油油品的规格及适用范围

名称	常用牌号	适用范围
液压油	L–HM32（–10 ℃以上）	适用于环境温度 –30 ℃高压液压系统及中等负荷的机械设备
	L–HM46（–5 ℃以上）	
	L–HM68（极高温度下）	
	航空 10 号	适用环境温度 –60 ℃以上的起重机、自卸车等自动传动系统及苛刻低温要求的机械设备
	L–HV22	适用环境温度 –60 ℃以上，温差较大和工作条件恶劣的中、高压液压机械设备

四、机构润滑

1. 黄油枪的使用

随着市场竞争加剧，黄油枪的款式越来越多样化，但是黄油枪的基本工作原理基本一致。

（1）手动黄油枪。如图 3–92 所示，手动黄油枪由手柄、油枪头、枪管、从动拉手四部分构成，枪管内部由皮碗、弹簧、钢珠、排气螺钉等组成。加油嘴可分为尖嘴和平嘴两种，附件也有软管和硬管两种。

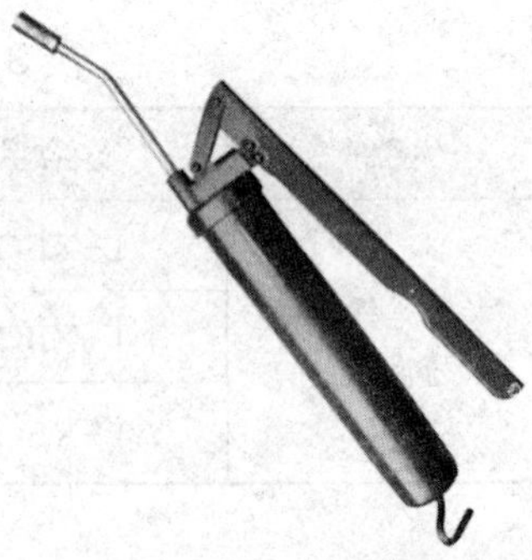

图 3–92　手动黄油枪

使用手动黄油枪，一般有加装黄油、排气、加注润滑脂三个步骤。

1）加装黄油。旋开油枪头，使油枪头与枪筒分开。将枪筒的开口部分浸入桶装黄油里，大约浸入 30 mm 深时，用一只手紧握枪筒，用另一只手向后拉动筒尾部的从动拉手，将黄油吸入枪筒内。装上油枪头，按住枪筒尾部的锁定片，并将从动拉手推入枪筒内。

2）排气。用以上装油方法装油，枪内容易存留空气而导致打不出黄油。此时，应将枪筒尾部的从动拉手拉到底，然后用一只手按住排气孔，用另一只手按下枪筒尾部的锁定片，同时将从动拉手推进枪筒内，从而排出枪内空气。

当黄油枪上无排气孔（阀门）时，可在枪筒内推动从动拉手几次后，旋松枪头排气，待枪头螺纹处有油脂溢出后，再拧紧枪头即可。

3）加注润滑脂。确认设备上需要加注润滑脂的黄油嘴形式，选用相应的加油附件，将黄油枪附件油口对准连接设备上的黄油嘴，用力按紧，反复拉压黄油枪手柄，待被润滑部位有润滑脂溢出时，停止加注，清理多余油脂，加注完毕。

（2）自动加注机。手动油脂枪普遍存在加油速度慢、出油量低、劳动强度大等缺点，特别是在需要压力较大的场合，操作人员更累。脚踩黄油加注机不适合大范围移动的场合，因此自动加注机得到越来越广泛的应用。

市场上的自动加注机性能优良，为防止油脂喷溢污染，一般都加装自锁旋钮。当自锁旋钮旋到“LOCK”位置时，自锁旋钮会卡住开关按钮，按动开关按钮时微动开关不会接通，直流马达不启动；当自锁旋钮旋到“UNLOCK”位置时，开关按钮不会被卡住，微动开关接通，电动机就可以启动了。另外，当产品在运输或不使用时就可以将锁旋钮旋到“LOCK”位置，起到保护作用。还有些产品安装了电量显示器，当用户按下电量显示按钮时，LCD 显示屏上就会显示电池中所剩余的电量。有的产品为防止电动机过热，设计了对称的大排气孔和小排气孔，小排气孔的位置位于直流马达的排风口处，提高了散热性能等。

（3）集中润滑给油系统。有的起重机产品设计了集中润滑给油系统。所谓集中润滑给油系统是指从一个润滑油供给源通过一些分配器分送管道和油量计量件，按照一定的时间把需要的润滑油、润滑脂准确地供往多个润滑点的系统。

2. 作业机构润滑

为预防和消除作业各部件在工作过程中的隐患，保证起重机经常处于良好的状态，应对车辆及工作装置定期进行维护和保养。

黄油枪主要用于起重机相关机械运行连接点的润滑。主要用于底盘部分的连接铰点的润滑、起重部分的铰点润滑。要求操作者日常定期进行检查、润滑，工作频率高时，每周至少检查、润滑一次，否则会造成连接部位的磨损、运动部件间的损坏、车辆的停机故障和车辆的作业安全性降低等。

（1）底盘润滑。底盘润滑的点主要集中于转向球节、拉杆轴销等，如图 3–93 所示。

（2）起重部分润滑。起重部分润滑主要集中于变幅铰点、回转支承、起重臂铰点等部位，如图 3–94 所示。

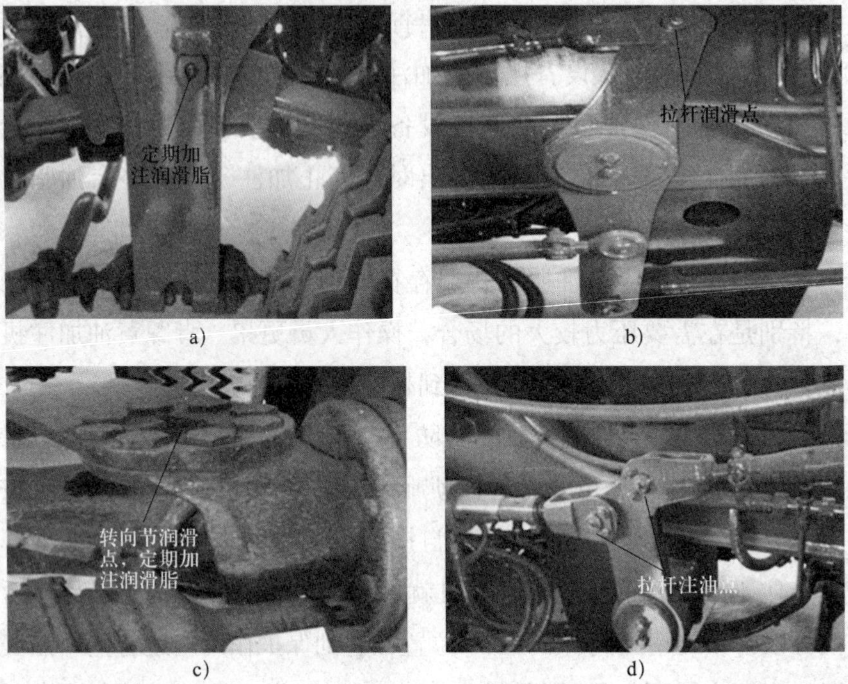

图 3-93　各球销、拉杆的润滑

a）轴销润滑　b）拉杆润滑　c）转向球节润滑　d）连接拉杆润滑

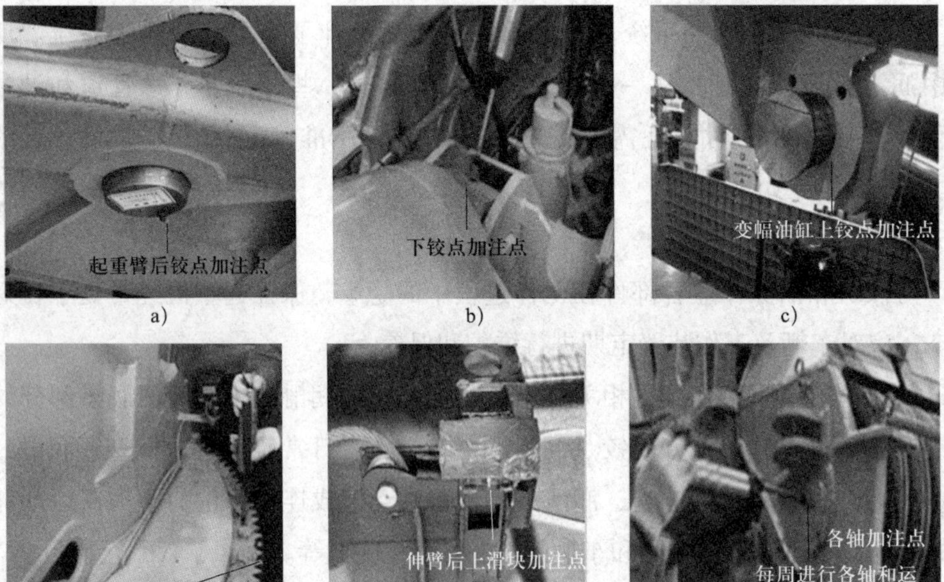

图 3-94　各铰点润滑

a）起重臂后铰点　b）变幅下铰点　c）变幅上铰点

d）回转支承润滑　e）滑块润滑　f）轴润滑

（3）起重臂滑道的润滑。起重臂要检查滑道表面是否有划伤，是否有异物嵌入滑块造成起重臂母材被划伤，每月应清理异物，涂抹润滑脂，如图 3–95 所示。

（4）钢丝绳的润滑。钢丝绳是起升机构的重要组成部分，在吊装的过程中会嵌入一些异物，其与钢丝绳摩擦会造成钢丝绳断股、磨损，严重影响起重作业的安全性。日常须针对钢丝绳进行润滑，并及时清理嵌入的异物，如图 3–96 所示。

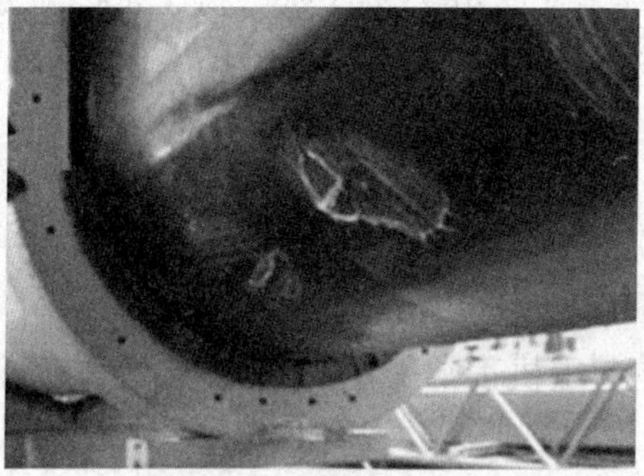
图 3–95 起重臂滑道润滑

图 3–96 钢丝绳的清理润滑

（5）回转减速机的润滑。回转减速机的润滑主要针对回转减速机的油品进行检查与更换，防止油品内有杂质或乳化、漏油等造成齿轮磨损。回转减速机油品加注如图 3–97 所示。

（6）起升减速机的润滑。起升减速机的润滑主要针对减速机内部减速齿轮润滑不充分或油品内有杂质、乳化，造成齿轮磨损、车辆停机等。减速机油位、放油口、加油口如图 3–98 所示。

图 3–97 回转减速机油品加注

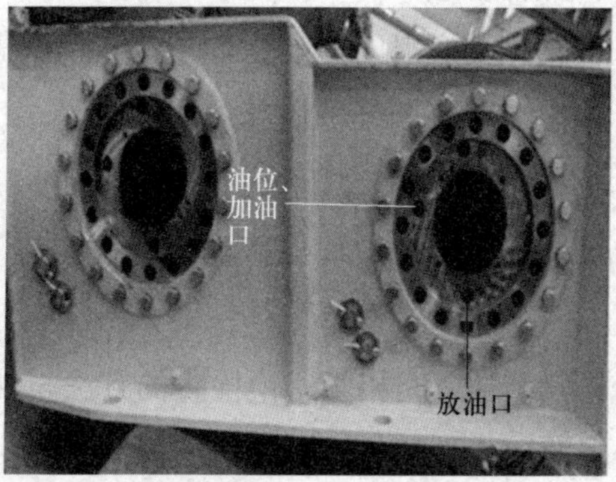

图 3–98 减速机油位、放油口、加油口

操作技能

黄油枪的使用

一、操作准备

绳排式起重机 1 台、黄油枪 1 把、警戒线若干、办公桌 1 张、椅子 1 把、签字笔 1 支、白纸若干。

二、操作步骤

1. 准备起重机、黄油枪、警戒线、纸张等。

2. 分别找出起重机上下车需要使用润滑脂维护保养的位置。

步骤一：观察起重机周围环境，排除影响起重机正常工作的危险源。

步骤二：模拟演练黄油枪加润滑脂。

步骤三：模拟演练黄油枪排气。

步骤四：模拟演练施加润滑脂。

减速机维护保养

一、操作准备

准备起重机、相关润滑油的标准、纸张、签字笔、铅笔、橡皮等。

二、操作步骤

1. 查阅相关润滑的标准指导书，查找所需油品型号并做记录。

2. 找出需要定期维护保养加油的位置。

步骤一：观察油标，确定是否需要加油，及需要加注油品的种类及牌号。

步骤二：将需要维护保养的零部件名称、需要加注的润滑油标准牌号记录在纸张上。

步骤三：学员间相互讨论检查的方法、油品的牌号的正确性。

步骤四：请教师确认，并给出标准答案。

职业模块 4

安全文明生产与环境保护

培训课程 1

安全文明生产

学习单元 1　安全操作规程

一、劳保防护用品的分类

1. 劳保防护用品的概念

劳保防护用品是指保护劳动者在生产过程中的人身安全与健康所必备的一种防御性装备。

2. 劳保防护用品的分类及作用

按照防护部位劳保防护用品分为九类。

（1）安全帽类。安全帽是用于保护头部，以防撞击、挤压伤害的护具，主要有塑料、橡胶、玻璃、胶纸、防寒和竹藤安全帽。

（2）呼吸护具类。呼吸护具是预防尘肺和职业病的重要护品，按用途分为防尘、防毒、供氧三类，按作用原理分为过滤式、隔绝式两类。

（3）眼防护具。眼防护具用以保护作业人员的眼睛、面部，防止外来伤害，分为焊接用眼防护具、炉窑用眼防护具、防冲击眼护具、微波眼防护具、激光防护镜，以及防 X 射线、防化学、防尘等眼护具。

（4）听力护具。长期在 90 dB（A）以上或短时在 115 dB（A）以上环境中工作时应使用听力护具。听力护具有耳塞、耳罩和帽盔三类。

（5）防护鞋。防护鞋用于保护足部免受伤害，主要产品有防砸、绝缘、防静电、耐酸碱、耐油、防滑鞋等。

（6）防护手套。防护手套用于手部保护，主要有耐酸碱手套、电工绝缘手套、电焊手套、防X射线手套、石棉手套等。

（7）防护服。防护服用于保护职工免受劳动环境中的物理、化学因素的伤害。防护服分为特殊防护服和一般作业服两类。

（8）防坠落具。防坠落具是用于防止坠落事故发生的安全带、安全绳和安全网等。

（9）护肤用品。护肤用品用于外露皮肤的保护，分为护肤膏和洗涤剂。

在具有职业危害的场所施工作业，正确穿戴劳保防护用品，对于减少职业危害起着相当重要的作用。

二、劳保防护用品的穿戴规范

1. 劳保防护用品的穿戴标准

（1）工作时必须穿戴工作服。工作服穿戴要求三紧：领口紧、袖口紧、下摆紧。工作人员的工作服不应有可能被转动的机器咬住的部分，衣口袖口必须系好；禁止戴围巾、穿长衣服；工作服禁用尼龙或化纤或棉花纤混纺的衣料制作，以防工作服遇火燃烧加重烧伤程度。

（2）任何人进入生产现场必须戴安全帽。戴安全帽要求必须系带子，帽内衬垫不能过低，长发或辫子要盘在安全帽内。

（3）工作鞋带必须系牢，后跟部位要提好，不准拖拉。进入工作现场禁止穿高跟鞋。

（4）防护眼镜要戴好，镜架框与脸部要吻合，避免侧面漏光，防护眼镜大小要合适，避免作业时脱落或晃动，不准用墨镜、眼镜代替防护眼镜。

（5）防尘口罩佩戴时应按压鼻夹，使其与鼻梁形状一致，保证口罩与面部紧密贴合，不得留有空隙。防尘口罩是从事和接触粉尘的作业人员必不可少的防护用品。

（6）做接触高温物体的工作时，必须戴手套和穿专用工作服。

2. 劳保防护用品的穿戴

如图4–1所示，起重作业前，要穿好劳保鞋，戴好安全帽，系好袖口、领口以及裤脚，需要登高作业时，还需要系好安全带。

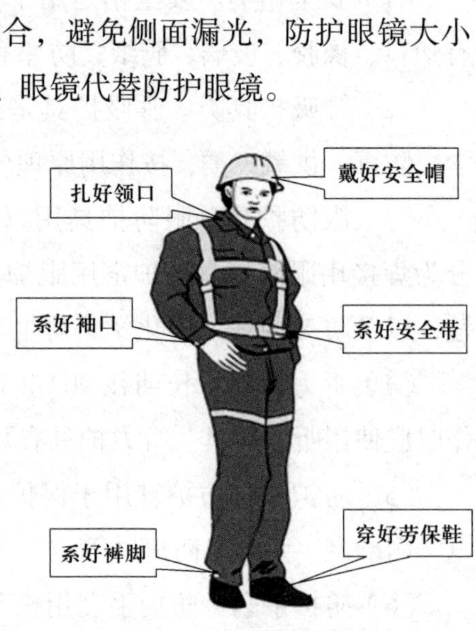

图4–1　劳保防护穿戴

三、起重机安全操作规程

1. 起重机安全使用条件

（1）在使用初期，起重机全部机构的零件正处于磨合状态，所以新车在最初 100 h 内工作时，工作负荷和工作速度不应过高，最大起重量应不大于额定起重量的 80%，并且不允许用最高速度工作。

（2）起重机工作场地的地面应坚实平整，承压能力不小于 3.5 MPa，整机应保持水平，作业过程中支撑地面不得下陷，若地面较软，要在支脚板下垫上结实的木块等。

（3）起重机作业时，所有轮胎应支离地面。

（4）起重机作业环境温度为 –20 ℃ ~ 40 ℃。

（5）起重机工作时，风力大于六级（13.8 m/s）或有雷电时应停止工作，并将伸臂缩回成行驶状态，如图 4–2 所示。

（6）起重机必须无故障工作。

a)　　b)

图 4–2　起重机安全使用禁止事项示意图 1

a）严禁大风作业　b）严禁雷电天气作业

2. 起重机安全使用注意事项

（1）工作时，起重臂下严禁站人。

（2）起重作业时，转台上不得站人。

（3）注意回转半径内的安全。

（4）如图 4–3a 所示，严禁在不使用支腿的情况下进行作业。

（5）如图 4–3b 所示，起重作业时，整机倾斜度不允许大于 1%。

（6）如图 4–3c 所示，起重作业时，不准在有人的上空吊运重物，所有人员不准在重物下方停留或行走。

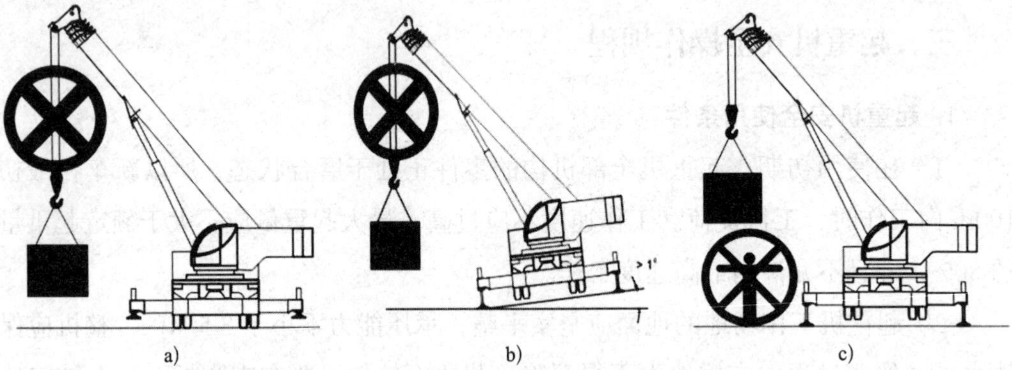

图 4–3　起重机安全使用禁止事项示意图 2

a）禁止未使用支腿作业　b）禁止倾斜作业　c）禁止重物下方有人时作业

（7）不准在重物上有人时起吊重物。

（8）严禁超载作业，不准斜拉斜吊物品，不准抽吊交错挤压物品。

（9）严禁起吊埋在地下或冻结在地上的物品，如图 4–4 所示。

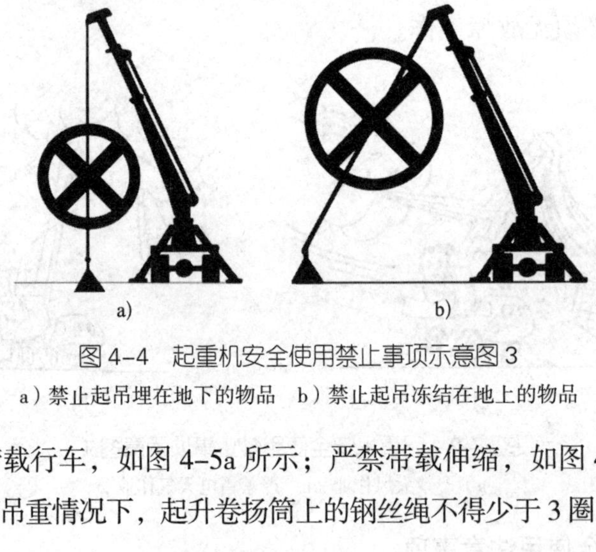

图 4–4　起重机安全使用禁止事项示意图 3

a）禁止起吊埋在地下的物品　b）禁止起吊冻结在地上的物品

（10）严禁带载行车，如图 4–5a 所示；严禁带载伸缩，如图 4–5b 所示。

（11）在任何吊重情况下，起升卷扬筒上的钢丝绳不得少于 3 圈，如图 4–5c 所示。

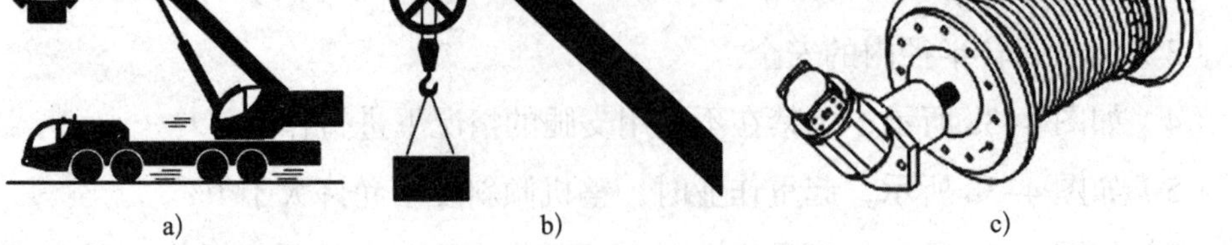

图 4–5　起重机安全使用禁止事项示意图 4

a）严禁带载行车　b）严禁带载伸缩　c）起升卷扬筒上的钢丝绳控制

（12）不得在有载荷的情况下，调整起升机构制动器。

（13）重物在空中停留时，司机不得离开操纵室，在紧急情况下，操作工可以使用操纵室内备用的应急锤，砸碎玻璃逃生，如图 4–6a 所示。

（14）作业场地附近有架空高压线时，起重臂距高压线的距离应不超过有关部门规定，如图 4–6b 所示。

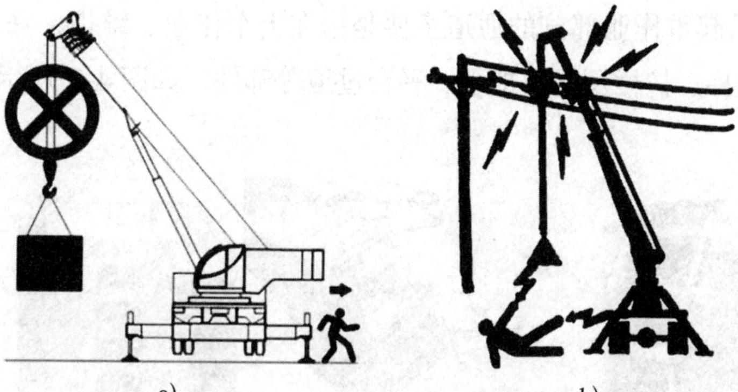

图 4–6 起重机安全使用禁止事项示意图 5

a）禁止无人负载 b）禁止起重臂距高压线超过安全距离

（15）操作应平稳、缓和，严禁猛拉、猛推操纵手柄及急剧转换操作。

（16）操作时应经常注意对起重机进行检查，发现异常，应查明原因，及时排除。

（17）当实际载荷达到额定载荷的 90% 时，力矩限制器发生蜂鸣报警，应引起高度注意。

（18）未经允许，严禁对起重机进行任何改制。

3. 停止起重机操作事项（有下列情况之一时）

（1）超载或物体重量不确定时。

（2）重物捆绑、吊挂不牢或不平衡，可能产生滑落时。

（3）重物棱角处与钢丝绳之间未加衬垫时。

（4）工作场地昏暗，无法识别起吊重物或指挥信号时。

（5）结构或零部件有影响安全工作的缺陷或损伤，如制动器失灵、安全装置出现故障、钢丝绳损伤等。

学习单元 2　通道的使用

一、起重机上、下车通道的使用

1. 汽车吊起重作业部分的通道主要是指在上车作业、维护、登高时使用的相关通道，如楼梯、护栏及扶手把手、平台过道等部件，如图 4–7 所示。

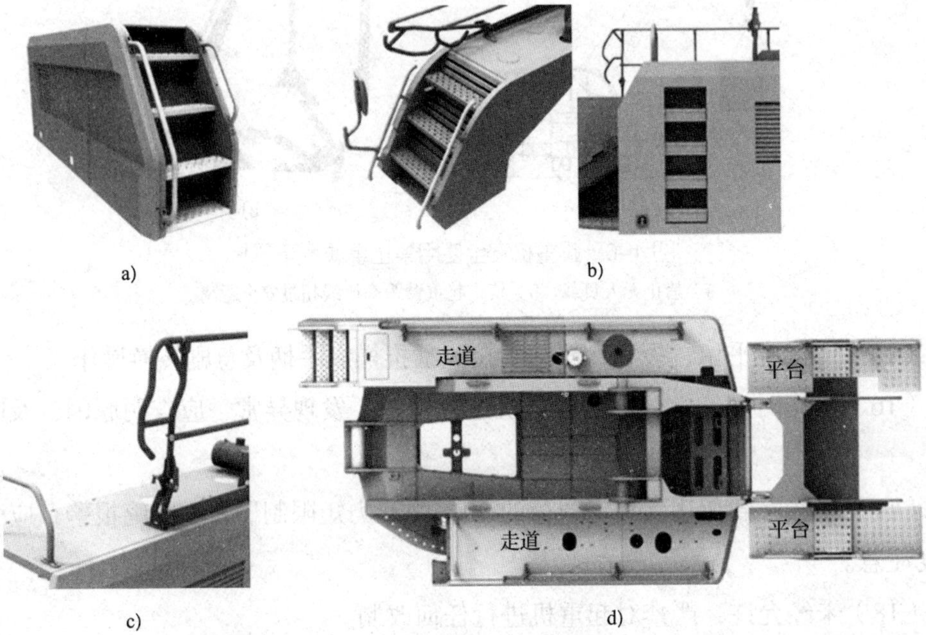

图 4–7　起重机常见通道

a）斜梯　b）直梯　c）扶手　d）平台、通道

通道和平台的表面应设置防滑垫等防滑措施。通道应同时提供三点支撑（两只手和一只脚，或两只脚和一只手），如图 4–8 所示。

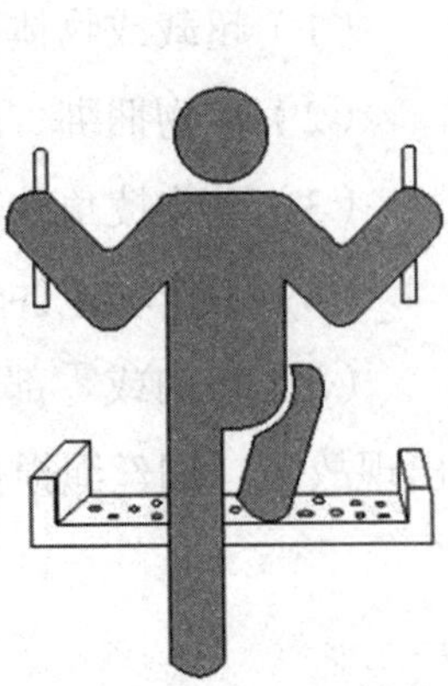

图 4–8　扶梯的使用

2. 汽车吊行驶部分的通道是指进入驾驶室、进行底盘维修、登高时使用的相关通道，如楼梯、扶手把手、平台过道等部件。

驾驶室通道主要内容包括一级踏板、二级踏板以及把手等部件。

二、起重机维护、检修通道的使用

1. 驾驶室通道的使用

驾驶室通道主要包括一级踏板、二级踏板以及把手等部件。

（1）打开驾驶门，如图 4–9 所示。

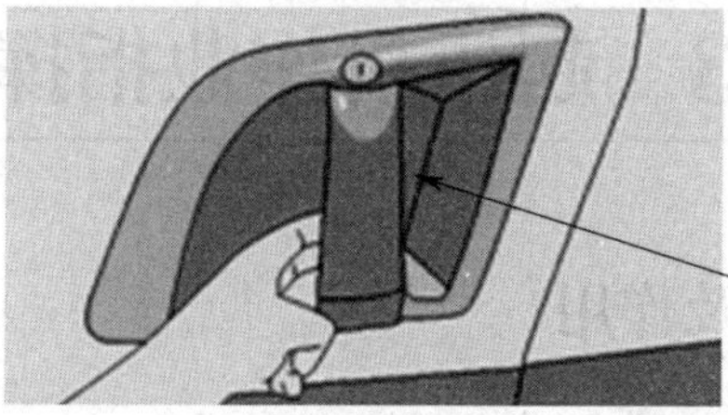

图 4–9 门锁

（2）打开一、二级踏板，如图 4–10 所示。

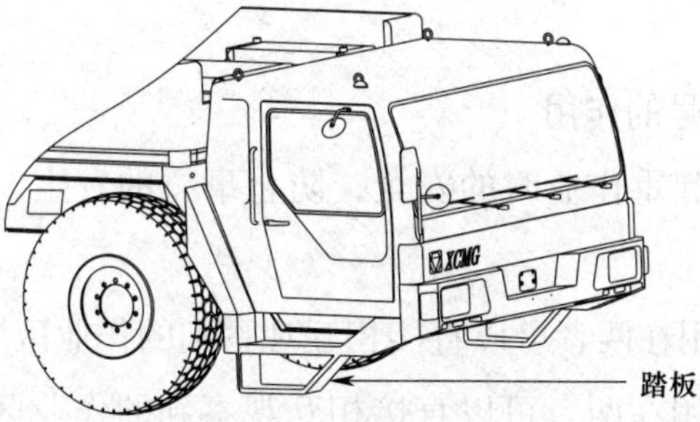

图 4–10 踏板

2. 上车通道的使用

上车通道是方便人员从地面到达上车作业范围的装置，主要包括各种直梯、斜梯、扶手等。

由于起重机械结构的特殊性，一般其外形尺寸较大，在上下起重机时应当注意安全以免发生意外伤害。

（1）攀登起重机前应确保起重机完全停稳，禁止跳上或跳下机器。

（2）应当借助梯子扶手等固定通道设施上下起重机。

（3）人员应与梯子、扶手、踏板保持三点接触，确保身体支撑平衡。

（4）不得在表面无防滑装置或防滑装置已严重磨损的平台上行走。保持起重机所有的通道和作业平台清洁、干燥、防滑。

（5）建议操作或维修人员穿着防滑鞋进入操作室或作业平台。

（6）不得将起重臂作为通道行走。

（7）不得踩踏支腿横梁或支脚盘上下起重机。

（8）禁止使用方向盘或操纵杆作为扶手。

（9）未经允许不得擅自改动起重机固有的通道装置。

学习单元 3　起重机作业指挥信号

一、指挥信号的分类及作用

1. 起重机指挥信号

起重机指挥信号主要分为：手势信号、旗语信号、音响信号。即指挥人员通过使用标准的指挥手势、红绿旗和鸣哨的三种指挥方式，对汽车吊司机进行作业指挥。

2. 起重机指挥信号的作用

为了保障汽车吊起重作业时的安全，防止事故的发生，需要汽车吊司机掌握相关指挥信号。

手势信号主要应用在两者可以直接相互观察到的作业区域内，作业距离较近。

旗语信号主要应用在两者可以直接相互观察到的作业区域内，但作业距离较远，作业环境较为复杂。

音响信号主要应用在两者不可以直接相互观察到的作业区域内，作业环境较为复杂。

二、指挥信号的识别及响应

1. 指挥信号的识别

（1）手势信号（通用手势信号）

1）预备（注意）。一只手臂伸直，置于头上方，五指自然伸开，手掌心朝前保持不动，如图 4–11a 所示。

2）要主钩。单手自然握拳，置于头上部，轻触头顶，如图 4–11b 所示。

3）要副钩。单手自然握拳，小臂向上，保持不动，另一只手伸出，手掌心轻触前手肘关节，如图 4–11c 所示。

图 4–11 手势信号示意图 1

a）预备 b）要主钩 c）要副钩

4）吊钩上升。小臂向侧上方伸直，五指自然伸开，高于肩部，以腕部为轴转动，如图 4–12a 所示。

5）吊钩下降。手臂伸向侧前下方，与身体成约 30° 夹角，五指自然伸开，以腕部为轴转动，如图 4–12b 所示。

6）吊钩水平移动。小臂向侧上方伸直，五指并拢，手掌心朝外，朝负载应该运行的方向，向下挥动到与肩平齐的位置，如图 4–12c 所示。

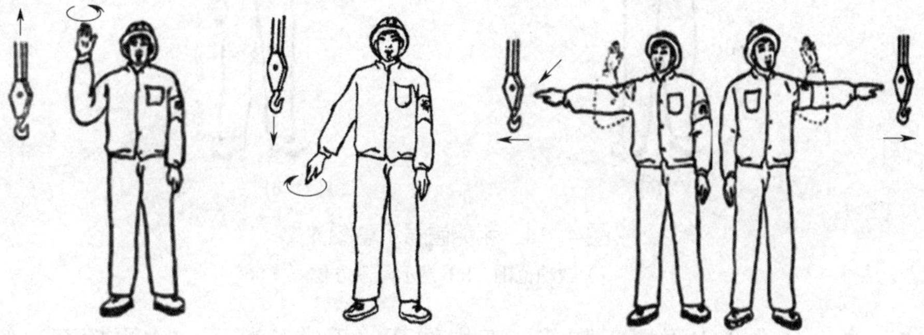

图 4–12 手势信号示意图 2

a）吊钩上升 b）吊钩下降 c）吊钩水平移动

7）吊钩微微上升。小臂伸向侧前上方，手掌心朝上并高于肩部，以腕部为轴，重复向上摆动手掌，如图 4–13a 所示。

8）吊钩微微下落。手臂伸向侧前下方，与身体成约 30° 夹角，手掌心朝下，以腕部为轴，重复向下摆动手掌，如图 4–13b 所示。

9）吊钩水平微微移动。小臂向侧上方自然伸出，五指并拢，手掌心朝外，朝负载应该运行的方向，重复缓慢地摆动手臂，如图 4–13c 所示。

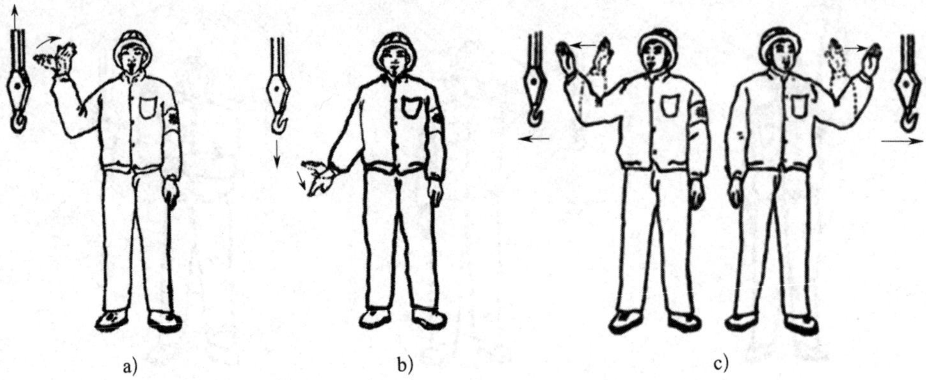

图 4–13　手势信号示意图 3

a）吊钩微微上升　b）吊钩微微下落　c）吊钩水平微微移动

10）微动范围。双小臂曲起，伸向一侧，五指伸直，手掌心相对，两手间距与负载所要移动的距离接近，如图 4–14a 所示。

11）指示降落方位。五指伸直，指向负载应降落的位置，如图 4–14b 所示。

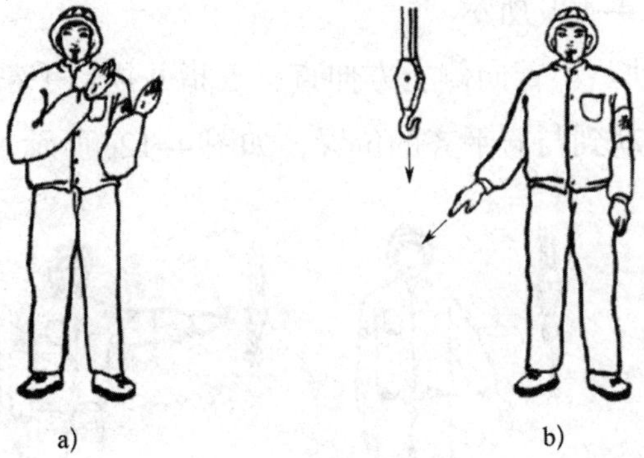

图 4–14　手势信号示意图 4

a）微动范围　b）指示降落方位

12）停止。小臂水平置于胸前，五指伸开，手掌心朝下，水平挥至一侧，如图 4–15a 所示。

13）紧急停止。两小臂水平置于胸前，五指伸开，手掌心朝下，同时水平挥向两侧，如图 4–15b 所示。

14）工作结束。双手五指伸开，在额头前向交叉，如图 4–15c 所示。

15）升臂。手臂向一侧水平伸直，拇指朝上，余指握拢，小臂向上摆动，如图 4–16a 所示。

16）降臂。手臂向一侧水平伸直，拇指朝下，余指握拢，小臂向下摆动，如图 4–16b 所示。

a)　　b)　　c)

图 4-15　手势信号示意图 5

a）停止　b）紧急停止　c）工作结束

17）转臂。手臂水平伸直，指向应转臂的方向，拇指伸出，余指握拢，以腕部为轴转动，如图 4-16c 所示。

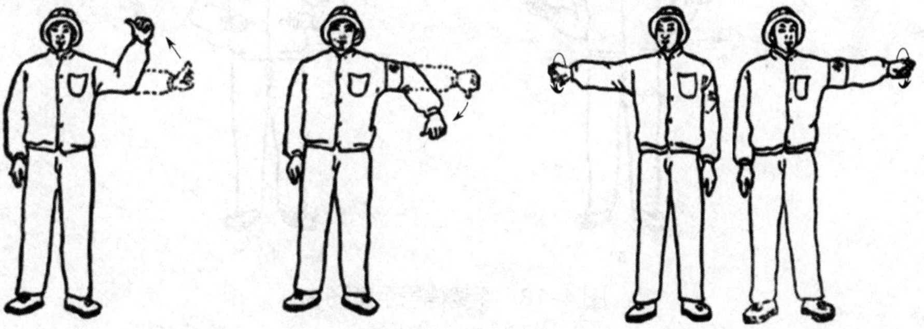

a)　　b)　　c)

图 4-16　手势信号示意图 6

a）升臂　b）降臂　c）转臂

18）微微起臂。一只小臂置于胸前一侧，五指伸直，手掌心朝下，保持不动。另一只手的拇指对着前手手掌心，余指握拢，做上下摆动，如图 4-17a 所示。

19）微微降臂。一只小臂置于胸前一侧，五指伸直，手掌心朝上，保持不动，另一只手的拇指对着前手掌心，余指握拢，做上下摆动，如图 4-17b 所示。

20）微微转臂。一只小臂向前平伸，手掌心自然朝向内侧。另一只手的拇指指向前只手的手心，余指握拢做转动，如图 4-17c 所示。

21）伸臂。两手分别握拳，拳心朝上，拇指分别指向两侧，做相离运动，如图 4-18a 所示。

22）缩臂。两手分别握拳，拳心朝下，拇指相对，做相向运动，如图 4-18b 所示。

（2）旗语信号

1）预备。单手持红绿旗上举，如图 4-19a 所示。

a)　　b)　　c)

图 4-17　手势信号示意图 7

a）微微起臂　b）微微降臂　c）微微转臂

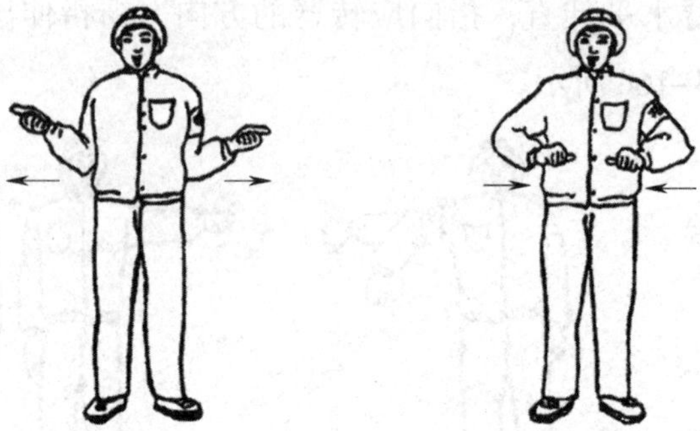

a)　　b)

图 4-18　手势信号示意图 8

a）伸臂　b）缩臂

2）要主钩。单手持红绿旗，旗头轻触头顶，如图 4-19b 所示。

3）要副钩。一只手握拳，小臂向上不动，另一只手拢红绿旗，旗头轻触前只手的肘关节，如图 4-19c 所示。

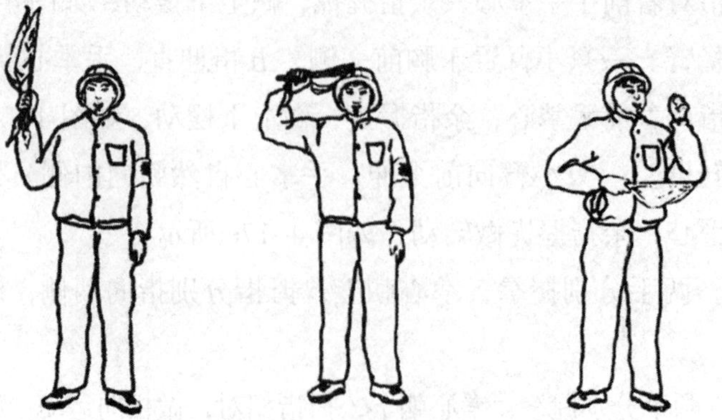

a)　　b)　　c)

图 4-19　旗语信号示意图 1

a）预备　b）要主钩　c）要副钩

4）吊钩上升。一只手持绿旗上举，另一只手持红旗自然放下，如图 4–20a 所示。

5）吊钩下降。一只手持绿旗拢起下指，另一只手持红旗自然放下，如图 4–20b 所示。

6）升臂。一只手持红旗上举，另一只手持绿旗自然放下，如图 4–21a 所示。

7）降臂。一只手持红旗拢起下指，另一只手持绿旗自然放下，如图 4–21b 所示。

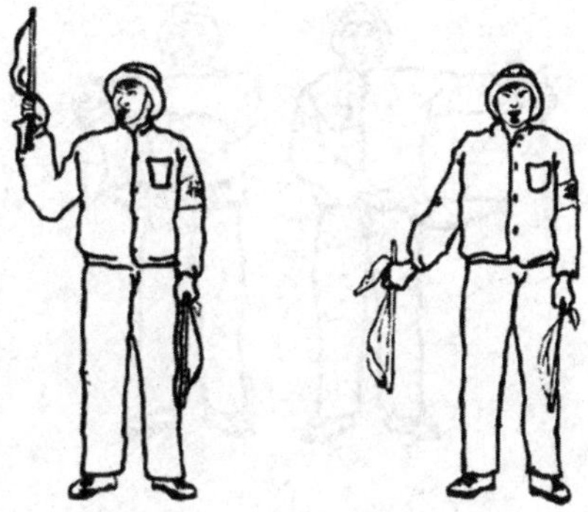
a)　b)

图 4–20　旗语信号示意图 2

a）吊钩上升　b）吊钩下降

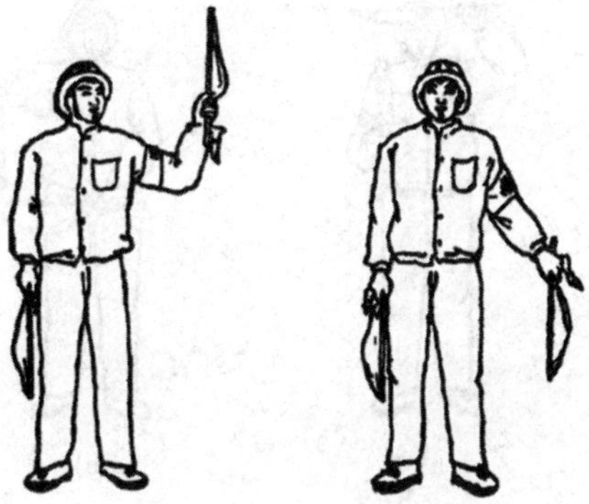
a)　b)

图 4–21　旗语信号示意图 3

a）升臂　b）降臂

8）吊钩微微上升。一只手持绿旗上举，另一只手持红旗拢起并横在绿旗上，互相垂直，如图 4–22a 所示。

9）吊钩微微下降。绿旗拢起下指，红旗横在绿旗下，互相垂直，如图 4–22b 所示。

10）转臂。一只手持绿旗自然放下，另一只手持红旗拢起，水平指向应转臂的方向，如图 4–22c 所示。

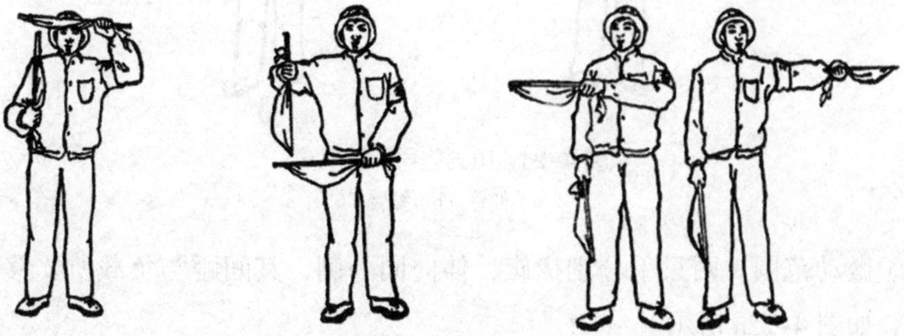
a)　b)　c)

图 4–22　旗语信号示意图 4

a）吊钩微微上升　b）吊钩微微下降　c）转臂

11）微微升臂。一只手持红旗上举，另一只手持绿旗拢起并横在红旗上，互相垂直，如图 4–23a 所示。

12）微微降臂。一只手持红旗拢起下指，另一只手持绿旗横在红旗下，互相垂直，如图 4–23b 所示。

13）微微转臂。一只手持红旗拢起，横在腹前，指向应转臂的方向；另一只手持绿旗拢起，竖在红旗前，互相垂直，如图 4–23c 所示。

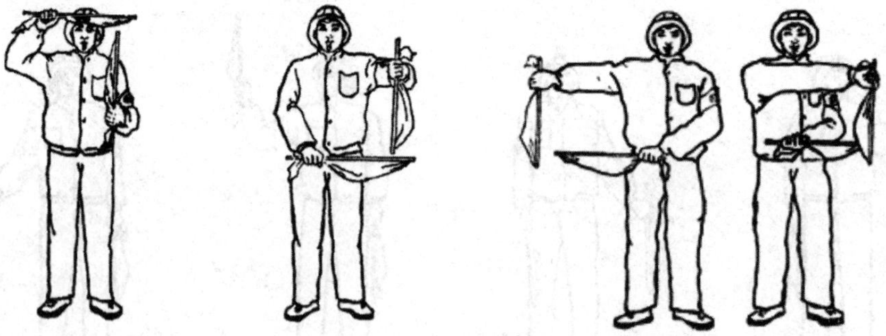

a) b) c)

图 4–23 旗语信号示意图 5

a）微微升臂 b）微微降臂 c）微微转臂

14）伸臂。两只手持两旗分别拢起，横在身体两侧，旗头分别外指，如图 4–24a 所示。

15）缩臂。两只手持两旗分别拢起，横在胸前，旗头对指，如图 4–24b 所示。

a) b)

图 4–24 旗语信号示意图 6

a）伸臂 b）缩臂

16）微动范围。两只手分别拢旗，伸向同一侧，其间距与负载所要移动的距离接近，如图 4–25a 所示。

17）指示降落方位。一只手拢绿旗，指向负载应降落的位置，旗头进行转动，另一只手持红旗自然放下，如图 4–25b 所示。

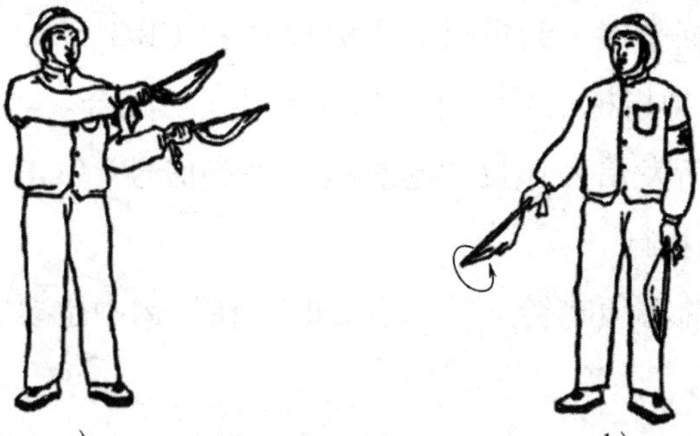

a) b)

图 4–25 旗语信号示意图 7

a）微动范围 b）指示降落方位

18）紧急停止。两只手分别持旗，两只手臂于身体两侧伸直，同时左右摆动，如图 4–26a 所示。

19）工作结束。两只手持两旗拢起，在额前交叉，如图 4–26b 所示。

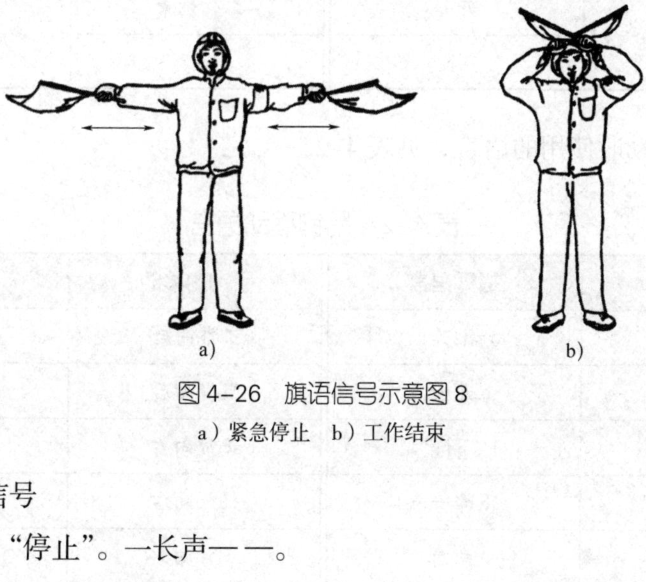

a) b)

图 4–26 旗语信号示意图 8

a）紧急停止 b）工作结束

（3）音响信号

1）“预备”“停止”。一长声——。

2）“上升”。二短声●●。

3）“下降”。三短声●●●。

4）“微动”。断续短声●○●○●○●。

5）“紧急停止”。急促的长声———————。

2. 指挥信号的响应

（1）司机的职责及其要求

1）司机必须听从指挥人员的指挥，当指挥信号不明时，司机应发出“重复”信号询问，明确指挥意图后，方可开车。

2）司机必须熟练掌握《起重机　手势信号》（GB/T 5082—2019）规定的通用手势信号和有关的各种指挥信号，并与指挥人员密切配合。

3）当指挥人员所发信号违反《起重机　手势信号》（GB/T 5082—2019）的规定时，司机有权拒绝执行。

4）司机在开车前必须鸣铃示警，必要时，在吊运中也要鸣铃，通知受负载威胁的地面人员撤离。

5）在吊运过程中，司机对任何人发出的“紧急停止”信号都应服从。

（2）指挥语言的响应

1）开始、停止工作时使用的语言，见表 4–1。

表 4–1　开始、停止工作的语言

起重机的状态	指挥语言	起重机的状态	指挥语言
开始工作	开始	工作结束	结束
停止和紧急停止	停		

2）吊钩移动时使用的语言，见表 4–2。

表 4–2　吊钩移动语言

吊钩的移动	指挥语言	吊钩的移动	指挥语言
正常上升	上升	正常向后	向后
微微上升	上升一点	微微向后	向后一点
正常下降	下降	正常向右	向右
微微下降	下降一点	微微向右	向右一点
正常向前	向前	正常向左	向左
微微向前	向前一点	微微向左	向左一点

3）汽车吊回转时使用的语言，见表 4–3。

表 4–3　汽车吊回转语言

转台的回转	指挥语言	转台的回转	指挥语言
正常右转	右转	正常左转	左转
微微右转	右转一点	微微左转	左转一点

4）汽车吊臂架移动时使用的语言，见表 4–4。

表 4–4 汽车吊臂架移动语言

臂架的移动	指挥语言	臂架的移动	指挥语言
正常伸长	伸长	正常升臂	升臂
微微伸长	伸长一点	微微升臂	升一点臂
正常缩回	缩回	正常降臂	降臂
微微缩回	缩回一点	微微降臂	降一点臂

（3）音响信号的响应

1）“明白”——服从指挥。一短声●。

2）“重复”——请求重新发出信号。二短声●●。

3）“注意”。长声———————。

（4）信号的配合响应

1）指挥人员使用音响信号与手势或旗语信号的配合指挥

①在发出“上升”音响时，可分别与“吊钩上升”“升臂”“伸臂”手势或旗语相配合。

②在发出“下降”音响时，可分别与“吊钩下降”“降臂”“缩臂”手势或旗语相配合。

③在发出“微动”音响时，可分别与“吊钩微微上升”“吊钩微微下降”“吊钩水平微微移动”“微微升臂”“微微降臂”手势或旗语相配合。

④在发出“紧急停止”音响时，可与“紧急停止”手势或旗语相配合。

⑤在发出预备音响信号时，均可与上述未明确规定的手势或旗语相配合。

2）指挥人员与汽车吊司机之间的配合

①指挥人员发出“预备”信号时，要目视司机，司机接到信号在开始工作前，应回答“明白”信号。当指挥人员听到回答信号后，方可进行指挥。

②指挥人员在发出“要主钩”“要副钩”“微动范围”手势或旗语时，要目视司机，同时可发出“预备”音响信号，司机接到信号后，要准确操作。

③指挥人员在发出“工作结束”的手势或旗语时，要目视司机，同时可发出“停止”音响信号，司机接到信号后，应回答“明白”信号方可离开岗位。

④指挥人员对起重机械要求微微移动时，可根据需要，重复给出信号。司机应按信号要求，缓慢平稳操纵设备。除此之外，如无特殊需求及其他指挥信号，

指挥人员都应一次性给出指挥信号。司机在接到下一信号前，必须按原指挥信号要求操纵设备。

学习单元 4　安全警示牌的设置和撤出

一、安全警示牌的分类及作用

在施工吊装区域设置必要的安全警示牌，能对安全生产起到提示、警示等作用。例如设置“施工现场、注意安全”“当心吊物”等警示牌。

1. 安全警示牌概述

安全警示牌包括安全色和安全标志，它是由安全色、几何图形、图像符号构成的。

（1）安全色的分类。安全色是指传递安全信息含义的颜色，包括红色、黄色、蓝色和绿色等四种颜色。

1）红色。表示禁止、停止、危险等意思。

2）黄色。表示警告、提醒人们注意。

3）蓝色。表示指令或要求人们必须遵守的规定。

4）绿色。表示给人们提供允许、安全的信息。

（2）安全标志的分类。安全标志是用以传递安全信息的标志，分为禁止、警告、指令、提示四类。

1）禁止标志。禁止人们做出不安全行为的图形标志，基本形式是带斜杠的圆边框。

2）警告标志。提醒人们对周围环境引起注意，是避免可能发生危险的图形标志，基本形式是正三角形边框。

3）指令标志。强制人们必须做出某种动作或采用防范措施的图形标志，基本形式是圆形边框。

4）提示标志。向人们提供某种信息的图形标志，基本形式是正方形边框，也可以附上方向文字，呈长方形。

2. 安全警示牌的分类

按照固定方式分为附着式、悬挂式和柱式三类。按照警示等级分为禁止、警告、指令和提示四类。按照设置形式分为警示牌、警示线、警示语句三类。

3. 安全警示牌的作用

安全警示牌用以表示禁止、警告、指令和提示等安全信息，提示、警告从业人员或观察者提高注意力，加强自我保护，避免事故的发生。

4. 汽车吊常用安全警示标志

如图 4–27 所示，在起重机起重臂、平衡重等重要部位，应设置各种安全警示标志牌，指导操作者安全使用设备，避免造成伤害。

图 4–27　汽车吊常用安全标志

a）当心吊物坠落　b）起吊点标志　c）小心跌落　d）CE 标识　e）未经许可禁止通行
f）禁止通行　g）避开外伸支腿　h）小心齿轮　i）小心挤手　j）噪声标志
k）高温烫手　l）禁止烟火　m）急救箱　n）灭火器

二、安全警示牌设置原则

1. 防止危害

安全警示牌的安装位置都不应存在对人的危害。安全警示牌设置在特定位置时，应被牢固地安装或固定，且本身应具有坚实的结构，保证其自身不会产生危险。

2. 避免遮挡

附着式安全警示牌不应设置在可移动的物体上，以免其随物体相应移动，或被障碍物遮挡，影响识读。

3. 容易辨识

安全警示牌应设置在光线明亮的环境中，当附着式安全警示牌被设置于墙壁或其他现存结构上时，背景色应与安全警示标志牌上的主色形成鲜明对比，醒目清晰，观察者容易识别。当安全警示牌同其他多个安全标志牌需要在同一位置设置时，应按照警告、禁止、指令、提示类型的顺序排列，例如在接触开关或其他电气设备处，应隔开一定距离设置在它们的近旁，以免混淆，增加辨识度。在紧急通道的出入口等相关位置，除设置安全警示牌外，夜间还应设置红灯警示，并保证有充足的照明，醒目清晰。

4. 高度适宜

安全警示牌应尽量与人眼的视线高度相一致。悬挂式和柱式的环境信息标志牌的下缘距离地面的高度不宜小于 2 m，警示牌的平面与视线夹角应接近 90°，观察者位于最大观察距离时，最小夹角不应低于 75°。局部信息标志的设置高度应视具体情况确定。

5. 距离适当

应在危险源前方足够远的位置设置安全警示牌，以确保观察者在首次看到标志及注意到此危险时有充足的反应和应对时间。例如，在进入起重作业区域的道路入口处或者沿线各交叉口应设置“禁止通行”“禁止靠近”“禁止入内”等安全警示牌。在通向紧急出口的通道、消防通道口等位置应设置“紧急出口”“安全通道”“安全出口”“消防通道”等安全警示牌，确保观察者在危险区域前方足够远的位置，就能够观察到此种警告，从而提前作出准备。

6. 位置突出

安全警示牌应设置在醒目、突出的位置，安装位置确定后，安全警示牌不应被任意移动，除非位置的变化有益于警示作用。

安全警示牌应设置在与安全有关的醒目位置，相关人员看到后，能够有充足的时间来逐一消化吸收它所表示的安全警示内容。例如：安全警示牌适宜设置在施工场所的入口处和醒目位置，如图 4–28 所示；局部信息标志应设置在所涉及的相应危险地点或设备（部件）附近的醒目位置，如图 4–29 所示。

图 4–28　安全警示牌的设置

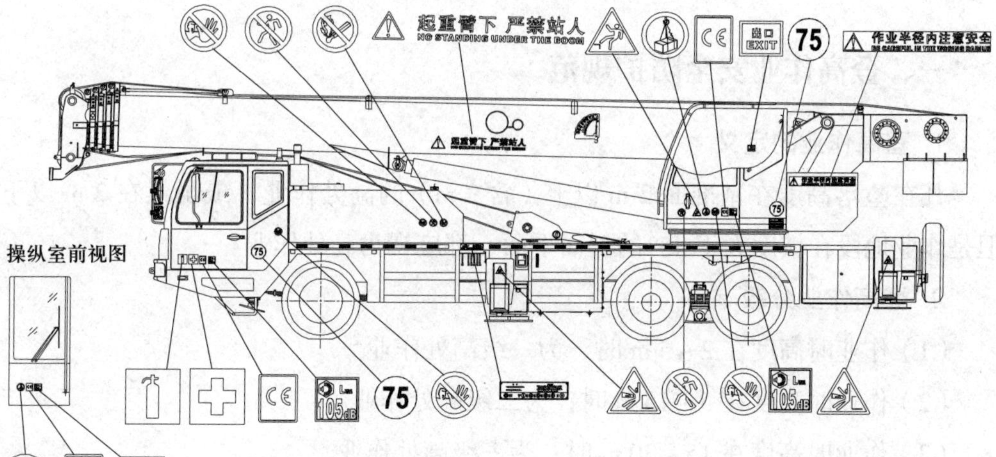

图 4–29　汽车吊常用安全警示标志张贴示意图

7. 警示线的设置

警示线是界定和分隔危险区域的标识线，分为红色、黄色和绿色三种。按照需要，警示线可喷涂在地面或制成色带设置。

8. 警示语句的设置

警示语句是一组表示禁止、警告、指令、提示或描述工作场所职业危害的词语。警示语句可单独使用，也可与图形标志组合使用。

三、撤出安全警示牌

1. 为了有效地发挥安全警示牌的作用，在施工作业完毕之前，不应撤出安全警示牌。

2. 当发现安全警示牌有破损、变形、褪色等不符合要求的情况时，应及时修整或更换，从而使之保持良好的警示状况。

3. 当设立新标志或变更现存标志的位置时，需要撤出安全警示牌，但应提前告知作业人员，并解释其设置或变更的原因。

4. 当确认施工完毕或不会在同一位置作业时，可以撤出安全警示牌。能够重复使用的安全警示牌，建议保存留用。

学习单元 5　登高作业的安全防护

一、登高作业安全防护规范

1. 登高作业的定义

凡在坠落高度在基准面 2 m 以上（含 2 m）的高处作业，或虽然在 2 m 以下，但是作业地段在坡度大于 45° 的斜面下面，都应视为高处作业。

2. 登高作业分级

（1）作业时高度在 2 ~ 5 m 时，为一级高处作业。

（2）作业时高度在 5 ~ 15 m 时，为二级高处作业。

（3）作业时高度在 15 ~ 30 m 时，为三级高处作业。

（4）作业时高度在 30 m 以上时，为特级高处作业。

3. 登高作业安全防护规范

（1）登高作业前，所有登高工具和用具，如安全帽、安全带、梯子、跳板、安全绳等都应该仔细检查，若有不符合要求应及时更换。

（2）登高作业操作，应使用安全带、戴好安全帽，并遵守施工方特定的安全操作规程。

（3）登高作业地点应划出安全禁区，并设置明显标志，禁止无关人员进入。登高作业区须有安全监督，检查人员检查、防护，不能离开工作岗位。

（4）必须正确使用安全带，钩子应钩在固定物体上，无固定物体时，应设置临时装置，并挂牢、挂稳。特殊部位施工（登高条件差），应配置安全绳装置，并系牢在固定位置上。

（5）使用梯子登高时，中间不得缺层，并应牢固地反靠在固定体上。梯脚要有防滑措施，单梯靠放斜度不应小于 30°，人字梯打开后应使用固定装置，使用挂梯必须挂牢挂钩。

（6）必须清理高空作业下方的场地，禁止堆放杂物。

（7）吊篮施工时要双保险，即吊篮挂在吊钩上，作业人员的安全绳也应安装在吊钩上。

（8）上下作业时，手中不应持有物件，传递物件应使用吊绳，严禁上下抛掷工具或器材。

（9）登高作业执行焊接或气割时，必须移开下方的易燃易爆物品。

（10）高处作业时，应把工具、物件放在固定的专用工具袋中，防止坠落伤人。

（11）遇有六级风以上强风和大雨时，禁止露天登高作业，若因抢险抢修等特殊需要，必须采取有效的安全措施。

（12）凡患有高血压、心脏病、贫血病、癫痫以及其他不适于高处作业的人员不准登高作业。

（13）严禁酒后登高作业。

二、登高作业安全防护器具的使用

1. 安全帽使用及佩戴要求（见图 4–30）

（1）佩戴前应检查安全帽外观及配件是否有损坏、连接处是否牢固等。

（2）安全帽佩戴要端正，不得歪戴斜戴。下颚带要系牢，松紧要适宜。佩戴时应调节帽箍，使松紧适宜，头部与帽顶之间的垂直距离应小于 50 mm。

（3）禁止佩戴无帽内垂直净空间、受过重击、有裂纹、无下颚带、帽箍损坏、超过使用期限等不合格的安全帽。严禁用安全帽盛装物料；严禁随意改变安全帽的任何结构，严禁在安全帽上进行钻孔等损坏行为。

（4）必须保持安全帽的清洁，不得在安全帽上乱涂乱画或粘贴图文。

（5）超过脖颈的长发、披发或发辫必须置于安全帽内。

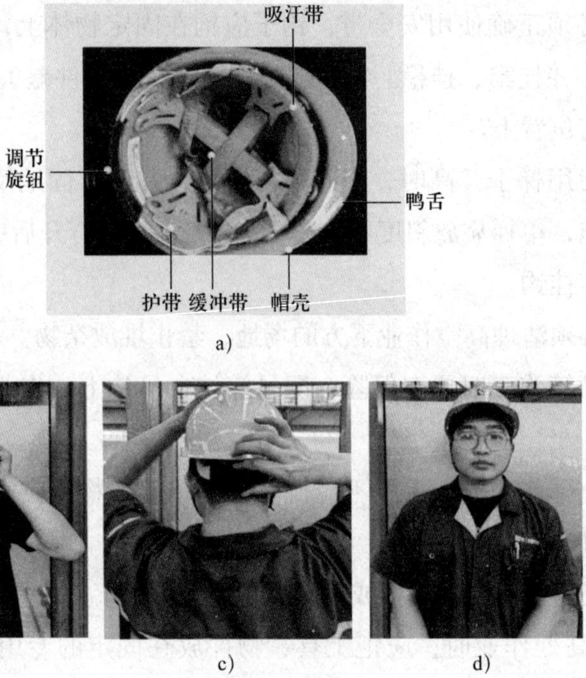

图 4-30　安全帽的佩戴

a）检查安全帽结构　b）束紧下颚带　c）调整帽箍　d）穿戴完成

2. 安全带使用及穿戴要求

（1）登高作业时，要先挂牢安全带后再作业。

（2）安全带要高挂低用，严禁擅自接长使用，各部件不得任意拆除。

（3）安全带不能打结使用，以免发生坠落受冲击时将绳从打结处割断。

（4）钩子要挂在连接环上，不能将挂钩直接挂在移动的、带尖锐棱角的、不牢固的物体上，以及直接挂接在非金属绳上使用。

（5）要束紧腰带、胸带，腰扣、胸扣组件必须系紧系正，全身五点式安全带结构、穿戴标准如图 4-31a 所示；半身三点式安全带穿戴方法如图 4-31b ~ 图 4-31e 所示。

3. 登高梯使用及要求（见图 4-32）

（1）使用前应检查梯子的牢固程度，是否满足承受荷载，不安全的梯子严禁使用。

（2）梯子的锁固装置、梯脚胶垫如有缺失或损坏要及时更换。

（3）单面梯子使用时，支撑点应依靠于固定牢固的物体上。当倾斜角度与水平面成 75° ± 5° 时，梯子的支撑点应与支撑物连接固定，防止侧滑。人字梯使用时，两侧拉杆应完全打开并使所有梯脚着地后方可使用。

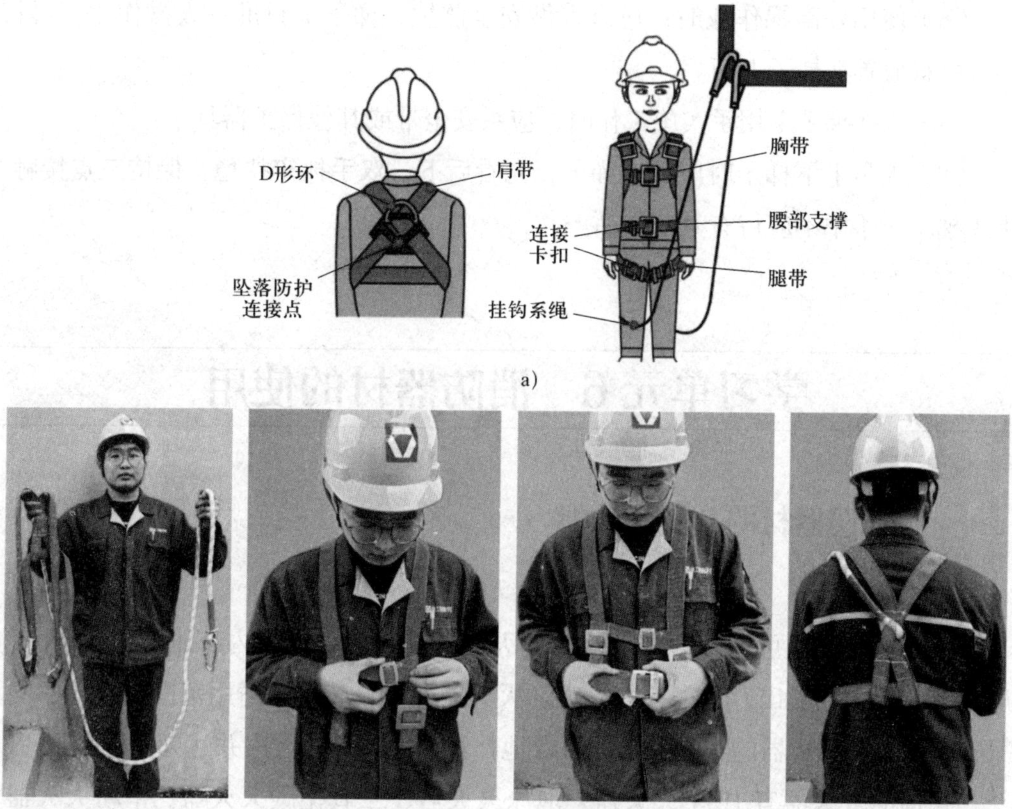

b）　c）　d）　e）

图 4-31　安全带的佩戴

a）安全带结构及名称　b）穿戴前找正　c）束胸扣　d）束腰扣　e）安全绳顺畅

图 4-32　登高梯使用要点

（4）在梯子上作业时，使用单面梯时梯顶不应低于作业人员的腰部，使用人字梯时禁止在梯子的最高处或梯子的最上面一、二级横档上工作。

（5）作业高度超过 2 m 时，地面应有人扶着梯子，防止梯子滑动或倾翻。

（6）使用登高梯作业时，应有人做安全监护，梯子上只准一人操作，不得将工具材料放置在梯子上面。

（7）当在梯子上用手实施工作时，应系安全带或其他保护器具。

（8）人员上下梯子时应面对梯子，先看后下，双手抓牢扶稳，保持三点接触，上下梯子时手中不应持有其他物品。

学习单元6　消防器材的使用

一、消防器材的分类及功能

1. 灭火器

灭火器是一种可由人力移动的轻便灭火器具，它能在其内部压力作用下，将所充装的灭火剂喷出，用来扑救火灾。灭火器种类繁多，其适用范围也有所不同，只有正确选择灭火器的类型，才能有效地扑救不同种类的火灾并达到预期效果。

常用的灭火器有1211灭火器、泡沫灭火器、二氧化碳灭火器、干粉灭火器、水基灭火器等。

（1）1211灭火器。1211是二氟一氯一溴甲烷的代号。1211灭火器是利用装在筒内的氮气压力将1211灭火剂喷射出灭火，它属于储压式一类。

（2）泡沫灭火器。泡沫灭火器内有两个容器，分别盛放两种液体，它们是硫酸铝和碳酸氢钠溶液，以及一定比例的发泡剂。两种溶液互不接触，不发生任何化学反应。平时千万不能碰倒泡沫灭火器。当需要使用泡沫灭火器时，把灭火器倒立，两种溶液混合在一起，就会产生大量的二氧化碳气体。

（3）二氧化碳灭火器。二氧化碳灭火器利用二氧化碳气体可以排除空气而包围在燃烧物体的表面或分布于较密闭的空间中，降低可燃物周围或防护空间内的氧浓度，以产生窒息作用而灭火。另外，二氧化碳从储存容器中喷出时，会由液体迅速汽化成气体，从周围吸收部分热量并起到冷却的作用。

（4）干粉灭火器。干粉灭火器内充装的是磷酸铵盐干粉灭火剂。干粉灭火剂是用于灭火的干燥且易于流动的微细粉末，由具有灭火效能的无机盐和少量的添加剂经干燥、粉碎、混合而成微细固体粉末组成。

（5）水基灭火器。水基灭火器灭火剂主要有碳氢表面活性剂、氟碳表面活性剂、阻燃剂和助剂等组成。在喷射后，灭火剂呈水雾状，灭火剂瞬间蒸发而吸收火场大量的热量，迅速降低火场温度，抑制热辐射，表面活性剂在可燃物表面迅速形成一层水膜，隔离氧气，起到降温、隔离双重作用，达到快速灭火的目的。

2. 消防水带、消火栓

消火栓是扑灭火灾的常用灭火设施，消火栓包括室内消火栓系统和室外消火栓系统。下面以常用的室内消火栓系统为例介绍使用方法及注意事项。

室内消火栓系统包括室内消火栓、水带、水枪。它由开启阀门和出水口组成，遇有火警时，按下箱门上的弹簧锁，拉开箱门后，取下水枪，拉出水带，同时把水带接口与消火栓接口连接上，按下箱体内的消火栓报警按钮，把室内消火栓手轮按顺时针方向旋开，即能进行喷水灭火。

消防水枪是灭火的射水工具，用其与水带连接会喷射密集充实的水流，具有射程远、水量大等优点。它由管牙接口、枪体和喷嘴等主要零部件组成。

3. 手按报警铃、应急灯

（1）手按报警铃。当发生火灾时，可直接按下报警铃，消防主机发出报警信号，并起到报警求援的作用。

（2）应急灯。当发生火灾时通常会伴有停电等现象，消防应急灯是一种自动充电的照明灯。当发生火灾或停电时，消防应急灯会自动工作发光，为人们指示安全通道和出口的位置，以免人们找不到安全出口而撞伤。

4. 烟感报警器、感温探测玻璃球喷头配置、温感探测器

（1）烟感报警器。当空气中烟的浓度达到一定程度时，烟感报警器就会自动报警，提醒人们发生火灾的位置。

（2）感温探测玻璃球喷头配置。当温度达到 68 ℃时，感温探测玻璃管就会自动爆裂，喷淋系统则启动消防喷淋，自动喷水灭火。

（3）温感探测器。当空气中热量达到一定程度时，温感探测就会自动报警，提醒人们发生火灾的位置。

二、消防器材的使用方法及技巧

1. 灭火器

使用干粉灭火器时，在距燃烧物 3～5 m 处，先将安全插销拔下，压下压把，同时要迅速摇动喷嘴，使粉雾横扫整个着火区的火源根部，直至将火扑灭。使用方法及技巧如下。

（1）当发生火灾时边跑边将筒身上下摇动数次。

（2）拔出安全销，筒体与地面垂直，手握胶管。

（3）选择上风位置接近火点，将水枪朝向火苗根部。

（4）用力压下握把，摇摆喷射，将干粉射入火焰根部。

（5）火源熄灭后以水冷却除烟。

（6）灭火时应顺风，不宜逆风。

（7）对于电气引起的火灾，一定要先断开电源，再使用灭火器灭火。

2. 消防水带、消火栓

（1）消防水带

1）取出消防栓内水带并展开，铺设时应避免过度曲折，以防止降低耐水压能力，还应避免扭转，以防止充水后水带转动面使内扣式水带接口脱开。

2）充水后应避免在地面上随意拖拉，需要改变位置时要尽量抬起移动，以减少水带与地面的磨损。

（2）消火栓

1）一头连接在出水接扣上，另一端接上水枪，缓慢开启球阀，严禁快速开启，防止造成水锤现象。

2）快速拉取橡胶水管至事故地点，同时缓慢开启球阀开关。

三、使用消防器材进行消防演练

1. 消防演练的目的

为了让员工掌握消防应急常识，树立消防意识，掌握好火灾事故现场应急扑救与救护的作业流程，并具备自救互救、抗击突发事件的应变能力，在真正发生火灾等事故时，员工能有组织、有顺序、迅速、安全地疏散，并学会正确使用灭火器以及掌握逃生的方法。

2. 消防演练的预案

（1）组织准备。提前做好疏散预案，明确疏散通道、安全事项、现场组织安排等。

1）成立组织机构（灭火行动组、通讯联络组、疏散引导组、安全防护救护组等）；

2）编制报警和接警处置程序；

3）制定应急疏散的组织程序和措施；

4）制定扑救初起火灾的程序和措施；

5）通信联络、安全防护救护的程序和措施等。

（2）物质准备。提前准备火源、火种、消防器材等，如足量燃油、足量木块或其他燃烧物、发烟罐、点火把、灭火器、毛巾、哨子、秒表、消防栓、扳手、水带、水枪等。

（3）宣传培训准备。提前告知员工消防演练内容、时间、疏散准确的地点、疏散过程注意事项等，让员工在消防演练时，意识到位、行动迅速，做到组织有序。提前做好消防人员使用消防器材的培训，利用火种制造火源的培训，紧急救护培训等。消防演练过程做好拍照等现场记录，为宣传、总结做准备。

3. 消防演练的组织

（1）领导要重视。安全无小事，安全消防演练，领导一定要在场，能够让员工在思想上重视，达到消防演练的目的。

（2）组织要有序。部门领导要作为部门员工组织者，带头参与演练，确保按照既定的演练方案有组织、有顺序地进行演练，不会造成意外伤害事故等。

（3）演练要实战。消防演练一般要组织灭火器的使用、消防栓开闭、消防水带及枪头的对接、水带铺设、安全疏散等内容。

（4）评比要公开。消防演练主要测试参赛部门员工的反应速度、组织秩序。能够快速撤离火场，就是尊重生命的体现。对疏散演练使用时间最短、组织有序、动作规范的部门，要给予表彰。

学习单元 7　紧急逃生与救护

一、突发情况的种类

1. 自然灾害

自然灾害主要包括水旱灾害、气象灾害、地震灾害、地质灾害、海洋灾害、生物灾害和森林草原火灾等。

2. 事故灾难

事故灾难主要包括工矿商贸等企业的各类安全事故，交通运输事故，公共设施和设备事故，环境污染和生态破坏事件等。

3. 公共卫生事件

公共卫生事件主要包括传染病疫情，群体性不明原因疾病，食品安全和职业危害，动物疫情，以及其他严重影响公众健康和生命安全的事件。

4. 社会安全事件

社会安全事件主要包括恐怖袭击事件、经济安全事件和涉外突发事件等。

二、紧急逃生的方法及演练

在日常生活和生产实际中，火灾事故比较常见，下面重点介绍火灾逃生的方法和火灾事故演练。

1. 火灾逃生的方法

（1）逃生时应保持心情镇定，不要慌乱，惊慌失措是火场逃生大忌；火灾袭来时要迅速逃生，不要过分贪恋财物。

（2）做好防烟措施。用湿毛巾捂住口鼻或使用简易防烟面具。

（3）辨别方向找出口。平时多了解火灾逃生的线路，火灾浓烟中，用湿毛巾捂住口鼻，尽量使身体贴地，摸墙壁寻找出口。

（4）身上着火时，不要四处奔跑、就地打滚或用厚重的衣物压灭火苗。

（5）借助工具逃生。不要盲目跳楼，可将床单、窗帘拧成绳状并紧绑到窗框、铁栏杆等固定物上，用毛巾、布条等保护手心，从窗外滑下；受到火势威胁时，可披上浸湿的被褥、衣服等，向安全出口方向冲出去；当所有逃生线路被大火封锁时，要立即退回室内，挥动手电筒、衣服，或以呼叫等方式向外发送求救信号并等待救援。

（6）严禁重返火场。要往安全通道、安全楼梯疏散，严禁坐电梯，如果在高楼层，楼下发生火灾，应往楼顶疏散，等待消防员的救援。

2. 火灾事故演练

（1）报警演练。拨打119火警电话报警，电话接通后，首先要沉着冷静，不要心慌，使用普通话说出单位全称、准确地理位置、有无易燃易爆物品、火势大小、有无被困人员、报警人姓名。

电话报完火警后，随后派一名熟悉单位环境的员工，到路口引领消防车到达火灾现场。

（2）疏散演练。疏散时，要冷静，以免恐慌引起混乱，造成更大的伤亡和损失。首先要找到安全通道的位置，再模拟疏散至安全地带。

（3）灭火演练。首先要会灭火。要能够正确判断火灾的原因，正确选择灭火方法（隔离法、窒息法、冷却法、抑制法）及用具，正确使用灭火器具，才能达到快速灭火的目的。

三、紧急救护的措施

1. 紧急救护的步骤

（1）不要惊慌失措，保持冷静，维持现场秩序。

（2）拨打 120 急救电话并告知：①报告人的姓名与电话号码，伤病员的相关信息；②伤病员所在的确切位置；③伤病员受伤害的情况；④现场能够采取的救护措施；⑤在征得急救中心同意后再挂断电话。

如果专业救护人员能尽快赶到现场，对伤病员采取急救措施，使用急救药物等“高级生命支持”，伤病人的存活率可能会更高。

（3）现场无其他人时要向周围大声呼救，请求来人帮助。

（4）在周围环境允许情况下，不要搬动伤员。

（5）对伤者进行分类抢救，先抢救伤情严重者，先急后缓，先近后远。

（6）对呼吸困难、窒息、心跳停止者，应将其头部后仰，托住下颌，使呼吸道畅通。伤者呼吸停止，但心跳尚存，应施行人工呼吸；如心跳停止，呼吸尚存，应采取胸外心脏挤压法急救；如呼吸、心跳均停止，须同时采用人工呼吸法和胸外心脏按压法进行抢救。

2. 创伤的紧急救护

（1）止血急救。用消毒纱布覆盖包扎伤口，如出现血涌时，立即用清洁手指压迫出血点上方（近心端），使血流中断，并将出血肢体抬高，以减少出血量。严禁将电线、铁丝、细绳等作止血带使用。

（2）骨折急救。肢体骨折可用夹板、木棍或竹竿等将断骨上、下方两个关节固定，避免骨折部位移动，防止伤势恶化。对骨折并伴有大出血者，先止血，再固定，并用干净布片覆盖伤口，切勿将外露的断骨推回伤口内。

（3）颅脑外伤。颅脑外伤时，应将伤员身体置于平卧位，保持气道畅通。有呕吐现象时，将头部和身体同时侧转，防止呕吐物造成窒息。耳鼻有液体流出时，只可轻轻拭去，不要用棉花等堵塞。颅脑外伤病情复杂多变，禁止给予饮食，应速送医院诊治。

3. 烧灼伤的紧急救护

电灼伤、火焰烧伤或高温气、水烫伤均应保持伤口清洁，伤口全部用清洁布片覆盖，防止污染。四肢烧伤时，先用清洁冷水冲洗，然后用清洁布片或消毒纱布覆盖并送医院。对强酸或碱灼伤者，为防止酸、碱残留在伤口内，应立即使用大量清水冲洗至少 10 min，送医院途中，伤员可少量多次口服糖盐水。

4. 溺水的紧急救护

伤者救至地面后，尽快去除口内异物，将舌头拉出口外。有心跳者，采用心肺复苏法，让伤员仰卧，救护人员用仰卧压胸的人工呼吸法进行救护，并坚持 15 min；若心跳呼吸均停者，短暂时间内倒出呼吸道积水，同时采用仰卧位口对口人工呼吸，及人工胸外心脏挤压法，2 人操作为妥，直至将伤者护送至医院抢救为止。

5. 气体中毒的紧急救护

气体中毒开始时有流泪、眼痛、呛咳、咽部干燥等症状，应引起警惕；稍重时头疼、气促、胸闷、头晕；严重时会引起惊厥昏迷。

（1）怀疑可能存在有害气体时，应立即将人员撤离现场，转移到通风良好处休息。抢救人员进入危险区必须戴防毒面具。

（2）对已昏迷伤员，应保持气道畅通，有条件时给予氧气吸入，心跳呼吸已停止的，采用心肺复苏法抢救。迅速查明有害气体名称，并联系医院及早对症救治。

操作技能

起重机作业时的指挥信号（音响信号、手势信号）操作，描述出相应的信号内容。

一、操作准备

办公桌 1 张，椅子 1 把，签字笔 1 支，白纸若干。

二、操作步骤

1. 准备警戒线、纸张等。

2. 操作完成指挥信号动作。

步骤一：一人操作指挥信号动作（至少 5 种以上），另一人描述信号动作的内容。

步骤二：描述出该工作的注意事项，并写在纸上。

步骤三：对照标准修正后，反复练习。

操作登高梯，并能描述出相应的注意事项。

一、操作准备

人字梯 1 个、直梯 1 个、安全护具 1 套、防护用具 1 套、警戒线、办公桌、椅子、签字笔、白纸若干。

二、操作步骤

1. 准备登高梯、警戒线、纸张等。

2. 操作完成人字梯、直梯的正确使用动作。

步骤一：观察周围环境，排除影响正常工作的危险源。

步骤二：正确穿戴防护用具，观察人字梯、直梯安放位置。

步骤三：正确操作人字梯、直梯。

步骤四：观察人字梯、直梯是否放置牢靠。

步骤五：一人进行登高作业演练、一人防护。

三、描述出登高作业的注意事项。

汽车吊安全操作演练。

一、操作准备

绳排式起重机 1 台、警戒线、办公桌、椅子、签字笔、白纸若干。

二、操作步骤

1. 准备警戒线、纸张等。

2. 模拟汽车吊安全操作。

步骤一：一人提问，另一人描述正确的内容。

步骤二：描述出汽车吊安全使用条件，并写在纸上。

步骤三：描述出汽车吊安全使用注意事项

步骤四：对照标准，修正后，反复练习。

消防器材使用演练。

一、操作准备

干粉灭火器、火种、燃料及燃具、警戒线、办公桌、椅子、签字笔、白纸若干。

二、操作步骤

1. 准备干粉灭火器、火种、燃料及燃具、警戒线、纸张等。

2. 操作完成生火、正确使用灭火器灭火。

步骤一：观察周围环境，排除影响正常工作的危险源。

步骤二：使用火种、燃料及燃具生火。

步骤三：正确操作干粉灭火器灭火。

步骤四：记录灭火操作过程。

步骤五：学员讨论灭火操作过程存在的问题。

三、总结并描述出消防器材正确的使用方法及注意事项。

……………………………………………………………………………………

培训课程 2

环境保护知识

学习单元 环境保护知识

一、处置蓄电池电解液

1. 电解液的处理

（1）必须具体指定保存电解液（硫酸）的负责人。

（2）添加电解液时必须戴好防护（胶皮）手套，避免身体与酸液直接接触，尤其是打开酸液包装瓶时脸部不得靠近。

（3）酸液使用后，应将剩下的酸液保存在密封容器内，在将剩余的酸液舍弃之前，要使用碳酸氢钠或熟石灰将其中和后再废弃。

2. 防止爆炸

（1）务必要注意氢气的浓度不得超过会发生爆炸的浓度 47.5%，注意防火，现场采取通风措施。

（2）如蓄电池需要拆卸检查，务必注意仪表及线夹不得产生火花。放松蓄电池端子时，必须先接好地线。如需要重新连接蓄电池的端子，必须在其他检查修理工作完成之后再进行，同时注意端子是否有松脱现象。

（3）充电时会产生气体，务必注意不得让气体泄漏出来，电解液帽不能松脱。此外，在将线夹接入充电机的端子上时，必须将充电机的开关断开，不得有漏电现象。

3. 废弃蓄电池的处理

（1）废弃的蓄电池单元内有时还存有一些电能，如处理不当会引发火花或火灾，也要防止发生爆炸。

（2）蓄电池处理不当会造成蓄电池外壳开裂、损坏，以及电解液发生泄漏，给周围区域带来损害。处理电解液时，注意不得让电解液从容器内飞溅或泄漏出来。

（3）废弃的蓄电池上应加上警示标识，注意防止儿童等无关人员接近。

（4）处理废弃的蓄电池，将其收好后，送到专业的工业废物处理处，由有经验的专门人员进行处理。

4. 应急措施

（1）皮肤局部或双手不慎沾上电解液（酸），必须立即用大量清水冲洗。

（2）电解液不慎溅到眼睛上，必须立即用大量清水冲洗。

（3）衣服上粘上电解液，必须立即将衣服脱掉，并用清水冲洗，再用适当的碱性肥皂进行中和。

二、处置废弃油品

1. 收集转运废弃油品要使用专门完好的盛具。

2. 不得向未经许可区域倾倒、堆放、填埋和排放废弃油品。

3. 禁止将废弃油品与其他废物混合，如果已经混合的，应当全部按废弃油品处理。

4. 盛装危险废物的容器应完好无损，材质符合强度要求，材质和衬里要与危险废物相容（不相互反应）。

5. 废弃油品应加上标识，防止他人错误使用。

6. 处理废弃油品，将其盛装好后，送到专业的工业废物处理处，由有经验的专门人员进行处理。

三、预防作业噪声污染

1. 噪声的危害

在生产现场会出现不同的噪声源，如对坡口的打磨、装配时锤击、修整焊缝、等离子切割等。

（1）操作人员在噪声达到 90 dB 时工作 8 h 就会对听觉和神经系统有害。

（2）强烈的噪声可以引起视觉障碍、噪声性外伤、耳聋等症状。

（3）噪声对中枢神经系统和血管系统也有不良作用，会引起血压升高、心跳过速，还会使人产生厌倦、烦躁等情绪。

2. 噪声的防护措施

（1）采用低噪声工艺及设备。如采用热切割代替机械剪切，如采用电弧气刨、热切割坡口等代替铲坡口，采用整流逆变电源代替旋转直流电焊机等。

（2）采取隔声措施。对分散布置的噪声设备，宜采用隔声罩；对集中布置的高噪声设备，宜采用隔声间；对难以采用隔声罩或隔声间的某些高噪声设备，宜在声源附近或受声处设置隔声屏障。

（3）采取吸声、降噪措施，降低室内混响声。

（4）操作者应佩戴隔音耳罩或隔音耳塞等个人防护器具。

操作技能

演练蓄电池电解液的加注，并能描述出相应的注意事项。

一、操作准备

空蓄电池 2 个、水若干升、警戒线若干、防护用具 1 套、办公桌、椅子、签字笔、白纸若干。

二、操作步骤

1. 准备空蓄电池、警戒线、纸张等。

2. 模拟完成蓄电池电解液加注动作。

步骤一：观察周围环境，排除影响正常工作的危险源。

步骤二：正确穿戴防护用具，观察蓄电池电解液是否与蓄电池型号相符。

步骤三：模拟操作电解液加注。

步骤四：描述怎样观察蓄电池的反应是否正常。

步骤五：描述出加注过程中的注意事项。

三、描述出废旧蓄电池及电解液处理的注意事项。

职业模块 5
相关法律、法规知识

培训课程

相关法律、法规知识

学习单元　相关法律、法规知识

一、《中华人民共和国劳动合同法》相关知识

《中华人民共和国劳动合同法》明确了劳动者和用人单位之间的权利和义务，保护了劳动者的合法权益。用人单位有义务为劳动者提供国家规定的薪酬、假期、培训等福利，劳动者需要按照劳动合同约定为用人单位提供劳动服务。当劳动者和用人单位发生争议时，可通过协商和劳动仲裁解决。

《中华人民共和国劳动合同法》相关规定：

1. 劳动者拒绝用人单位管理人员违章指挥、强令冒险作业的，不视为违反劳动合同。劳动者对危害生命安全和身体健康的劳动条件，有权对用人单位提出批评、检举和控告。

2. 用人单位以暴力、威胁或者非法限制人身自由的手段强迫劳动者劳动的，或者用人单位违章指挥、强令冒险作业危及劳动者人身安全的，劳动者可以立即解除劳动合同，不需事先告知用人单位。

3. 劳动者有下列情形之一的，用人单位可以解除劳动合同：

（1）在试用期间被证明不符合录用条件的；

（2）严重违反用人单位的规章制度的；

（3）严重失职，营私舞弊，给用人单位造成重大损害的；

（4）劳动者同时与其他用人单位建立劳动关系，对完成本单位的工作任务造成严重影响，或者经用人单位提出，拒不改正的；

（5）因本法第二十六条第一款第一项规定的情形致使劳动合同无效的；

（6）被依法追究刑事责任的。

二、《中华人民共和国道路交通安全法》相关知识

《中华人民共和国道路交通安全法》是“维护道路交通秩序，预防和减少交通事故，保护人身安全，保护公民、法人和其他组织的财产安全及其他合法权益，提高通行效率”的保障。在起重机驶上公路及高速公路之前，应使起重机处于良好的状况，以符合当地交通规则的要求。必须保证重量、轴载及尺寸均在车辆许可的范围内。如果轴载或总重量超过允许的极限值，将存在以下危险：

1. 车辆的制动力将与超出的重量成比例减少；
2. 制动垫的磨损和制动器过热的危险将增加；
3. 转向系统、行驶制动器、驻车制动器及减速装置将不再符合规则的要求；
4. 制动器、轴、轮毂、悬挂油缸及轴承使用寿命将缩短。

三、《特种设备安全监察条例》相关知识

汽车起重机原属于《特种设备安全监察条例》所称的特种设备范畴，目前虽已从特种设备目录中去除，但遵守《特种设备安全监察条例》，对起重安全作业具有重要意义。

《特种设备安全监察条例》规定特种设备作业人员应当按照国家有关规定经特种设备安全监督管理部门考核合格，取得国家统一格式的特种作业人员证书，方可从事相应的作业或者管理工作。

特种设备作业人员在作业中应当严格执行特种设备的操作规程和有关安全规章制度。特种设备作业人员违反特种设备的操作规程和有关的安全规章制度操作，或者在作业过程中发现事故隐患或者其他不安全因素，未立即向现场安全管理人员和单位有关负责人报告的，由特种设备使用单位给予批评教育、处分；情节严重的，撤销特种设备作业人员资格；触犯刑律的，依照刑法关于重大责任事故罪或者其他罪的规定，依法追究刑事责任。

四、《中华人民共和国环境保护法》相关知识

《中华人民共和国环境保护法》是“为保护和改善环境，防治污染和其他公害，保障公众健康，推进生态文明建设，促进经济社会可持续发展”而制定的。

环境是指影响人类生存和发展的各种天然的和经过人工改造的自然因素的总体，包括大气、水、海洋、土地、矿藏、森林、草原、湿地、野生生物、自然遗迹、人文遗迹、自然保护区、风景名胜区、城市和乡村等。

《中华人民共和国环境保护法》相关规定：

1. 未依法进行环境影响评价的开发利用规划，不得组织实施；未依法进行环境影响评价的建设项目，不得开工建设。

2. 地方各级人民政府应当采取措施，组织对生活废弃物的分类处置、回收利用。

3. 公民应当遵守环境保护法律法规，配合实施环境保护措施，按照规定对生活废弃物进行分类放置，减少日常生活对环境造成的损害。

4. 排放污染物的企业事业单位和其他生产经营者，应当采取措施，防治在生产建设或者其他活动中产生的废气、废水、废渣、医疗废物、粉尘、恶臭气体、放射性物质以及噪声、振动、光辐射、电磁辐射等对环境的污染和危害。

5. 国家对严重污染环境的工艺、设备和产品实行淘汰制度。任何单位和个人不得生产、销售或者转移、使用严重污染环境的工艺、设备和产品。禁止引进不符合我国环境保护规定的技术、设备、材料和产品。

6. 企业事业单位和其他生产经营者违法排放污染物，要受到罚款处罚，被责令改正，拒不改正的，依法作出处罚决定的行政机关可以自责令改正之日的次日起，按照原处罚数额按日连续处罚。

7. 企业事业单位和其他生产经营者超过污染物排放标准或者超过重点污染物排放总量控制指标排放污染物的，县级以上人民政府环境保护主管部门可以责令其采取限制生产、停产整治等措施；情节严重的，报经有批准权的人民政府批准，责令停业、关闭。

五、《中华人民共和国安全生产法》相关知识

《中华人民共和国安全生产法》是为了加强安全生产工作，防止和减少生产安全事故，保障人民群众生命和财产安全，促进经济社会持续健康发展而制定的。

《中华人民共和国安全生产法》相关规定：

1. 生产经营单位的主要负责人对本单位的安全生产工作全面负责，并明确生产经营单位的各级安全管理人员各自的安全生产管理职责，明确生产经营单位的

从业人员有依法获得安全生产保障的权利，并应当依法履行安全生产方面的义务。

2. 从业人员发现直接危及人身安全的紧急情况时，有权停止作业或者在采取可能的应急措施后撤离作业场所。

3. 生产经营单位不得因从业人员在上述紧急情况下停止作业或者采取紧急撤离措施而降低其工资、福利等待遇或者解除与其订立的劳动合同。

4. 从业人员在作业过程中，应当严格遵守本单位的安全生产规章制度和操作规程，服从管理，正确佩戴和使用劳动防护用品。

5. 两个以上生产经营单位在同一作业区域内进行可能危及对方安全生产的生产经营活动，未签订安全生产管理协议或者未指定专职安全生产管理人员进行安全检查与协调的，责令限期改正，可以处五万元以下的罚款，对其直接负责的主管人员和其他直接责任人员可以处一万元以下的罚款，逾期未改正的，责令停产停业。

6. 危险物品，是指易燃易爆物品、危险化学品、放射性物品等能够危及人身安全和财产安全的物品。

重大危险源，是指长期地或者临时地生产、搬运、使用或者储存危险物品，且危险物品的数量等于或者超过临界量的单元（包括场所和设施）。

六、《中华人民共和国消防法》相关知识

《中华人民共和国消防法》是为了预防火灾和减少火灾危害，加强应急救援工作，保护人身、财产安全，维护公共安全而制定的。

《中华人民共和国消防法》相关规定：

1. 任何单位和个人都有维护消防安全、保护消防设施、预防火灾、报告火警的义务。任何单位和成年人都有参加有组织的灭火工作的义务。

2. 对在消防工作中有突出贡献的单位和个人，应当按照国家有关规定给予表彰和奖励。

3. 生产、储存、装卸易燃易爆危险品的工厂、仓库和专用车站、码头的设置，应当符合消防技术标准。

4. 任何人发现火灾都应当立即报警。任何单位、个人都应当无偿为报警提供便利，不得阻拦报警。严禁谎报火警。

5. 消防车、消防艇前往执行火灾扑救或者应急救援任务，在确保安全的前提下，不受行驶速度、行驶路线、行驶方向和指挥信号的限制，其他车辆、船舶以

及行人应当让行，不得穿插超越。

6. 违反规定的，有下列行为之一的，处警告或者五百元以下罚款；情节严重的，处五日以下拘留：

（1）谎报火警的；

（2）指使或者强令他人违反消防安全规定，冒险作业的；

（3）在火灾发生后阻拦报警，或者负有报告职责的人员不及时报警的。

操作技能

描述相关法律、法规。

一、操作准备

办公桌子、椅子、铅笔、签字笔、橡皮 1 块、A4 白纸若干。

二、操作步骤

1. 准备办公用具、办公用品、书写纸张等。

2. 描述相关法律、法规制定目的及涉及的相关条款。

步骤一：一人提问，一人回答，并将答案书写在纸张上。

步骤二：学员相互提问，并对照检查描述的正确性。